Cours de l'École nationale des ponts et chaussées

Patrick DE BUHAN

PLASTICITÉ et CALCUL À LA RUPTURE

Presses de l'école nationale des Ponts et chaussées

ISBN 978-2-85978-432-4

Presses de l'école nationale des Ponts et chaussées

28, rue des Saints-Pères
75007 Paris

Imprimé en France

Avant-propos

Le cours de *Plasticité et Calcul à la rupture* est partie intégrante de la *base commune de formation* des étudiants de l'École nationale des ponts et chaussées qui, dans le domaine de la mécanique et du calcul de structures, établit le lien entre le cours de mécanique de première année et les enseignements plus spécialisés dispensés dans le cadre des dominantes *Génie civil et Construction, Génie mécanique et Matériaux*, mais également *Ingénierie mathématique et informatique*. L'enseignement de mécanique de tronc commun est en effet consacré à la présentation des concepts fondamentaux de la mécanique des milieux continus unidimensionnels (systèmes de poutres) et tridimensionnels, ainsi qu'aux méthodes de résolution par voies analytique et numérique (méthode des éléments finis) des problèmes d'équilibre (thermo) élastique. Hormis une brève initiation à la notion de critère de résistance et au raisonnement du calcul à la rupture, l'essentiel de ce cours se limite donc au comportement élastique linéaire des matériaux.

L'objectif du présent cours est donc de fournir aux étudiants, et tout particulièrement à ceux qui se destinent à une carrière d'ingénieur dans les secteurs du génie civil ou du génie mécanique, des méthodes et des outils de calcul leur permettant d'analyser le fonctionnement des structures, ouvrages et systèmes mécaniques, au-delà de leur limite d'élasticité, et jusqu'à la rupture, par la prise en compte du comportement *anélastique* des matériaux. Le choix s'est porté sur deux modèles de référence d'un tel comportement anélastique, que sont l'***élastoplasticité*** et le ***calcul à la rupture***. La partie consacrée à l'*élastoplasticité* est relativement classique, même s'il convient de souligner que la plupart des enseignements portant sur la question mettent le plus souvent l'accent sur les aspects rhéologiques et thermodynamiques de la plasticité, délaissant quelque peu ceux relatifs à la *pratique du calcul des structures* proprement dit, sur lequel le projet de cours propose au contraire de se focaliser. La partie relative au *calcul à la rupture* est en revanche beaucoup plus originale. La spécificité de ce cours réside également dans le fait que l'on y trouvera de nombreux exemples de problèmes traités avec solutions complètes, aussi bien en élastoplasticité (chapitre IV), qu'en calcul à la rupture (chapitre VIII).

Élastoplasticité (chapitres I à IV)

La prise en compte de l'*élastoplasticité* des matériaux dans l'analyse du comportement des pièces mécaniques tout comme des ouvrages et structures de génie civil, constitue le premier volet de l'enseignement proposé. Elle est à la base de la modélisation et de l'optimisation des procédés industriels de mise en forme des matériaux, qui fait l'objet d'un cours spécialisé du département « Génie mécanique et matériaux », ou bien du dimensionnement des constructions métalliques civiles ou industrielles, mais il concerne par exemple également de plus en plus le calcul des ouvrages de géotechnique, pour lesquels des lois de comportement de type élastoplastique spécifiques ont été développées ces dernières années (exemple du modèle de Cam-Clay). Tout grand code de calcul industriel moderne se doit aujourd'hui d'intégrer ce type de comportement, et il apparaît donc indispensable que l'ingénieur, confronté à des résultats et simulations fournis par de tels codes, puisse en faire l'analyse critique à partir de solutions analytiques de référence qui seront développées dans ce cours.

La première partie du cours est donc consacrée à l'*élastoplasticité en transformation infinitésimale*: formulation du comportement local; position du problème d'évolution élastoplastique et méthode de résolution « pas à pas » associée; approche numérique et utilisation d'un code de calcul industriel. L'accent sera tout particulièrement mis dans cette partie sur la compréhension de l'origine du *phénomène d'écrouissage* d'un système élastoplastique, en liaison avec l'apparition des *contraintes résiduelles* engendrées par l'incompatibilité des déformations plastiques. On partira d'une présentation du modèle de comportement élastoplastique pour le milieu continu tridimensionnel avant d'aboutir à l'analyse des structures à barres fléchies à travers la notion de rotule plastique. La transition avec la seconde partie du cours portant sur le *calcul à la rupture* sera faite sur ce type de structures

Calcul à la rupture (chapitres V à VIII)

Partant de la notion de *charge limite* mise en évidence sur le cas des systèmes de poutres fléchies élastoplastiques, on introduira la théorie du *calcul à la rupture*, fondée sur un raisonnement de compatibilité équilibre/résistance, que l'on généralisera ensuite aux systèmes en milieu continu tridimensionnel. Une telle approche est typique de l'ingénieur de génie civil confronté au dimensionnement des ouvrages de géotechnique (stabilité de pentes, capacité portante de fondations...), tout comme des structures métalliques ou en béton armé. Sous le vocable d'*analyse limite*, elle est par exemple aussi à la base des schémas de calcul et de simulation des procédés de mise en forme dans le domaine du génie mécanique.

La théorie du calcul à la rupture sera présentée à travers deux approches complémentaires que sont les méthodes *statique par l'intérieur* et *cinématique par l'extérieur,* cette dernière exploitant pleinement la dualisation des conditions d'équilibre d'un système par le *principe des puissances virtuelles.* Ces deux méthodes seront mises en œuvre pour des systèmes constitués de matériaux purement cohérents (critères de Tresca et von Mises), puis frottants (critère de Coulomb). Elles conduiront à l'utilisation d'un logiciel de calcul à la rupture des ouvrages en sols renforcés, fondé sur la méthode cinématique. Enfin, l'application au calcul à la rupture des plaques et dalles minces, qui pourra prendre appui sur la modélisation de ce type de structures introduite dans le cours de *Mécanique des structures*, viendra clore cette dernière partie de l'enseignement.

Table des matières

Avant propos 3

ÉLASTOPLASTICITÉ

Chapitre I
Le comportement élastoplastique

1. Mise en évidence expérimentale du comportement élastoplastique : l'expérience de charge-décharge 13
2. Décomposition de la transformation élastoplastique ; notion de configuration relâchée 18
3. Critère de plasticité en transformation infinitésimale ; fonction de charge 19
   3.1. Domaines d'élasticité initial et actuel et fonction de charge 19
   3.2. Cas des matériaux isotropes 21
4. Formulation de la loi de comportement ; règle d'écoulement plastique 22
   4.1. Décomposition additive de la déformation totale linéarisée 22
   4.2. Principe de travail plastique maximal ; règle de normalité 25
   4.3. Le cas de la plasticité parfaite 28
   4.4. Cas du matériau isotrope 29
   4.5. Formulation « en vitesse » 29
5. Quelques aspects thermodynamiques du comportement élastoplastique 30

Annexe. Deux critères de plasticité usuels : von Mises et Tresca 36

Chapitre II
Problèmes d'évolution élastoplastique

1. Un exemple simple de structure 43
   1.1. Phase de comportement élastique 45
   1.2. Phase élastoplastique 46
   1.3. Charge limite et ruine plastique 47
   1.4. Décharge de la structure ; état résiduel 49
   1.5 Récapitulatif 50
2. Généralisation au cas des systèmes en milieu continu tridimensionnel 51
3. Cas des systèmes soumis à un mode de chargement à un nombre fini de paramètres 54
4. Un exemple de résolution : la flexion élastoplastique d'une poutre cylindrique 56
   4.1. Phase élastique 57
   4.2. Phase élastoplastique 58
   4.3. Solution en zone élastique 59
   4.4. Solution en zones plastiques 60
   4.5. Analyse de la décharge ; état résiduel 61

Chapitre III
Élastoplasticité des systèmes de barres en flexion

1. Calcul élastoplastique d'une poutre-console sous charge concentrée 63
   1.1. Phase de comportement élastique 65
   1.2. Phase élastoplastique ; notion de rotule plastique 66
   1.3. Charge limite et mécanisme de ruine plastique 69
   1.4. Phase de décharge et état résiduel 70
2. Méthode de résolution énergétique 73
   2.1. Principe de minimum en contrainte 73
   2.2. Retour sur l'exemple de la poutre-console 74

Chapitre IV
Problèmes d'élastoplasticité avec solutions

1. Comportement (thermo)élastoplastique d'une structure réticulée 77
   1.1. Chargement mécanique isotherme 78
   1.2. Chargement thermique 80
   1.3. Chargement mécanique à partir de l'état résiduel précédent 82
2. Analyse élastoplastique de l'essai de compression simple d'une éprouvette 83
   2.1. Phase élastique 84
   2.2. Charge limite et écoulement plastique libre 85
3. Compression isotrope en déformation plane d'un cube 91
   3.1. Phase élastique 91
   3.2. Phase élastoplastique 92
   3.3. Phase de déchargement 92
4. Simulation du tassement d'un massif de sol élastoplastique 94
   4.1. Définition de l'état initial 94
   4.2. Tassement en phase élastique 95
   4.3. Phase élastoplastique 95
   4.4. Phase de décharge 97
   4.5. Application numérique 98
5. Comportement d'un composite sous chargement thermique 99
   5.1. Phase thermoélastique 100
   5.2. Phase thermoélastoplastique 101
   5.3. Phase « thermoplastique » 105
6. Comportement élastoplastique d'un tube sous pression : application à la modélisation de l'essai pressiométrique 107
   6.1. Phase de comportement élastique 107
   6.2. Phase de comportement élastoplastique 108
   6.3. Décharge ; état résiduel 111
7. Convergence d'une galerie souterraine 113
   7.1. Phase de comportement élastique 115
   7.2. Phase de comportement élastoplastique 115
   7.3. Convergence d'un tunnel 119

8. Torsion d'un arbre cylindrique 121
8.1. Phase élastique 122
8.2. Phase élastoplastique 123
8.3. Décharge ; état résiduel 125
9. Comportement d'un fil en traction-torsion : interprétation du phénomène de « relaxation » 126
9.1. Évolution élastique 126
9.2. Comportement sous sollicitation de traction-torsion 128
9.3. Cas du matériau élastiquement incompressible 129
9.4. Exploitation des résultats 130
10. Structure sous chargement thermique 132
10.1. Phase de comportement élastique 133
10.2. Phase élastoplastique 133
10.3. Phase de refroidissement 134
11. Calcul d'un portique en élastoplasticité 136
11.1. Analyse statique 136
11.2. Calcul élastique 137
11.3. Évolution élastoplastique 138
11.4. Charge limite et mécanisme de ruine plastique 139
11.5. Décharge et état résiduel de la structure 140
11.6. Interprétation de l'état résiduel 141

CALCUL À LA RUPTURE

Chapitre V

De l'élastoplasticité au calcul à la rupture : l'exemple des systèmes de poutres en flexion

1. Charge limite d'une structure simple 145
2. De l'analyse limite au calcul à la rupture 147
3. Calcul à la rupture de structures planes chargées dans leur plan : approche statique 149
4. Expression du principe des puissances virtuelles pour un système de poutres droites en flexion 150
5. Approche cinématique : notion de puissance résistante maximale 151
6. Retour sur l'exemple de la poutre-console 153
7. Application au cas des systèmes plans soumis à des charges concentrées 154
8. Un exemple de calcul de la charge de ruine d'un portique 158

Chapitre VI

Calcul à la rupture des systèmes en milieu continu 3D

1. Domaine *K* des chargements potentiellement supportables 161
2. Approche statique par l'intérieur de *K* 162
3. Un exemple illustratif : l'essai de compression d'une éprouvette 164

4. Approche statique par l'extérieur 165
5. Dualisation par les puissances virtuelles : le principe de l'approche cinématique par l'extérieur 168
6. Calcul des fonctions « π » : condition de pertinence des champs de vitesse 170
6.1. Matériau de Tresca 170
6.2. Matériau de Coulomb 171
7. Fonctions « π » pour les critères usuels 172
8. Retour sur l'exemple de la compression simple de l'éprouvette 173
8.1. Approche cinématique par champs de déformation homogènes 173
8.2. Approche cinématique par champs de vitesse « par blocs » 173
8.3. Cas du matériau de Coulomb 174

Chapitre VII

Calcul à la rupture des plaques et dalles minces en flexion

1. Le modèle « plaque » : efforts intérieurs et extérieurs ; équations de la statique 179
2. Critères de résistance et position d'un problème de calcul à la rupture 182
3. L'approche cinématique par l'extérieur 183
3.1. Principe des puissances virtuelles 183
3.2. Approche cinématique par l'extérieur 185
3.3. Prise en compte des « charnières » 187
4. Un exemple de mise en œuvre 189

Chapitre VIII

Problèmes de calcul à la rupture avec solutions

1. Charge de ruine d'une structure fléchie 195
2. Poutre-console sous charge répartie 197
3. Charge de ruine d'un portique en forme d'arc circulaire 200
3.1. Approche statique par l'intérieur 200
3.2. Approche cinématique par l'extérieur 201
4. Essai de compression simple en présence de la pesanteur 203
4.1. Paramétrage de chargement du système 203
4.2. Définition du chargement extrême 204
4.3. Approche statique par l'intérieur 204
4.4. Approches cinématiques par l'extérieur 205
4.5. Interprétation et commentaires 207
5. Critère de résistance d'une poutre soumise à une sollicitation combinée de traction (compression)-flexion 208
5.1. Mode de chargement et définition du domaine K 208
5.2. Approche statique par l'intérieur 209
5.3. Approche cinématique par l'extérieur 210

6. Capacité portante d'un massif en sol purement cohérent 212
6.1. Approches statiques par l'intérieur 213
6.2. Approches cinématiques par l'extérieur 215
6.3. Prise en compte de la pesanteur 218
7. Analyse de stabilité sous poids propre d'un talus vertical 219
7.1. Approche statique par l'intérieur 220
7.2. Approches cinématiques par l'extérieur 222
7.3. Prise en compte d'un renforcement 224
8. Coefficients de poussée et de butée d'un sol sur une paroi 227
8.1. Paramètres de chargement du système 227
8.2. Approche statique par l'intérieur 228
8.3. Approche cinématique par l'extérieur 229
9. Pression limite d'un tube circulaire 231
9.1. Approche statique par l'intérieur 231
9.2. Approche cinématique par l'extérieur 232
10. Modélisation d'un procédé d'extrusion 234
10.1. Préliminaire 234
10.2. Approches statiques par l'intérieur 235
10.3. Approche cinématique par l'extérieur 236
11. Stabilité d'une galerie souterraine 238
11.1. Approche statique par l'intérieur 238
11.2. Approches cinématiques par l'extérieur 239
12. Vitesse limite d'un anneau en rotation 242
12.1. Approche statique par l'intérieur 242
12.2. Approches cinématiques par l'intérieur 243
12.3. Encadrement de la vitesse limite de rotation 244
13. Capacité portante d'un sol avec prise en compte de la résistance de la dalle de fondation 245
13.1. Généralités 246
13.2. Approche statique par l'intérieur 247
13.3. Approche cinématique par l'extérieur 248
13.4. Récapitulatif des résultats 250
14. Évaluations de la charge de ruine de dalles minces par la méthode cinématique 251
14.1. Dalle rectangulaire 251
14.2. Dalle carrée en appui ponctuel 254
14.3. Dalle triangulaire en appui unilatéral 255
15. Charge de ruine d'un dalle circulaire 257
15.1. Approche cinématique par l'extérieur à l'aide d'un mécanisme de cône 257
15.2. Approche statique par l'intérieur 259
15.3. Cas particuliers 260

Bibliographie sommaire 263

ÉLASTOPLASTICITÉ

Chapitre I

LE COMPORTEMENT ÉLASTOPLASTIQUE

1. MISE EN ÉVIDENCE EXPÉRIMENTALE DU COMPORTEMENT ÉLASTOPLASTIQUE : L'EXPÉRIENCE DE CHARGE-DÉCHARGE

La figure 1 représente la courbe type d'un essai de traction simple d'une éprouvette d'acier, donnant l'évolution de l'effort de traction F (rapporté à la section initiale de l'éprouvette S_0) en fonction de l'allongement relatif $\Delta l / l_0$, mesuré dans la partie centrale de l'éprouvette.

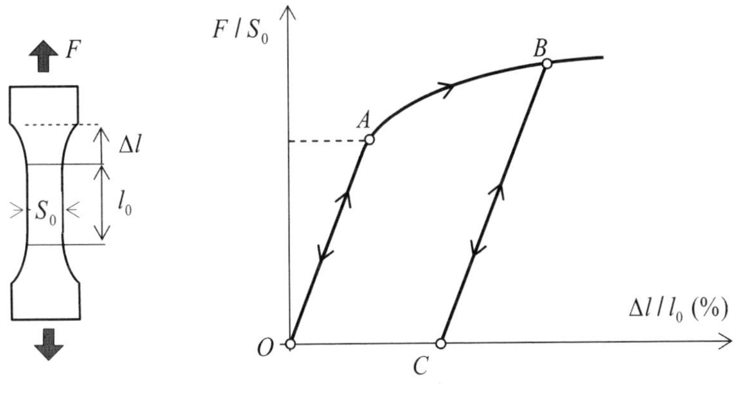

Figure 1. Courbe expérimentale de traction d'une éprouvette d'acier.

L'analyse d'une telle expérience fait apparaître les caractéristiques suivantes :

- la ***réversibilité*** de la réponse en allongement de l'éprouvette dans la partie OA du diagramme, c'est-à-dire tant que l'effort F demeure inférieur à un seuil correspondant à l'ordonnée du point A, appelé *seuil d'élasticité* ***initial***. Cette réversibilité se traduit par une relation de proportionnalité entre l'effort et l'allongement, caractéristique du comportement ***élastique*** (linéaire) du matériau constitutif ;
- l'***irréversibililité*** de la réponse de l'éprouvette apparaît dès lors que l'on poursuit le chargement au-delà du seuil d'élasticité initial jusqu'à un point B, puisque l'on effectue une décharge complète ($F = 0$) jusqu'au point C. La courbe BC de décharge est différente de la courbe OAB de première charge, de sorte qu'au point C subsiste

un allongement ***rémanent***. C'est la manifestation du ***comportement plastique*** du matériau constitutif ;

- rechargeant l'éprouvette à partir de ce nouvel état déchargé, on constate que le point représentatif dans le diagramme parcourt en sens inverse le segment BC de décharge. L'ordonnée du point B représente le nouveau seuil d'élasticité, appelé *seuil d'élasticité* ***actuel***, au-delà duquel apparaît de nouveau la plasticité. L'augmentation du seuil d'élasticité constitue le phénomène d'***écrouissage***.

Ces observations expérimentales appellent un certain nombre de commentaires :

a) Les champs de contrainte et de déformation dans la partie médiane de l'éprouvette étant homogènes (ce qui suppose notamment l'homogénéité du matériau constitutif à l'échelle de l'éprouvette), F/S_0 et $\Delta l/l_0$ peuvent s'interpréter respectivement comme la *contrainte uniaxiale* de traction σ subie *localement* par le matériau, et la *déformation linéarisée* correspondante ε selon l'axe de l'éprouvette, supposée en transformation infinitésimale ($\Delta l/l_0 << 1$). On obtient ainsi le diagramme « contrainte-déformation » de la figure 2, homologue de celui de la figure 1, mais caractérisant cette fois-ci le comportement ***local*** du matériau sous sollicitation ***uniaxiale*** de traction. La valeur de la déformation correspondant à l'allongement résiduel consécutif au cycle charge-décharge, s'appelle la ***déformation plastique***, notée ε^p.

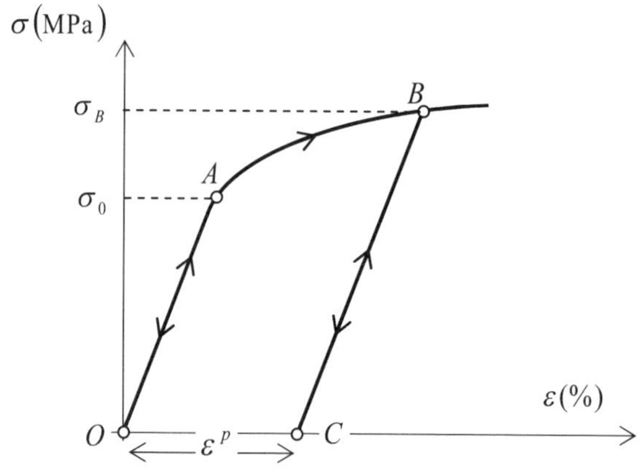

Figure 2. Diagramme σ - ε pour un matériau élastoplastique avec écrouissage.

b) Une caractéristique importante du modèle de comportement élastoplastique mis en évidence par des expériences telles que celle décrite ci-dessus, est l'***indépendance par rapport au temps physique.*** C'est-à-dire que les diagrammes précédents ne dépendent pas de la vitesse à laquelle sont effectuées les phases de charge-décharge successives, ce qui revient à négliger les effets de ***vieillissement*** et de ***viscosité*** du matériau. Cette propriété est bien vérifiée par exemple pour des métaux à température ordinaire, comme l'illustre la figure 3 qui représente différentes courbes de traction d'une éprouvette d'aluminium, montrant qu'un effet de viscosité n'apparaît que pour des sollicitations très rapides. Il convient en revanche de prendre en compte un tel effet, à travers un modèle viscoplastique, dès que la température s'élève (enceintes de réacteurs nucléaires, procédés de formage « à chaud », dégagements thermiques dans les massifs rocheux etc.).

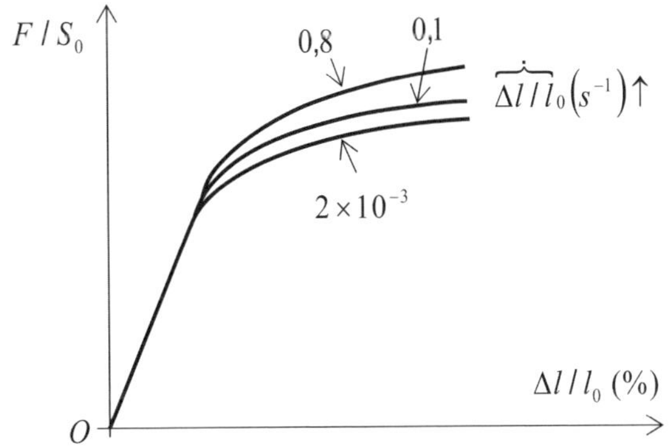

Figure 3. Évolution des courbes de traction d'une éprouvette d'aluminium en fonction de la vitesse de sollicitation.

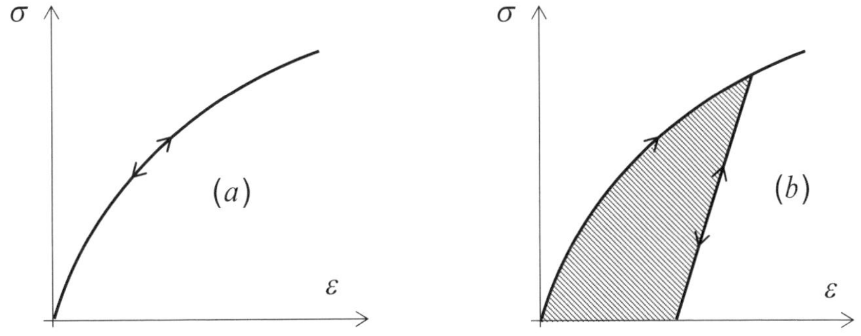

Figure 4. Courbes $\sigma - \varepsilon$ représentatives des comportements (a) élastique non linéaire et (b) élastoplastique.

c) La notion centrale caractérisant le comportement plastique d'un matériau est celle d'***irréversibilité*** et non pas celle de ***non-linéarité,*** même si les deux notions coïncident dans le cas où l'élasticité du matériau est ***linéaire*** dans le cadre de la transformation infinitésimale. La mise en évidence de cette irréversibilité nécessite l'application d'un cycle charge-décharge, seul à même de faire apparaître une déformation plastique au terme de ce cycle. La figure 4 montre la différence essentielle existant entre un modèle élastique non linéaire et un modèle élastoplastique, en dépit de la similitude des courbes de première charge.

Sur le plan énergétique, cette irréversibilité se traduit par le fait que le travail fourni au cours d'un cycle charge-décharge (proportionnel à l'aire hachurée sur la figure 4b) est strictement positif, autrement dit que le travail fourni dans la phase de chargement n'est pas entièrement récupéré à la décharge (voir section 5 de ce chapitre).

d) Bien que les mécanismes physiques microscopiques qui sont à l'origine de la plasticité des matériaux observés à l'échelle macroscopique, soient parfois très différents (propagation de défauts dans le réseau cristallin pour les métaux, réarrangement des grains dans le cas des sols), le point de vue du mécanicien ici adopté va permettre de développer une présentation unifiée de ce comportement en termes de contraintes et déformations dans le cadre de la modélisation milieu continu tridimensionnel.

e) Un cas particulier important de comportement élastoplastique est celui du matériau ***élastique parfaitement plastique*** pour lequel la courbe contrainte-déformation comporte un palier horizontal. La figure 5 donne une représentation schématique d'un tel comportement pour lequel le seuil d'élasticité σ_0 demeure constant, c'est-à-dire que l'écrouissage du matériau disparaît. Ce modèle idéal du matériau élastoplastique parfait est souvent associé à la notion de ***ductilité,*** par opposition à celle de ***fragilité*** qui évoque l'idée de rupture brutale de l'élément de matière lorsque le seuil d'élasticité est atteint.

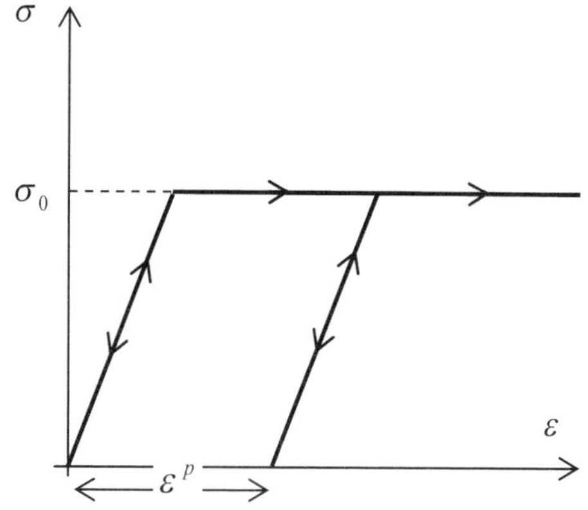

Figure 5. Schéma de comportement élastoplastique parfait.

Il existe de multiples procédés expérimentaux qui permettent d'accéder au comportement des matériaux soumis à des sollicitations plus complexes que la simple traction-compression uniaxiale précédemment examinée. Citons par exemple l'***essai triaxial de révolution*** utilisé couramment pour les sols, roches ou bétons, schématisé sur la figure 6a, ou bien l'***essai de traction-compression-torsion*** représenté sur la figure 6b, employé pour tester des matériaux métalliques ou composites sous sollicitation de ***traction-compression-cission*** obtenue en chaque point en exerçant sur un tube mince un effort axial de traction (compression) combiné à un couple de torsion.

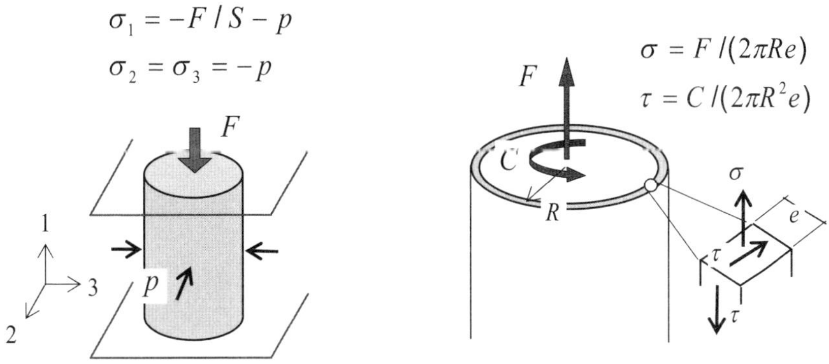

Figure 6. Exemples d'essais « multiaxiaux ».

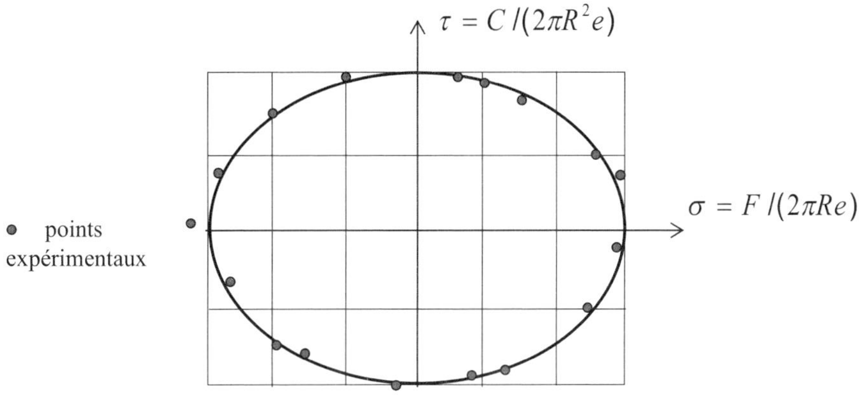

Figure 7. Détermination expérimentale du domaine d'élasticité initial en traction-compression-cission d'un matériau à l'aide d'un essai de traction-compression-torsion (d'après Bui, 1969).

La figure 7 représente dans le plan (σ, τ) un domaine de forme elliptique, déterminé expérimentalement à l'aide de ce dernier essai, à l'intérieur duquel le comportement du tube et donc localement du matériau, demeure ***élastique***. Dès que le point représentatif du chargement franchit le seuil du domaine, appelé ***domaine d'élasticité initial,*** pour revenir ensuite à l'état déchargé $(\sigma = \tau = 0)$, il subsiste un allongement et une rotation résiduels. L'écrouissage du matériau se traduit par une modification du domaine d'élasticité, qualifié d'***actuel.***

2. DÉCOMPOSITION DE LA TRANSFORMATION ÉLASTOPLASTIQUE ; NOTION DE CONFIGURATION RELÂCHÉE

Examinons plus précisément les transformations successives subies par l'élément de matière $d\Omega_0$ au cours d'un ***cycle charge-décharge*** dans les expériences décrites précédemment. La figure 8 représente schématiquement la séquence des transformations subies par un élément de volume lors d'une telle expérience de charge-décharge. On désigne ainsi respectivement par :

- $d\Omega_0$: l'élément de volume dans la *configuration* ***initiale*** (état non chargé) ;
- $d\Omega_t$: le même élément au terme de la phase de chargement *(configuration* ***actuelle****)* ;
- $d\Omega_t^R$: la configuration atteinte par ce même élément après ***déchargement complet***.

Adoptant la terminologie employée par Lee (1969) ou Mandel (1971), nous appellerons cette dernière configuration la *configuration* ***relâchée.*** Nous introduisons alors classiquement les outils permettant de décrire les transformation entre ces différentes configurations :

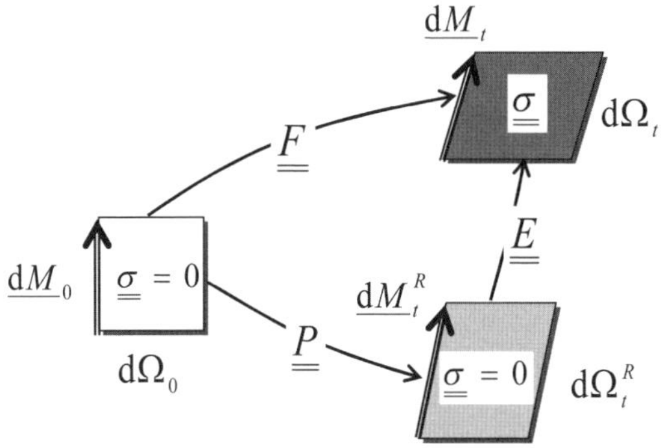

Figure 8. Configurations successives d'un élément de volume matériel au cours d'un cycle charge-décharge élastoplastique.

- $\underline{\underline{F}}$ désigne le gradient de la transformation (homogène tangente) faisant passer de $d\Omega_0$ à $d\Omega_t$. Il permet de calculer le transporté $\underline{dM}_t$ dans la configuration actuelle d'un vecteur matériel élémentaire quelconque $\underline{dM}_0$ attaché à $d\Omega_0$:

$$\underline{dM}_t = \underline{\underline{F}}.\underline{dM}_0 \tag{1.1}$$

- $\underline{\underline{E}}$ et $\underline{\underline{P}}$ représentent respectivement les gradients des transformations faisant passer de $d\Omega_t^R$ à $d\Omega_t$ et de $d\Omega_0$ à $d\Omega_t^R$. Ils sont définis par les relations :

$$\underline{dM}_t = \underline{\underline{E}}.\underline{dM}_t^R \tag{1.2}$$

et

$$\underline{dM}_t^R = \underline{\underline{P}}.\underline{dM}_0 \tag{1.3}$$

D'où la décomposition multiplicative suivante du gradient total de la transformation en parties élastique et plastique :

$$\underline{\underline{F}} = \underline{\underline{E}}\,.\,\underline{\underline{P}} \tag{1.4}$$

Dans le cas où le comportement du matériau est ***purement élastique,*** $\underline{\underline{P}}$ se réduit à l'identité $\underline{\underline{I}}$ (ou éventuellement à un tenseur orthogonal, c'est-à-dire tel que ${}^t\underline{\underline{P}}.\underline{\underline{P}}=\underline{\underline{I}}$), de sorte que les configurations ***initiale*** et ***relâchée coïncident*** à un mouvement rigidifiant près. La mise en évidence expérimentale du comportement plastique correspond au fait que la transformation $\underline{\underline{P}}$, dite ***plastique***, est associée à une ***déformation*** non nulle (${}^t\underline{\underline{P}}.\underline{\underline{P}}\neq\underline{\underline{I}}$). La transformation $\underline{\underline{E}}$, dite ***élastique***, est la partie réversible de la transformation $\underline{\underline{F}}$, récupérée à la décharge.

Nous nous limitons dans tout ce qui suit au cas où toutes les transformations précédentes restent ***infinitésimales***, cadre dans lequel la modélisation du comportement élastoplastique sera désormais développée. Une telle modélisation suppose d'apporter la réponse à deux questions complémentaires :

- pour quelles sollicitations, exprimées localement en termes de contraintes, la plastification du matériau, c'est-à-dire son irréversibilité au cours d'un cycle charge-décharge, se manifeste-t-elle ? C'est la question du ***critère de plasticité*** ;
- comment traduire cette irréversibilité du point de vue des déformations ? C'est la question de la ***règle d'écoulement plastique,*** qui sera abordée à partir de la formule de décomposition (1.4).

Ces deux aspects constitutifs de la loi de comportement élastoplastique vont être successivement abordés.

3. CRITÈRE DE PLASTICITÉ EN TRANSFORMATION INFINITÉSIMALE ; FONCTION DE CHARGE

Étant donnée l'hypothèse de transformation infinitésimale qui impose que les déformations et les rotations subies par l'élément de matière soient simultanément petites, permettant alors de confondre les représentants lagrangien (i.e. défini sur la configuration initiale $d\Omega_0$) et eulérien (i.e. défini sur la configuration actuelle $d\Omega_t$) de l'état de contrainte, la condition de plasticité va porter sur le tenseur des contraintes de Cauchy $\underline{\underline{\sigma}}$ qui décrit l'état de sollicitation du matériau.

3.1. Domaines d'élasticité initial et actuel et fonction de charge

L'interprétation des expériences décrites précédemment, conduites dans le cadre de la transformation infinitésimale, a permis de mettre en évidence l'existence d'un ***domaine d'élasticité initial*** (généralement convexe) du matériau, dans l'espace des contraintes assimilé à R^6 (figure 9).

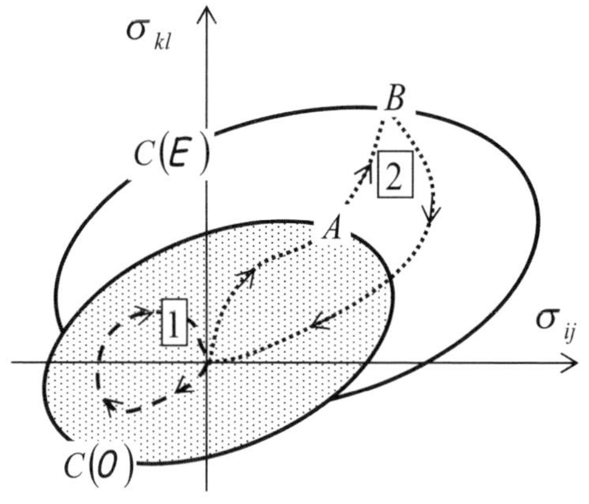

Figure 9. Domaines d'élasticité initial et actuel.

Ce domaine $C(O)$ est tel qu'au terme de tout ***cycle de chargement***, représenté par une courbe fermée (telle que (1) sur la figure) contenue dans le domaine, n'apparaît aucune déformation plastique. A l'inverse, le suivi d'un trajet de chargement tel que (2), au cours duquel le seuil d'élasticité représenté par la frontière de $C(O)$ est franchi, va engendrer des déformations plastiques. Il en résulte également une modification du domaine d'élasticité, appelé ***domaine d'élasticité actuel*** $C(E)$ manifestation ***phénoménologique***, à l'échelle de la modélisation macroscopique, de l'***écrouissage*** du matériau, symbolisé par E.

Il est alors commode de caractériser ces domaines par la donnée d'une ***fonction de charge***, notée $f(\underline{\underline{\sigma}},E)$ telle que, pour un état d'écrouissage donné E :

- $f(\underline{\underline{\sigma}},E)<0$ si $\underline{\underline{\sigma}}$ est à l'*intérieur* de $C(E)$;
- $f(\underline{\underline{\sigma}},E)=0$ si $\underline{\underline{\sigma}}$ est situé sur la *frontière* de $C(E)$; (1.5)
- $f(\underline{\underline{\sigma}},E)>0$ si $\underline{\underline{\sigma}}$ est à *l'extérieur* de $C(E)$.

On observera que la seule situation physiquement possible correspond à $f(\underline{\underline{\sigma}},E)\leq 0$, c'est-à-dire que le point représentatif de l'état de contrainte ne peut jamais être extérieur au domaine d'élasticité ***actuel***. Ainsi, la portion AB du trajet de chargement 2 correspond au franchissement de la frontière du domaine $C(O)$ ($f(\underline{\underline{\sigma}},E=O)>0$) mais à l'« entraînement » de la frontière du domaine actuel $C(E)$ ($f(\underline{\underline{\sigma}},E)=0$), les paramètres d'écrouissage E évoluant avec $\underline{\underline{\sigma}}$ dans cette phase de ***charge plastique***. On utilise fréquemment dans les calculs de structures deux modèles simplifiés d'écrouissage :

- celui de l'écrouissage ***isotrope*** (figure 10a) dans lequel le domaine $C(E)$ est obtenu par homothétie de centre l'origine et de rapport $\lambda(E)\geq 1$ à partir du domaine initial. On peut alors adopter comme fonction de charge :

$$f(\underline{\underline{\sigma}},E)=f_0(\lambda^{-1}(E)\underline{\underline{\sigma}}) \qquad (1.6)$$

- celui de l'écrouissage ***cinématique*** (figure 10b) où le domaine actuel est obtenu par translation d'une quantité $\underline{\underline{\alpha}}(E)$ du domaine initial, ce dont il est possible de rendre compte par la fonction de charge :

$$f(\underline{\underline{\sigma}},E) = f_0(\underline{\underline{\sigma}} - \underline{\underline{\alpha}}(E)) \tag{1.7}$$

À un domaine d'élasticité actuel $C(E)$ *donné*, correspond une infinité de choix possibles pour la fonction de charge, qui respecte les conditions (1.5). Il conviendra alors de vérifier que la formulation de la loi de comportement est indépendante du choix effectué.

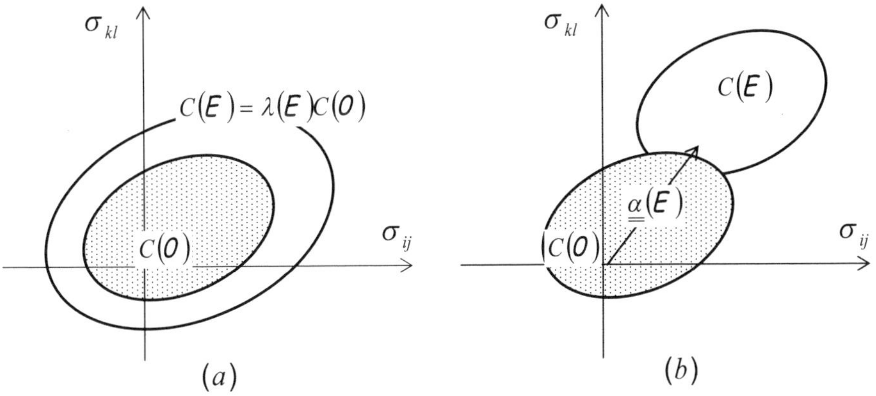

Figure 10. Modèles d'écrouissage « isotrope » et « cinématique ».

Le cas de la ***plasticité parfaite*** correspond à la situation où le domaine d'élasticité est ***fixe***, de sorte qu'il n'y a plus lieu de distinguer les domaines d'élasticité initial et actuel. La fonction de charge n'est plus alors argumentée par des paramètres d'écrouissage.

3.2. Cas des matériaux isotropes

La fonction de charge apparaît alors comme une fonction des seuls *invariants principaux* de $\underline{\underline{\sigma}}$:

$$I_1 = \mathrm{tr}\underline{\underline{\sigma}} \ , \ I_2 = 1/2\,\mathrm{tr}\underline{\underline{\sigma}}^2 \ , \ I_3 = 1/3\,\mathrm{tr}\underline{\underline{\sigma}}^3 \tag{1.8}$$

ou de manière équivalente, et plus concrète, des seules *contraintes principales* notées $(\sigma_I, \sigma_{II}, \sigma_{III})$, puisque la propriété d'isotropie du matériau traduit le fait (vérifiable expérimentalement) que la condition d'apparition de la plasticité ne fait nullement intervenir l'*orientation* du trièdre des directions principales de $\underline{\underline{\sigma}}$ par rapport à un trièdre de directions matérielles (figure 11) :

$$f(\underline{\underline{\sigma}}) = \tilde{f}(\sigma_I, \sigma_{II}, \sigma_{III}) \tag{1.9}$$

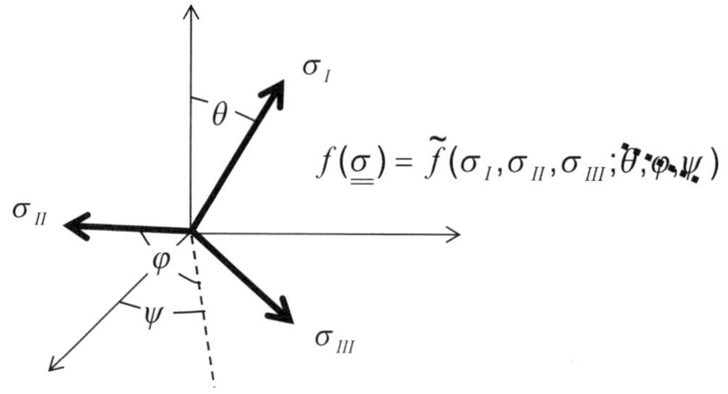

Figure 11. Isotropie plastique d'un matériau.

Il en résulte en particulier que le domaine d'élasticité, qui peut être représenté dans l'espace R^3 des contraintes principales possède dans cet espace une symétrie ternaire autour de l'axe des contraintes isotropes $(\sigma_I = \sigma_{II} = \sigma_{III})$ puisque $\tilde{f}$ est une fonction *symétrique* de ses arguments. Les critères de plasticité usuels (Tresca, von Mises, Mohr-Coulomb, Drucker-Prager : voir Annexe A) sont des critères isotropes.

4. FORMULATION DE LA LOI DE COMPORTEMENT ; RÈGLE D'ÉCOULEMENT PLASTIQUE

4.1. Décomposition additive de la déformation totale linéarisée

Compte tenu de la décomposition multiplicative (1.4) valable dans le cas général, la ***déformation totale*** de Green-Lagrange entre $d\Omega_0$ et $d\Omega_t$ peut s'écrire sous la forme :

$$\underline{\underline{\Delta}} = \tfrac{1}{2}\left[{}^t\underline{\underline{F}}\,.\,\underline{\underline{F}} - \underline{\underline{I}}\right] = {}^t\underline{\underline{P}}\,.\,\underline{\underline{\Delta}}^e.\underline{\underline{P}} + \underline{\underline{\Delta}}^p \tag{1.10}$$

où l'on a introduit :

$$\underline{\underline{\Delta}}^e = \tfrac{1}{2}({}^t\underline{\underline{E}}\,.\,\underline{\underline{E}} - \underline{\underline{I}}) \quad \text{et} \quad \underline{\underline{\Delta}}^p = \tfrac{1}{2}({}^t\underline{\underline{P}}\,.\,\underline{\underline{P}} - \underline{\underline{I}}) \tag{1.11}$$

qui représentent respectivement les déformations associées à la transformation élastique $\underline{\underline{E}}$ et à la transformation plastique $\underline{\underline{P}}$.

L'hypothèse de ***transformation infinitésimale*** dans laquelle nous nous sommes placés implique alors par définition :

$$\|\underline{\underline{E}} - \underline{\underline{1}}\| << 1 \quad \text{et} \quad \|\underline{\underline{P}} - \underline{\underline{1}}\| << 1 \tag{1.12}$$

et donc au second ordre près :

$$\underline{\underline{\varepsilon}} = \underline{\underline{\varepsilon}}^e + \underline{\underline{\varepsilon}}^p \tag{1.13}$$

où $\underline{\underline{\varepsilon}}$, $\underline{\underline{\varepsilon}}^e$ et $\underline{\underline{\varepsilon}}^p$ désignent les déformations ***linéarisées***. La décomposition *multiplicative* (1.4) devient en transformation infinitésimale une décomposition de type ***additif***, faisant apparaître la déformation totale de l'élément de volume d'un matériau élastoplastique comme la somme d'une partie *élastique*, récupérable à la décharge, et d'une partie *plastique* acquise au terme du cycle de chargement. Il s'agit donc maintenant d'évaluer séparément ces deux contributions en fonction de la sollicitation $\underline{\underline{\sigma}}$ appliquée, ou plus précisément du trajet de sollicitation.

- Pour ce qui est de la partie ***élastique*** de cette déformation, l'hypothèse couramment admise et bien vérifiée expérimentalement, consiste à admettre que les propriétés élastiques du matériau ne sont pas affectées par la déformation plastique acquise par le matériau. Dans le cas de l'essai de traction schématisé sur la figure 2 cette hypothèse de « découplage » se traduit par le fait que la pente de la droite élastique de première charge (égale au module d'Young du matériau) est égale à celle de la droite de décharge élastique. Il en résulte que :

$$\underline{\underline{\varepsilon}}^{\mathrm{e}} = \underline{\underline{\underline{\underline{\Lambda}}}} : \underline{\underline{\sigma}} \tag{1.14}$$

  où $\underline{\underline{\underline{\underline{\Lambda}}}}$ désigne le *tenseur des complaisances élastiques*, c'est-à-dire dans le cas ***isotrope*** :

$$\underline{\underline{\varepsilon}}^{\mathrm{e}} = \frac{1+\nu}{E}\underline{\underline{\sigma}} - \frac{\nu}{E}(\mathrm{tr}\underline{\underline{\sigma}})\underline{\underline{I}} \tag{1.15}$$

  E et ν désignant le module d'Young et le coefficient de Poisson du matériau.

- L'évaluation de la partie ***plastique*** de cette déformation est plus délicate. Elle n'est pas comme la partie élastique une fonction bi-univoque de l'état de contrainte, mais dépend *a priori* du trajet de chargement, et plus précisément, le long de ce trajet, des « *séquences de charge plastique* » caractérisées par le fait que le point représentatif de l'état de contrainte reste sur la frontière du domaine d'élasticité actuel, qu'il « entraîne dans son mouvement » (portions de courbe en trait plein sur la figure 12). Pour un état d'écrouissage donné, il est alors possible de raisonner en termes d'accroissements infinitésimaux à partir d'un état de contrainte, mettant ainsi en évidence le *caractère **incrémental*** de la loi de comportement élastoplastique.

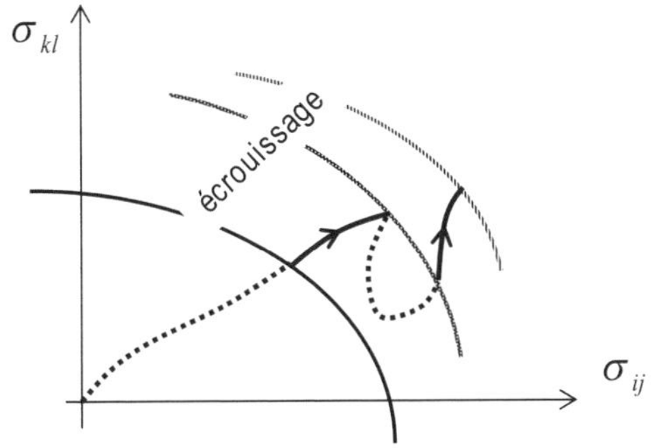

Figure 12. Séquences plastiques le long d'un trajet de chargement dans l'espace des contraintes.

Se référant à la figure 13, plusieurs cas de figure se présentent selon la *position* de $\underline{\underline{\sigma}}$ par rapport à la frontière du domaine d'élasticité actuel, et la *direction de l'incrément* de sollicitation $\mathrm{d}\underline{\underline{\sigma}}$.

- **Cas n°1**. $\underline{\underline{\sigma}}$ est *à l'intérieur du domaine d'élasticité* : $f(\underline{\underline{\sigma}}, \mathcal{E}) < 0$. L'incrément de déformation est alors *purement élastique*, d'où en tenant compte de (1.13) et (1.14) :

$$\mathrm{d}\underline{\underline{\varepsilon}} = \mathrm{d}\underline{\underline{\varepsilon}}^{\mathrm{e}} = \underline{\underline{\underline{\underline{\Lambda}}}} : \mathrm{d}\underline{\underline{\sigma}} \qquad (1.16)$$

- **Cas n°2**. L'état de contrainte est *sur la frontière du domaine d'élasticité* $f(\underline{\underline{\sigma}}, \mathcal{E}) = 0$, l'incrément $\mathrm{d}\underline{\underline{\sigma}}$ étant dirigé *vers l'intérieur du domaine*, ce que l'on peut caractériser par :

$$\mathrm{d}_{\mathcal{E}} f = \frac{\partial f}{\partial \underline{\underline{\sigma}}} : \mathrm{d}\underline{\underline{\sigma}} \leq 0 \qquad (1.17)$$ [1]

La formule (1.12) est encore applicable.

- **Cas n°3**. Cas de la ***charge plastique***. $\mathrm{d}\underline{\underline{\sigma}}$ est orienté *vers l'extérieur* de $C(\mathcal{E})$ à partir d'un état de contrainte $\underline{\underline{\sigma}}$ situé sur la frontière de $C(\mathcal{E})$:

$$f(\underline{\underline{\sigma}}, \mathcal{E}) = 0 \ \text{avec} \ \mathrm{d}_{\mathcal{E}} f = \frac{\partial f}{\partial \underline{\underline{\sigma}}} : \mathrm{d}\underline{\underline{\sigma}} > 0 \qquad (1.18)$$

Dans ce cas :

$$\mathrm{d}\underline{\underline{\varepsilon}} = \underline{\underline{\underline{\underline{\Lambda}}}} : \mathrm{d}\underline{\underline{\sigma}} + \mathrm{d}\underline{\underline{\varepsilon}}^{\mathrm{p}} \qquad (1.19)$$

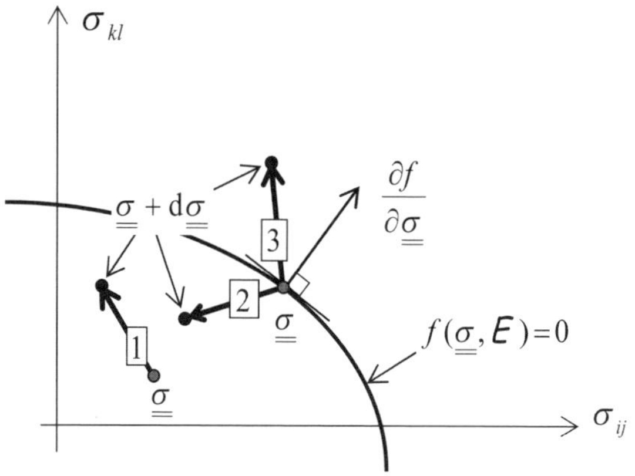

Figure 13. Différents cas de chargement incrémental.

Il nous reste alors à préciser l'expression de l'incrément de déformation plastique $\mathrm{d}\underline{\underline{\varepsilon}}^{\mathrm{p}}$. Celui-ci dépend *a priori* de l'état d'écrouissage actuel du matériau (qui détermine en particulier le domaine d'élasticité actuel $C(\mathcal{E})$), de l'état de contrainte $\underline{\underline{\sigma}}$ et de l'incrément de chargement appliqué $\mathrm{d}\underline{\underline{\sigma}}$ à partir de cet état. Il ne dépend pas en

---

[1] $(\partial f / \partial \underline{\underline{\sigma}})$ étant *normale extérieure* à $C(\mathcal{E})$ en $\underline{\underline{\sigma}}$, le produit doublement contracté $(\partial f / \partial \underline{\underline{\sigma}}) : \mathrm{d}\underline{\underline{\sigma}}$ (interprété comme un produit scalaire de deux vecteurs de R^6) a même signe que la projection algébrique de $\mathrm{d}\underline{\underline{\sigma}}$ sur la normale extérieure.

revanche, conformément à l'hypothèse faite d'indépendance de la loi de comportement par rapport au temps physique, de la vitesse avec laquelle cet incrément est appliqué :

$$\mathrm{d}\underline{\underline{\varepsilon}}^{\mathrm{p}} = \mathcal{F}[\underline{\underline{\sigma}}, \mathcal{E}, \mathrm{d}\underline{\underline{\sigma}}, \cancel{\dot{\underline{\underline{\sigma}}}}] \tag{1.20}$$

La condition de ***continuité*** du comportement entre le cas n°2 de la décharge élastique et celui n°3 de la charge plastique impose en outre :

$$\mathrm{d}\underline{\underline{\varepsilon}}^{\mathrm{p}} \to 0 \quad \text{quand} \quad \mathrm{d}_{\mathcal{E}} f \to 0 \tag{1.21}$$

c'est-à-dire qu'il n'y a pas de déformation plastique dans le cas où $\mathrm{d}\underline{\underline{\sigma}}$ est appliqué *tangentiellement* à la frontière du domaine d'élasticité. Il en résulte que $\mathrm{d}\underline{\underline{\varepsilon}}^{\mathrm{p}}$ ne dépend de $\mathrm{d}\underline{\underline{\sigma}}$ qu'au travers de sa projection, notée $\mathrm{d}\underline{\underline{\sigma}}^{n}$, sur la normale extérieure (figure 14). Sa projection $\mathrm{d}\underline{\underline{\sigma}}^{t}$ sur le plan tangent n'induisant en effet aucune déformation plastique, en raison de l'argument de continuité invoqué précédemment (*charge neutre*). Ce résultat implique que $\mathrm{d}\underline{\underline{\varepsilon}}^{\mathrm{p}}$ peut se mettre sous la forme :

$$\mathrm{d}\underline{\underline{\varepsilon}}^{\mathrm{p}} = \underline{\underline{H}}(\underline{\underline{\sigma}}, \mathcal{E})\,\mathrm{d}_{\mathcal{E}} f \tag{1.22}$$

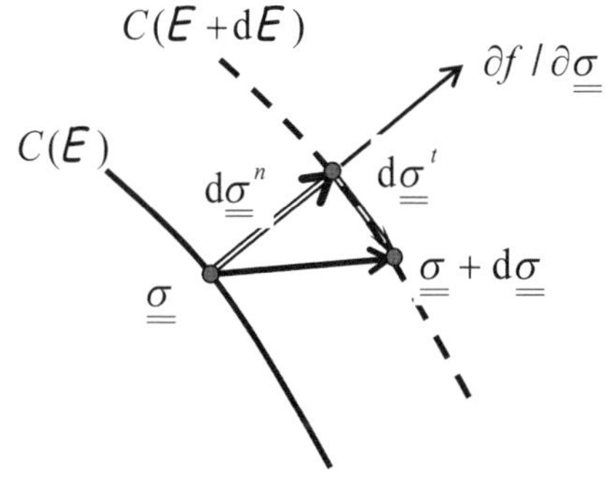

Figure 14. Projections normale et tangentielle à la surface de charge de l'incrément de contrainte $\mathrm{d}\underline{\underline{\sigma}}$.

4.2. Principe du travail plastique maximal ; règle de normalité

Ce principe, énoncé par Hill (1950), indique que pour un état de contrainte *plastiquement admissible* (c'est-à-dire appartenant au domaine d'élasticité $C(\mathcal{E})$) et un incrément de sollicitation donnés, l'incrément de déformation plastique $\mathrm{d}\underline{\underline{\varepsilon}}^{\mathrm{p}}$ correspondant vérifie la propriété suivante :

$$\underline{\underline{\sigma}} : \mathrm{d}\underline{\underline{\varepsilon}}^{\mathrm{p}} = \sup\{\underline{\underline{\sigma}}^{*} : \mathrm{d}\underline{\underline{\varepsilon}}^{\mathrm{p}} ; \underline{\underline{\sigma}}^{*} \in \mathrm{C}(\mathcal{E})\} \tag{1.23}$$

$\underline{\underline{\sigma}} : \mathrm{d}\underline{\underline{\varepsilon}}^{\mathrm{p}}$ a la dimension d'un *travail élémentaire par unité de volume*, d'où la dénomination du principe. Ce principe a deux conséquences, illustrées sur la figure 15 :

- lorsque $\underline{\underline{\sigma}}$ est strictement à l'intérieur du convexe d'élasticité $C(\mathcal{E})$, $\mathrm{d}\underline{\underline{\varepsilon}}^{\mathrm{p}} = 0$. On retrouve l'expression (1.16) de la loi de comportement ;

♦ lorsque $\underline{\underline{\sigma}}$ est sur la frontière de $C(E)$, la propriété (1.23) exprime que $\mathrm{d}\underline{\underline{\varepsilon}}^{\mathrm{p}}$ est tel qu'il rend maximum le produit scalaire $\underline{\underline{\sigma}}^* : \mathrm{d}\underline{\underline{\varepsilon}}^{\mathrm{p}}$. Il s'ensuit que $\mathrm{d}\underline{\underline{\varepsilon}}^{\mathrm{p}}$ est ***normale extérieure*** à $C(E)$ en $\underline{\underline{\sigma}}$, ce que l'on peut écrire :

$$\mathrm{d}\underline{\underline{\varepsilon}}^{\mathrm{p}} = \mathrm{d}\lambda \frac{\partial f}{\partial \underline{\underline{\sigma}}}(\underline{\underline{\sigma}}) \quad \text{avec} \quad \mathrm{d}\lambda \geq 0 \tag{1.24}$$

où $\mathrm{d}\lambda$ désigne le ***multiplicateur plastique*** ;

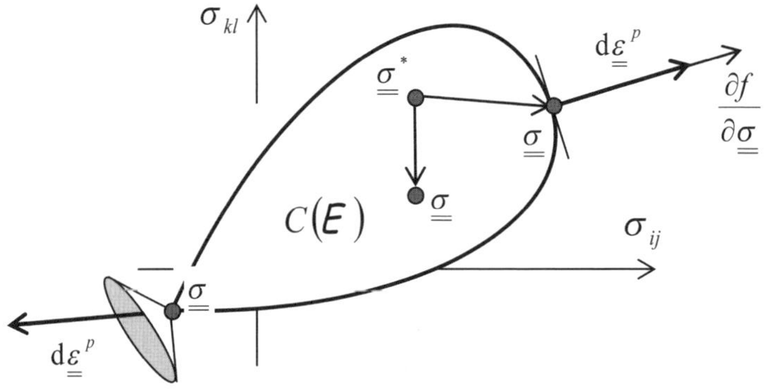

Figure 15. Illustration du principe du travail plastique maximal.

♦ dans le cas où la frontière du domaine comporte un point singulier (figure 15), l'équation (1.24) doit être remplacée par :

$$\mathrm{d}\underline{\underline{\varepsilon}}^{\mathrm{p}} \in \partial_E f \tag{1.25}$$

où $\partial_E f$ désigne le *cône des normales extérieures* à $C(E)$ en $\underline{\underline{\sigma}}$.

La ***règle de normalité*** (1.24) associée à l'expression générale (1.22) précédemment établie, permet en définitive d'écrire $\mathrm{d}\underline{\underline{\varepsilon}}^{\mathrm{p}}$ sous la forme :

$$\mathrm{d}\underline{\underline{\varepsilon}}^{p} = \frac{1}{M(\underline{\underline{\sigma}},E)} \mathrm{d}_E f \frac{\partial f}{\partial \underline{\underline{\sigma}}}, \quad M > 0 \tag{1.26}$$

$f(\underline{\underline{\sigma}},E) < 0$	$\mathrm{d}\underline{\underline{\varepsilon}} = \mathrm{d}\underline{\underline{\varepsilon}}^{e} = \underline{\underline{\underline{\Lambda}}} : \mathrm{d}\underline{\underline{\sigma}}$	
$f(\underline{\underline{\sigma}},E) = 0$	$\mathrm{d}_E f \leq 0$	$\mathrm{d}\underline{\underline{\varepsilon}} = \mathrm{d}\underline{\underline{\varepsilon}}^{e}$
	$\mathrm{d}_E f > 0$	$\mathrm{d}\underline{\underline{\varepsilon}} = \mathrm{d}\underline{\underline{\varepsilon}}^{e} + \mathrm{d}\underline{\underline{\varepsilon}}^{\mathrm{p}}$ $\boxed{\mathrm{d}\underline{\underline{\varepsilon}}^{p} = \frac{1}{M(\underline{\underline{\sigma}},E)} \mathrm{d}_E f \frac{\partial f}{\partial \underline{\underline{\sigma}}}, \quad M > 0}$

Le tableau ci-dessus récapitule les différentes situations relatives à l'écriture de la loi de comportement élastoplastique pour un matériau écrouissable obéissant au ***principe du travail plastique maximal*** (matériau ***standard***).

- ***Identification du paramètre M à partir de l'essai de traction simple***

Dans cet essai, l'état de contrainte en tout point de l'éprouvette est homogène *uniaxial*, de la forme :

$$\underline{\underline{\sigma}} = \sigma_{11} \underline{e}_1 \otimes \underline{e}_1 \tag{1.27}$$

L'expression générale (1.26) donne alors :

$$\mathrm{d}\varepsilon_{11}^{p} = \frac{1}{\mathcal{M}(\sigma_{11}, \mathcal{E})} \mathrm{d}_{\mathcal{E}} f . \frac{\partial f}{\partial \sigma_{11}} = \frac{\mathrm{d}\sigma_{11}}{\mathcal{M}} \left(\frac{\partial f}{\partial \sigma_{11}} \right)^2 \tag{1.28}$$

soit :

$$\frac{\mathrm{d}\sigma_{11}}{\mathrm{d}\varepsilon_{11}^{\mathrm{p}}} = \frac{\mathcal{M}}{(\partial f / \partial \sigma_{11})^2} \tag{1.29}$$

Le rapport $M = \mathrm{d}\sigma_{11} / \mathrm{d}\varepsilon_{11}^{\mathrm{p}}$, appelé ***module d'écrouissage***, est mesuré expérimentalement en effectuant un cycle élémentaire de charge-décharge (voir figure 16). On obtient alors :

$$\mathrm{d}\varepsilon_{11}^{\mathrm{p}} = \mathrm{d}\varepsilon_{11} - \mathrm{d}\varepsilon_{11}^{\mathrm{e}} = \frac{\mathrm{d}\sigma_{11}}{E_t} - \frac{\mathrm{d}\sigma_{11}}{E} \tag{1.30}$$

soit :

$$M = \frac{\mathrm{d}\sigma_{11}}{\mathrm{d}\varepsilon_{11}^{\mathrm{p}}} = \left(\frac{1}{E_t} - \frac{1}{E} \right)^{-1} \tag{1.31}$$

où E désigne le module d'Young et E_t le module tangent (pente locale de la courbe de charge). Par comparaison de (1.25) et (1.26) le module d'écrouissage vaut ainsi :

$$M = \frac{\mathcal{M}}{(\partial f / \partial \sigma_{11})^2} \tag{1.32}$$

Cette dernière relation montre que la dimension physique de la grandeur M introduite dans l'expression de la règle d'écoulement plastique (1.26) dépend directement du choix fait pour la fonction de charge. En vertu de (1.27), elle ne possède la dimension d'un module d'élasticité ou d'écrouissage que si l'on fait le choix d'une fonction de charge ayant la dimension d'une contrainte.

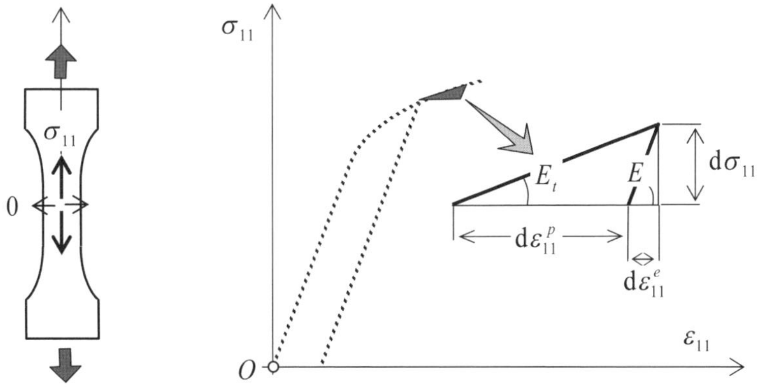

Figure 16. Cycle charge-décharge élémentaire dans un essai de traction simple.

Remarque. Le principe du travail plastique maximal qui nous a permis de préciser l'orientation de l'incrément de déformation plastique, est bien vérifié expérimentalement pour les métaux. Il est en revanche sujet à caution pour ce qui concerne des matériaux de type sols, roches ou bétons (géomatériaux). Dans ce cas l'expression (1.22) demeure valable, mais l'orientation de $\mathrm{d}\underline{\underline{\varepsilon}}^p$, c'est-à-dire du tenseur $\underline{\underline{H}}(\underline{\underline{\sigma}},\mathcal{E})$, doit être spécifiée autrement que par la règle de normalité (matériaux non standards tels que les sols frottants).

4.3. Le cas de la plasticité parfaite

Nous plaçant toujours dans le cas du matériau obéissant au principe du travail plastique maximal, le caractère non écrouissable du matériau implique que dans l'expression (1.26) le paramètre *M,* proportionnel ainsi que nous venons de le voir au ***module d'écrouissage*** *M,* s'annule, de même qu'au numérateur l'incrément de fonction de charge d*f,* puisque le point représentatif de l'état de contrainte ne peut plus sortir du domaine d'élasticité *fixe* $C(\mathcal{O})$. Cela signifie que l'amplitude $\mathrm{d}\lambda = \mathrm{d}f / \mathcal{M}$ de l'incrément du multiplicateur plastique, et donc de la déformation plastique reste *indéterminée*, bien que toujours positive en raison de la règle de normalité. Le tableau ci-dessous associé à la figure 17 récapitule les différentes écritures de la loi de comportement selon la situation rencontrée.

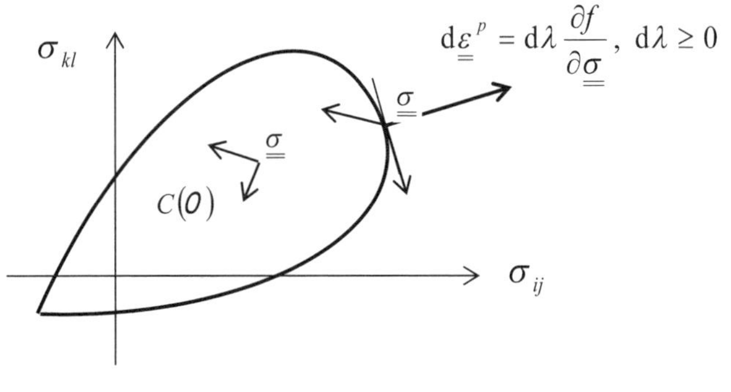

Figure 17. Écriture de la loi de comportement pour un matériau élastique parfaitement plastique standard.

$f(\underline{\underline{\sigma}}) < 0$	$\mathrm{d}\underline{\underline{\varepsilon}} = \mathrm{d}\underline{\underline{\varepsilon}}^e = \underline{\underline{\underline{\underline{\Lambda}}}} : \mathrm{d}\underline{\underline{\sigma}}$	
$f(\underline{\underline{\sigma}}) = 0$	$\mathrm{d}f \leq 0$	$\mathrm{d}\underline{\underline{\varepsilon}} = \mathrm{d}\underline{\underline{\varepsilon}}^e$
	$\mathrm{d}f = 0$	$\mathrm{d}\underline{\underline{\varepsilon}} = \mathrm{d}\underline{\underline{\varepsilon}}^e + \mathrm{d}\underline{\underline{\varepsilon}}^p$ $\boxed{\mathrm{d}\underline{\underline{\varepsilon}}^p = \mathrm{d}\lambda \dfrac{\partial f}{\partial \underline{\underline{\sigma}}},\ \mathrm{d}\lambda > 0}$

4.4. Cas du matériau isotrope

La fonction de charge s'écrivant dans ce cas comme une fonction des seuls invariants principaux de $\underline{\underline{\sigma}}$:

$$f(\underline{\underline{\sigma}}) = \hat{f}\left(I_1 = \mathrm{tr}\underline{\underline{\sigma}},\ I_2 = \tfrac{1}{2}\mathrm{tr}\underline{\underline{\sigma}}^2,\ I_3 = \tfrac{1}{3}\mathrm{tr}\underline{\underline{\sigma}}^3\right) \quad (1.33)$$

l'écriture de la règle d'écoulement plastique (1.26) dans le cas où le matériau obéit au principe du travail plastique maximal devient :

$$\mathrm{d}\underline{\underline{\varepsilon}}^{\mathrm{p}} = \mathrm{d}\lambda\left(\frac{\partial\hat{f}}{\partial I_1}\underline{\underline{1}} + \frac{\partial\hat{f}}{\partial I_2}\underline{\underline{\sigma}} + \frac{\partial\hat{f}}{\partial I_3}\underline{\underline{\sigma}}^2\right) \quad (1.34)$$

Cette dernière expression montre que $\mathrm{d}\underline{\underline{\varepsilon}}^{\mathrm{p}}$ ***a les mêmes directions principales que*** $\underline{\underline{\sigma}}$, tandis que, si l'on suppose que le matériau est également isotrope du point de vue de ses propriétés élastiques, soit :

$$\mathrm{d}\underline{\underline{\varepsilon}}^{\mathrm{e}} = \frac{1+\nu}{E}\mathrm{d}\underline{\underline{\sigma}} - \frac{\nu}{E}(\mathrm{tr}\ \mathrm{d}\underline{\underline{\sigma}})\underline{\underline{I}} \quad (1.35)$$

(E : module d'Young, ν : coefficient de Poisson), l'incrément de déformation élastique $\mathrm{d}\underline{\underline{\varepsilon}}^{\mathrm{e}}$ ***a les mêmes directions principales que l'incrément de charge*** $\mathrm{d}\underline{\underline{\sigma}}$. En outre, il résulte de (1.34) que :

$$\mathrm{d}\varepsilon_K^p = \mathrm{d}\lambda\left(\frac{\partial\hat{f}}{\partial I_1} + \frac{\partial\hat{f}}{\partial I_2}\sigma_K + \frac{\partial\hat{f}}{\partial I_3}\sigma_K^2\right) \quad (1.36)$$

où $\mathrm{d}\varepsilon_K^p$ (respectivement σ_K), avec $K = I, II, III$, désignent les valeurs principales de $\mathrm{d}\underline{\underline{\varepsilon}}^{\mathrm{p}}$ (respectivement $\underline{\underline{\sigma}}$). D'où en observant que :

$$I_1 = \sum_{K=I}^{III}\sigma_K\ ,\quad I_2 = \frac{1}{2}\sum_{K=I}^{III}\sigma_K^2\ ,\quad I_3 = \frac{1}{3}\sum_{K=I}^{III}\sigma_K^3 \quad (1.37)$$

et donc :

$$\frac{\partial I_1}{\partial\sigma_K} = 1\ ,\quad \frac{\partial I_2}{\partial\sigma_K} = \sigma_K\ ,\quad \frac{\partial I_3}{\partial\sigma_K} = \sigma_K^2 \quad (1.38)$$

il vient :

$$\mathrm{d}\varepsilon_K^p = \mathrm{d}\lambda\frac{\partial\hat{f}}{\partial\sigma_K}(I_1, I_2, I_3) = \mathrm{d}\lambda\frac{\partial\hat{f}}{\partial\sigma_K},\quad \mathrm{d}\lambda \geq 0 \quad (1.39)$$

ce qui signifie en particulier que la règle de normalité est valable dans l'***espace des valeurs principales*** de $\underline{\underline{\sigma}}$ et $\mathrm{d}\underline{\underline{\varepsilon}}^{\mathrm{p}}$.

4.5. Formulation « en vitesse »

Le tableau ci-dessous se réfère à *l'écriture « en vitesse »* de la loi de comportement élastoplastique pour un matériau élastoplastique parfait. Il est identique au tableau de la figure 17, à ceci près que les accroissements infinitésimaux (incréments) ont été remplacées par des dérivées temporelles, c'est-à-dire des taux de variation dans le temps. On parlera ainsi de taux de déformation *totale* ($\underline{\underline{d}}$), *élastique* ($\underline{\underline{d}}^e$) ou *plastique* ($\underline{\underline{d}}^p$).

<table>
<tr><td>$f(\underline{\underline{\sigma}}) < 0$</td><td colspan="2">$\dot{\underline{\underline{\varepsilon}}} = \underline{\underline{d}} = \dot{\underline{\underline{\varepsilon}}}^e = \underline{\underline{d}}^e = \underline{\underline{\underline{\underline{\Lambda}}}} : \dot{\underline{\underline{\sigma}}}$</td></tr>
<tr><td rowspan="2">$f(\underline{\underline{\sigma}}) = 0$</td><td>$\dot{f} \leq 0$</td><td>$\underline{\underline{d}} = \underline{\underline{d}}^e$</td></tr>
<tr><td>$\dot{f} = 0$</td><td>$\underline{\underline{d}} = \underline{\underline{d}}^e + \underline{\underline{d}}^{\mathrm{p}}$
$\boxed{\underline{\underline{d}}^p = \dot{\lambda} \dfrac{\partial f}{\partial \underline{\underline{\sigma}}} \text{ , } \dot{\lambda} > 0}$</td></tr>
</table>

5. QUELQUES ASPECTS THERMODYNAMIQUES DU COMPORTEMENT ÉLASTOPLASTIQUE

C'est l'observation d'une ***irréversibilité géométrique*** au terme d'un cycle de charge-décharge dans une expérience homogène, qui constitue l'élément caractéristique premier du comportement élastoplastique d'un matériau. Nous nous proposons dans ce qui suit de préciser le lien entre cette irréversibilité mécanique et la notion d'irréversibilité introduite classiquement en thermodynamique, et que nous avons déjà brièvement évoquée. On se limite ici au cadre des transformations ***infinitésimales, quasi-statiques*** et ***isothermes***.

On appellera ***cycle mécanique*** un cycle de chargement défini, dans l'espace des sollicitations $\underline{\underline{\sigma}}$ s'exerçant sur un volume élémentaire de matériau, par un ***trajet fermé issu de l'origine*** ($\underline{\underline{\sigma}}_{\mathrm{A}} = \underline{\underline{\sigma}}_{\mathrm{B}} = 0$). Le travail des forces extérieures calculé sur un tel cycle, *par unité de volume*, est égal au travail de déformation :

$$W_{\mathrm{A}}^{\mathrm{B}} = \int_{\mathrm{A}}^{\mathrm{B}} \underline{\underline{\sigma}} : \mathrm{d}\underline{\underline{\varepsilon}} \tag{1.40}$$

L'*inégalité de Clausius-Duhem* qui associe le premier et le second principes de la thermodynamique s'écrit dans le cas d'une telle évolution isotherme :

$$\underline{\underline{\sigma}} : \mathrm{d}\underline{\underline{\varepsilon}} - \rho \mathrm{d}\psi \geq 0 \tag{1.41}$$

où $\mathrm{d}\psi$ représente la variation d'***énergie libre massique*** du matériau (ρ est sa masse volumique) dans l'incrément de chargement $\mathrm{d}\underline{\underline{\sigma}}$. Il vient alors en intégrant (1.41) le long du cycle mécanique et en tenant compte de (1.40) :

$$D_{\mathrm{A}}^{\mathrm{B}} = W_{\mathrm{A}}^{\mathrm{B}} - \int_{\mathrm{A}}^{\mathrm{B}} \rho \mathrm{d}\psi = W_A^B - [\rho\psi(A) - \rho\psi(B)] \geq 0 \tag{1.42}$$

où $D_{\mathrm{A}}^{\mathrm{B}}$ représente la ***dissipation intrinsèque*** (énergie dissipée sous forme de chaleur).

Nous considérerons successivement trois cas de figure.

- ***Comportement élastique***

Il se caractérise par deux propriétés[2] :

– la ***réversibilité des déformations*** au cours d'un cycle mécanique quelconque, qui se traduit par le fait que le trajet correspondant dans l'espace des $\underline{\underline{\varepsilon}}$ est également *fermé* (figure 18) :

$$\underline{\underline{\varepsilon}}_{\mathrm{A}} = \underline{\underline{\varepsilon}}_{\mathrm{B}} = 0 \tag{1.43}$$

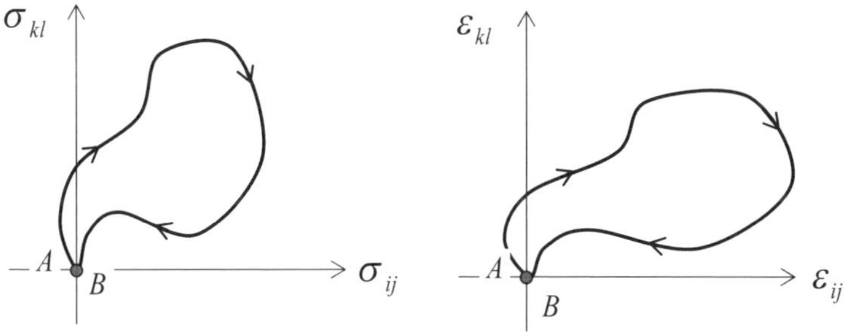

Figure 18. Cycle mécanique appliqué à un matériau élastique dans l'espace des contraintes et des déformations.

– la ***nullité du travail*** fourni au cours du cycle, ainsi que de la ***quantité de chaleur*** échangée au terme de ce cycle :

$$W_A^B = Q_A^B = 0 \tag{1.44}$$

d'où en vertu du premier principe :

$$\rho e(B) - \rho e(A) = W_A^B + Q_A^B = 0 \tag{1.45}$$

où e désigne l'***énergie interne massique***, ce qui signifie que le cycle mécanique est également un ***cycle thermodynamique***, la déformation $\underline{\underline{\varepsilon}}$ qui décrit elle-même un cycle, pouvant être prise comme seule ***variable d'état*** (hormis la température supposée ici constante) dont dépendent les fonctions thermodynamiques telles que ψ et e. Par suite $\psi(A) = \psi(B)$ et donc d'après (1.42) et (1.44) :

$$D_{\mathrm{A}}^{\mathrm{B}} = 0 \tag{1.46}$$

La dissipation intrinsèque est nulle pour tout cycle et donc *l'inégalité de Clausius-Duhem se réduit à une égalité :*

$$\underline{\underline{\sigma}} : \mathrm{d}\underline{\underline{\varepsilon}} - \rho \mathrm{d}\psi(\underline{\underline{\varepsilon}}) = \left(\underline{\underline{\sigma}} - \rho \frac{\partial \psi}{\partial \underline{\underline{\varepsilon}}} \right) : \mathrm{d}\underline{\underline{\varepsilon}} = 0 \qquad \forall \mathrm{d}\underline{\underline{\varepsilon}} \tag{1.47}$$

d'où l'équation d'état classique :

$$\underline{\underline{\sigma}} = \rho \frac{\partial \psi}{\partial \underline{\underline{\varepsilon}}} \tag{1.48}$$

[2] La première propriété est immédiate dans le cas d'un chargement monodimensionnel (cf. par exemple la figure 4-a). La mise en évidence expérimentale de la seconde passe par l'emploi d'un calorimètre.

Au cours d'un cycle mécanique de charge-décharge, un matériau élastique « emmagasine » le travail qui lui est fourni sous forme d'***énergie élastique*** (identifiée à l'énergie libre) dans la phase de charge, énergie qu'il restitue ensuite intégralement lors de la décharge.

- ***Comportement élastique parfaitement plastique***

Imaginons maintenant le même cycle mécanique *AB* appliqué à un matériau *élastique parfaitement plastique*, caractérisé par un convexe d'élasticité $C(\underline{\underline{0}})$, de sorte que sur une partie *A'B'* de ce cycle le matériau soit en *charge plastique*, c'est-à-dire que le point représentatif du trajet de chargement se déplace sur la frontière de $C(\underline{\underline{0}})$ (figure 19). On constate alors qu'il n'y a pas réversibilité des déformations, puisque par définition de la plasticité :

$$\underline{\underline{\varepsilon}}_B = \underline{\underline{\varepsilon}}^p \neq 0 \quad , \quad \underline{\underline{\varepsilon}}_B^e = 0 \qquad (1.49)$$

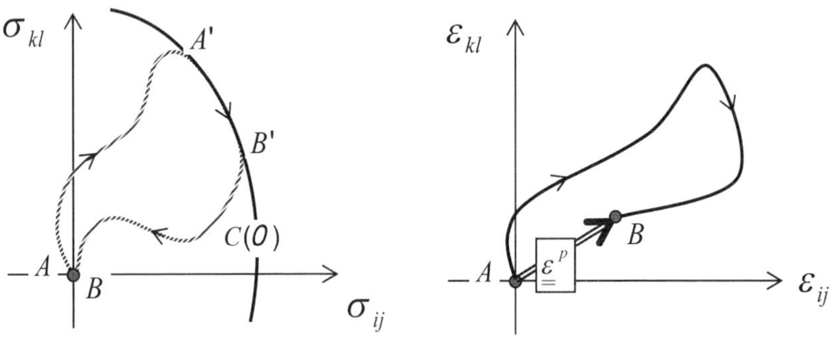

Figure 19 : Cycle mécanique dans le cas élastique parfaitement plastique.

Le travail fourni au cours du cycle est cette fois-ci *strictement positif*, comme le montre par exemple la figure 4b dans le cas monodimensionnel :

$$W_A^B > 0 \qquad (1.50)$$

Il est entièrement récupéré par l'extérieur sous forme de chaleur [3], de sorte que :

$$W_A^B + Q_A^B = 0 \qquad (1.51)$$

Cette dernière relation signifie que le cycle mécanique est *là encore un cycle thermodynamique*, la variable d'état étant cette fois-ci la ***déformation élastique*** $\underline{\underline{\varepsilon}}^e$. Par suite $\rho\psi(A) = \rho\psi(B)$ et donc d'après (1.42) et (1.51) :

$$D_A^B = W_A^B = -Q_A^B > 0 \qquad (1.52)$$

[3] Comme on pourrait le mettre en évidence expérimentalement si l'on disposait de mesures calorimétriques suffisamment précises.

Compte tenu de la décomposition de la déformation totale en parties élastique et plastique, et du fait que l'énergie libre massique ψ ne dépende que de la partie élastique, l'inégalité (1.41) s'écrit encore :

$$\left(\underline{\underline{\sigma}} - \rho \frac{\partial \psi}{\partial \underline{\underline{\varepsilon}}^{\mathrm{e}}}\right) : \mathrm{d}\underline{\underline{\varepsilon}}^{\mathrm{e}} + \underline{\underline{\sigma}} : \mathrm{d}\underline{\underline{\varepsilon}}^{\mathrm{p}} \geq 0 \tag{1.53}$$

Effectuant alors à partir d'un point $\underline{\underline{\sigma}}$ situé sur la frontière du critère ($f(\underline{\underline{\sigma}}) = 0$) *une décharge élastique* (df < 0), (1.53) devient une égalité :

$$\left(\underline{\underline{\sigma}} - \rho \frac{\partial \psi}{\partial \underline{\underline{\varepsilon}}^{\mathrm{e}}}\right) : \mathrm{d}\underline{\underline{\varepsilon}}^{\mathrm{e}} = 0 \ , \ \forall \, \mathrm{d}\underline{\underline{\sigma}} \ ; \ \frac{\partial f}{\partial \underline{\underline{\sigma}}} : \mathrm{d}\underline{\underline{\sigma}} < 0 \tag{1.54}$$

d'où nécessairement :

$$\underline{\underline{\sigma}} = \rho \frac{\partial \psi}{\partial \underline{\underline{\varepsilon}}^{\mathrm{e}}} \tag{1.55}$$

et par conséquent :

$$\underline{\underline{\sigma}} : \mathrm{d}\underline{\underline{\varepsilon}}^{\mathrm{p}} \geq 0 \tag{1.56}$$

soit :

$$D_{\mathrm{A}}^{\mathrm{B}} = \int_{\mathrm{A}}^{\mathrm{B}} \underline{\underline{\sigma}} : \mathrm{d}\underline{\underline{\varepsilon}}^{\mathrm{p}} \geq 0 \tag{1.57}$$

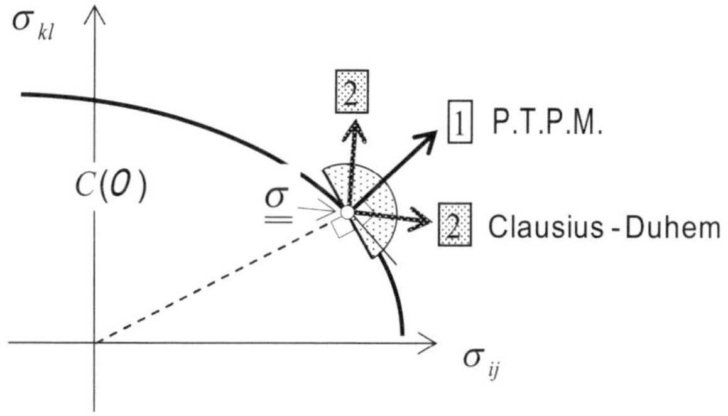

Figure 20. Principe du travail plastique maximal et positivité de la dissipation intrinsèque.

Le *principe du travail plastique maximal* indique par ailleurs que :

$$(\underline{\underline{\sigma}} - \underline{\underline{\sigma}}^*) : \mathrm{d}\underline{\underline{\varepsilon}}^{\mathrm{p}} \geq 0 \, , \ \forall \underline{\underline{\sigma}}^* \ ; f(\underline{\underline{\sigma}}^*) \leq 0 \tag{1.58}$$

Il implique donc toujours l'inégalité (1.57) dans la mesure où l'état de contrainte nul appartient au domaine d'élasticité (figure 20).

- ***Comportement élastoplastique avec écrouissage***

La figure 21 représente les trajets représentatifs dans les espaces des contraintes et des déformations d'un cycle mécanique imposé à un matériau *élastoplastique avec écrouissage*. On constate :

– une *non-réversibilité* des déformations :

$$\underline{\underline{\varepsilon}}_{B} = \underline{\underline{\varepsilon}}^{p} \neq 0 \quad , \quad \underline{\underline{\varepsilon}}_{B}^{e} = 0 \tag{1.59}$$

– une modification de la surface de charge due à l'écrouissage : $C(\underline{E}_A) \neq C(\underline{E}_B)$.

D'un point de vue thermodynamique on pourrait constater, si l'on disposait par exemple de mesures calorimétriques suffisamment précises, que le travail fourni au cours du cycle n'est pas entièrement récupéré par l'extérieur sous forme de chaleur :

$$W_A^B + Q_A^B > 0 \tag{1.60}$$

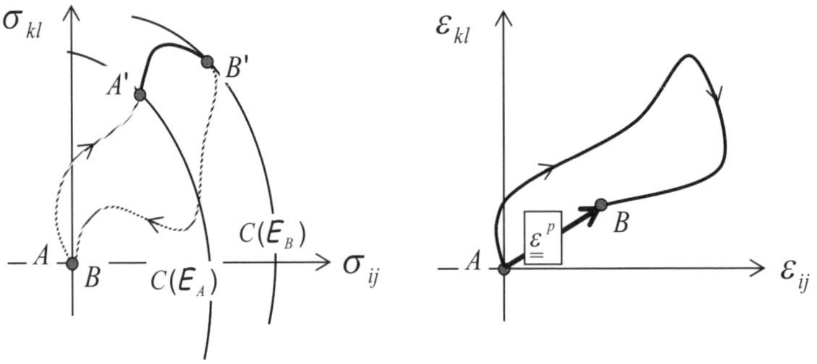

Figure 21. Cycle mécanique pour un matériau élastoplastique écrouissable.

Cela signifie que le cycle mécanique ***n'est plus un cycle thermodynamique*** comme dans les cas précédents. Ceci est corroboré par le fait que les variables qui définissent l'état d'écrouissage du matériau prises, outre la déformation élastique $\underline{\underline{\varepsilon}}^{e}$, comme variables définissant l'état thermodynamique du matériau, ne sont pas revenues à leur état initial. Il est possible de donner une interprétation plus précise de ces variables dans le cadre d'une analyse de type homogénéisation, mettant en évidence le phénomène d'écrouissage comme la manifestation à l'échelle macroscopique de l'incompatibilité des déformations plastiques à l'échelle microscopique. Désignant provisoirement par $\underline{E} = (E_i, i = 1,..,n)$ ces variables, l'inégalité (1.41) devient :

$$\left(\underline{\underline{\sigma}} - \rho \frac{\partial \psi}{\partial \underline{\underline{\varepsilon}}^{e}}\right) : \mathrm{d}\underline{\underline{\varepsilon}}^{e} - \rho \frac{\partial \psi}{\partial \underline{E}} . \mathrm{d}\underline{E} + \underline{\underline{\sigma}} : \mathrm{d}\underline{\underline{\varepsilon}}^{p} \geq 0 \tag{1.61}$$

Le même raisonnement en décharge élastique que celui fait dans le cas parfaitement plastique donne :

$$\underline{\underline{\sigma}} = \rho \frac{\partial \psi}{\partial \underline{\underline{\varepsilon}}^{e}} \tag{1.62}$$

d'où :

$$\underline{\underline{\sigma}} : \mathrm{d}\underline{\underline{\varepsilon}}^{p} - \rho \frac{\partial \psi}{\partial \underline{E}} . \mathrm{d}\underline{E} \geq 0 \tag{1.63}$$

Contrairement au cas parfaitement plastique examiné précédemment, $\underline{\underline{\sigma}}:\mathrm{d}\underline{\underline{\varepsilon}}^{\mathrm{p}}$ ***ne s'identifie plus à l'incrément de dissipation plastique.*** L'hypothèse de « découplage » entre élasticité et plasticité, fondée notamment sur la constatation expérimentale que les propriétés élastiques du matériau ne sont pas modifiées par l'état d'écrouissage, et que donc l'équation de comportement (1.62) est *indépendante* de $\underline{E}$, conduit à écrire :

$$\frac{\partial}{\partial \underline{E}}\left(\frac{\partial \psi}{\partial \underline{\underline{\varepsilon}}^{\mathrm{e}}}\right)=\frac{\partial}{\partial \underline{\underline{\varepsilon}}^{\mathrm{e}}}\left(\frac{\partial \psi}{\partial \underline{E}}\right)=0 \qquad (1.64)$$

d'où :

$$\psi\left(\underline{\underline{\varepsilon}}^{\mathrm{e}},\underline{E}\right)=\theta\left(\underline{\underline{\varepsilon}}^{\mathrm{e}}\right)+\varphi\left(\underline{E}\right) \qquad (1.65)$$

Par suite l'inégalité (1.63) devient :

$$\underline{\underline{\sigma}}:\mathrm{d}\underline{\underline{\varepsilon}}^{\mathrm{p}}-\rho\mathrm{d}\varphi\left(\underline{E}\right)\geq 0 \qquad (1.66)$$

soit par intégration sur le cycle de chargement :

$$D_{\mathrm{A}}^{\mathrm{B}}=\int_{\mathrm{A}}^{\mathrm{B}}\underline{\underline{\sigma}}:\mathrm{d}\underline{\underline{\varepsilon}}^{\mathrm{p}}-\rho\left\{\varphi\left(\underline{E}_{\mathrm{A}}\right)-\varphi\left(\underline{E}_{\mathrm{B}}\right)\right\}\geq 0 \qquad (1.67)$$

Cette dernière inégalité peut s'interpréter comme suit. Le ***travail « plastique »*** dépensé au cours d'un cycle mécanique (qui est égal au travail total, puisque la part « élastique » de ce travail est nulle), n'est pas totalement dissipé sous forme de chaleur. Il vient également accroître, à travers l'écrouissage du matériau, une partie de l'énergie libre égale à φ, non récupérable à la décharge. φ s'appelle l'***énergie élastique bloquée.*** Une interprétation mécanique claire de cette énergie peut être donnée dans le cadre d'une approche micromécanique de l'écrouissage.

Annexe

DEUX CRITÈRES DE PLASTICITÉ USUELS : VON MISES ET TRESCA

1. PRÉLIMINAIRES

Comme nous l'avons vu à la section 3.2 du chapitre I, la fonction de charge d'un matériau obéissant à un critère de *plasticité parfaite isotrope* s'écrit :

$$f(\underline{\underline{\sigma}}) = \mathcal{F}(\sigma_I, \sigma_{II}, \sigma_{III}) \leq 0 \tag{A.1}$$

où $(\sigma_I, \sigma_{II}, \sigma_{III})$ sont les contraintes principales. Le domaine d'élasticité peut donc être représenté dans R^3. Dans cet espace, la décomposition de la contrainte en parties *sphérique* et *déviatorique* d'un tenseur des contraintes

$$\underline{\underline{\sigma}} = \underline{\underline{s}} + 1/3\,(\mathrm{tr}\underline{\underline{\sigma}})\,\underline{\underline{I}} \tag{A.2}$$

peut être représentée de la façon suivante (figure A.1). Le vecteur $\underline{OM}(\sigma_I, \sigma_{II}, \sigma_{III})$ étant associé à $\underline{\underline{\sigma}}$, et $\underline{e}_\Delta\left(1/\sqrt{3}, 1/\sqrt{3}, 1/\sqrt{3}\right)$, vecteur *unitaire* porté par l'axe trissecteur Δ, à $\underline{\underline{I}}/\sqrt{3}$, il vient :

$$\underline{OH} = (\underline{OM}.\underline{e}_\Delta)\,\underline{e}_\Delta = (\mathrm{tr}\underline{\underline{\sigma}})\,\underline{e}_\Delta/\sqrt{3} \tag{A.3}$$

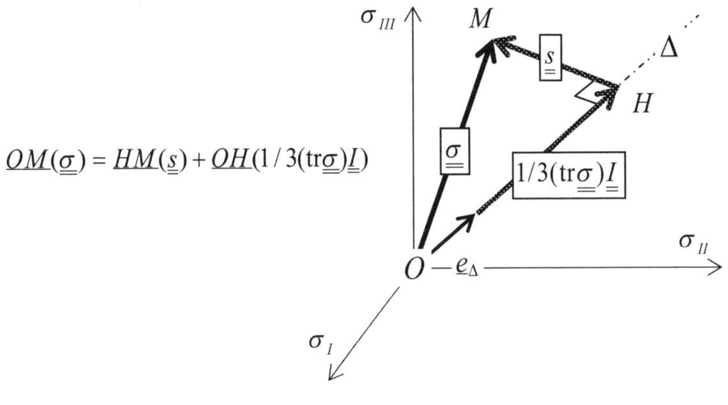

Figure A.1. Représentation géométrique dans l'espace des contraintes principales de la décomposition d'un tenseur en parties sphérique et déviatorique.

de sorte que le vecteur $\underline{OH}$ de composantes $\left(\mathrm{tr}\underline{\underline{\sigma}}/3, \mathrm{tr}\underline{\underline{\sigma}}/3, \mathrm{tr}\underline{\underline{\sigma}}/3\right)$ représente dans l'espace des contraintes principales la partie *sphérique* du tenseur $\underline{\underline{\sigma}}$, la partie *déviatorique* étant associée au vecteur $\underline{OM} - \underline{OH} = \underline{HM}$. Ce dernier est perpendiculaire à l'axe Δ.

2. CRITÈRE DE VON MISES

2.1. Domaine d'élasticité

La fonction de charge relative à un tel critère s'écrit :

$$\boxed{f(\underline{\underline{\sigma}}) = (1/2\,\underline{\underline{s}} : \underline{\underline{s}})^{1/2} - k = \left(1/2 s_{ij} s_{ji}\right)^{1/2} - k = \left(1/2(s_I^2 + s_{II}^2 + s_{III}^2)\right)^{1/2} - k} \tag{A.4}$$

où (s_I, s_{II}, s_{III}) désignent les valeurs principales de $\underline{\underline{s}}$ et k représente la *limite d'élasticité en cission simple.* Dans l'espace des contraintes principales, le module du vecteur $\underline{HM}$ est égal à :

$$HM = \left(s_I^2 + s_{II}^2 + s_{III}^2\right)^{1/2} \tag{A.5}$$

de sorte que le critère de von Mises peut également s'écrire :

$$\boxed{f\left(\underline{\underline{\sigma}}\right) \leq 0 \;\Leftrightarrow\; HM \leq k\sqrt{2}} \tag{A.6}$$

Le domaine d'élasticité est un cylindre circulaire d'*axe* Δ et de *rayon* $k\sqrt{2}$ (figure A.2).

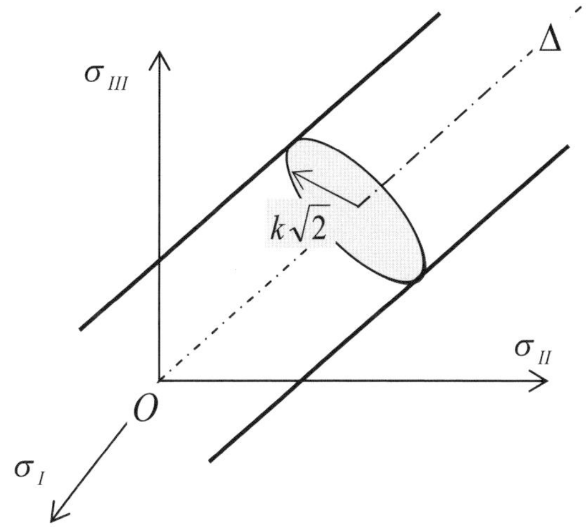

Figure A.2. Domaine d'élasticité relatif au critère de von Mises.

2.2. Règle d'écoulement plastique (matériau standard)

Partant de l'expression générale :

$$\underline{\underline{d}}^p = \underline{\underline{\dot{\varepsilon}}}^p = \dot{\lambda}\frac{\partial f}{\partial \underline{\underline{\sigma}}} \quad \dot{\lambda} \geq 0 \ \text{ si } f\left(\underline{\underline{\sigma}}\right) = \dot{f}\left(\underline{\underline{\sigma}}\right) = 0 \tag{A.7}$$

Tenant compte de (A.4), il vient :

$$\mathrm{d}f = \frac{\partial f}{\partial \underline{\underline{\sigma}}} : \mathrm{d}\underline{\underline{\sigma}} = \frac{\mathrm{d}(1/2\,\underline{\underline{s}} : \underline{\underline{s}})}{2(1/2\,\underline{\underline{s}} : \underline{\underline{s}})^{1/2}} = \frac{\underline{\underline{s}} : \mathrm{d}\underline{\underline{s}}}{2k} = \frac{\underline{\underline{s}}}{2k} : \mathrm{d}\underline{\underline{\sigma}} \quad \forall \mathrm{d}\underline{\underline{\sigma}} \tag{A.8}$$

d'où :

$$\frac{\partial f}{\partial \underline{\underline{\sigma}}} = \frac{\underline{\underline{s}}}{2k} \tag{A.9}$$

et, par conséquent, puisque le multiplicateur plastique $\dot{\lambda}$ est *indéterminé* :

$$\boxed{\underline{\underline{d}}^p = \dot{\lambda}\, \underline{\underline{s}} \quad \dot{\lambda} \geq 0 \;\text{ si }\; \left(1/2\, \underline{\underline{s}} : \underline{\underline{s}}\right)^{1/2} = k \;\text{ et }\; \underline{\underline{s}} : \underline{\underline{\dot{\sigma}}} = 0} \tag{A.10}$$

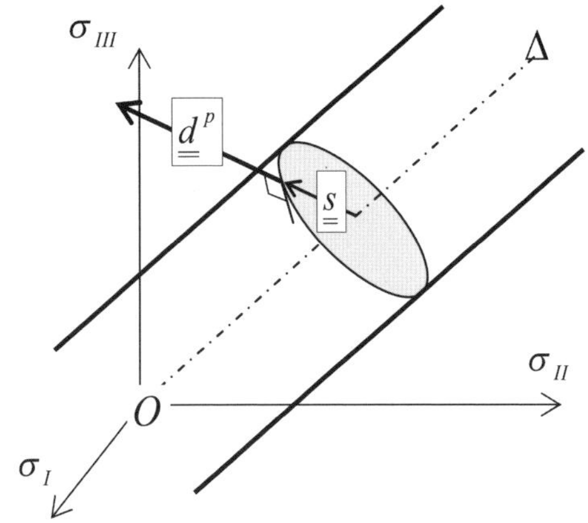

Figure A.3. Interprétation géométrique de la règle d'écoulement associée pour un critère de von Mises.

Cette règle d'écoulement peut s'interpréter géométriquement en remarquant d'une part que $\underline{\underline{d}}^p$ a les mêmes directions principales que $\underline{\underline{\sigma}}$ (voir également la section 4.4. du chapitre I), et que dans l'espace des contraintes principales le vecteur associé à $\underline{\underline{d}}^p$ est *normale extérieure* à la surface de charge cylindrique, donc perpendiculaire à l'axe Δ, et même plus précisément *colinéaire* au vecteur associé à $\underline{\underline{s}}$ (figure A.3).

La relation (A.10) implique en particulier que :

$$\text{tr}\left(\underline{\underline{d}}^p\right) = \text{tr}\left(\dot{\lambda}\underline{\underline{s}}\right) = 0 \tag{A.11}$$

signifiant ainsi que le matériau est *plastiquement incompressible*.

3. CRITÈRE DE TRESCA

3.1. Domaine d'élasticité

La fonction de charge d'un tel critère s'écrit :

$$\boxed{\hat{f}\left(\sigma_I, \sigma_{II}, \sigma_{III}\right) = \sup_{K,L=I,II,III} \left\{\sigma_K - \sigma_L\right\} - \sigma_0 \leq 0} \tag{A.12}$$

où $\sigma_0 = 2C$ représente la limite d'élasticité en *traction simple* du matériau, C désignant sa *cohésion*. Dans l'espace des contraintes principales le domaine d'élasticité est représenté par un cylindre d'axe Δ. En effet, étant donné un point $M(\sigma_I, \sigma_{II}, \sigma_{III})$ appartenant à ce domaine, c'est-à-dire vérifiant l'inégalité (A.12), ce dernier contient toute la droite passant par M et parallèle à Δ constituée des points de la forme $M'(\sigma_I + \alpha, \sigma_{II} + \alpha, \sigma_{III} + \alpha)$, puisqu'il est facile de voir que :

$$\forall \alpha \quad \hat{f}(\sigma_I + \alpha, \sigma_{II} + \alpha, \sigma_{III} + \alpha) = \sup_{K,L=I,II,III} \{\sigma_K + \alpha - \sigma_L - \alpha\} - \sigma_0 = \hat{f}(\sigma_I, \sigma_{II}, \sigma_{III}) \qquad \text{(A.13)}$$

Il reste alors à préciser la section de ce cylindre en se plaçant dans un plan déviateur quelconque, perpendiculaire à Δ (figure A.4). L'expression (A.12) fait apparaître que le critère de Tresca consiste à *limiter la différence entre les contraintes principales extrêmes*, la contrainte principale intermédiaire n'intervenant pas dans un tel critère. L'espace des contraintes principales peut être ainsi subdivisé en six régions égales délimitées par les trois plans passant par Δ et contenant respectivement les trois axes principaux. Chacune de ces régions correspond à un classement d'ordre donné entre les contraintes principales.

Plaçons-nous par exemple dans la région où σ_I et σ_{III} sont les contraintes principales majeure et mineure, tandis que σ_{II} est la contrainte principale intermédiaire. Le critère de Tresca s'écrit alors :

$$\sigma_I - \sigma_{III} - \sigma_0 \leq 0 \qquad \text{(A.14)}$$

La restriction du domaine d'élasticité à cette région est donc délimitée par le plan d'équation $\sigma_I - \sigma_{III} = \sigma_0$ parallèle à Δ et à l'axe $O\sigma_{II}$. Effectuant le même raisonnement pour les cinq autres régions, il apparaît que la frontière du domaine d'élasticité est un hexagone régulier représenté sur la figure A.4.

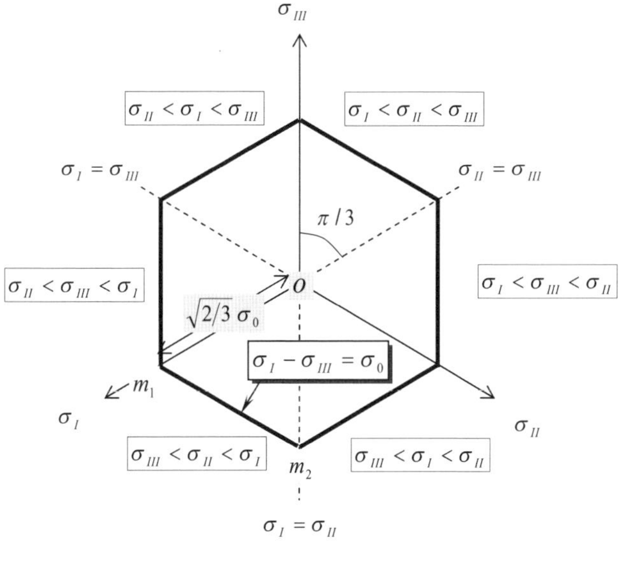

Figure A.4. Section par un plan déviateur du domaine d'élasticité relatif à un critère de Tresca

La dimension de cet hexagone est caractérisée par la distance $om_1 = om_2$, où m_1 désigne la trace dans le plan déviateur de l'arête du cylindre hexagonal, parallèle à l'axe Δ, qui passe par le point $(\sigma_I = \sigma_0, \sigma_{II} = \sigma_{III} = 0)$ correspondant à limite d'élasticité en traction uniaxiale. Cette distance n'est autre que la norme du déviateur associé à cet état de contrainte $(s_I = 2\sigma_0 / 3, s_{II} = s_{III} = -\sigma_0 / 3)$:

$$om_1 = om_2 = \left(s_I^2 + s_{II}^2 + s_{III}^2\right)^{1/2} = \sqrt{\frac{2}{3}}\sigma_0 \tag{A.15}$$

3.2. Règle d'écoulement

On utilise le résultat du cours (chapitre I, équation (1.39)) exprimé en vitesse :

$$d_K^p = \dot{\lambda}\frac{\partial \hat{f}}{\partial \sigma_K}, \quad \dot{\lambda} \geq 0 \tag{A.16}$$

Deux cas doivent être distingués selon la position de l'état de contrainte sur la surface de charge hexagonale.

- *Régime de face* (figure A.5a). Le point est situé sur une face du polyèdre (segment m_1m_2 à l'exclusion des extrémités). La fonction de charge s'écrit dans ce cas :

$$\hat{f}(\sigma_I, \sigma_{II}, \sigma_{III}) = \sigma_I - \sigma_{III} - \sigma_0 = 0 \tag{A.17}$$

d'où en vertu de (A.16) :

$$\boxed{d_I^p = \dot{\lambda} \geq 0 \quad d_{II}^p = 0 \quad d_{III}^p = -\dot{\lambda} \;\text{ lorsque }\; \dot{\hat{f}}(\sigma_I, \sigma_{II}, \sigma_{III}) = \dot{\sigma}_I - \dot{\sigma}_{III} = 0} \tag{A.18}$$

De même sur la « face » m_2m_3

$$d_I^p = 0 \quad d_{II}^p = \dot{\mu} \geq 0 \quad d_{III}^p = -\dot{\mu} \;\text{ lorsque }\; \dot{\hat{f}}(\sigma_I, \sigma_{II}, \sigma_{III}) = \dot{\sigma}_{II} - \dot{\sigma}_{III} = 0 \tag{A.19}$$

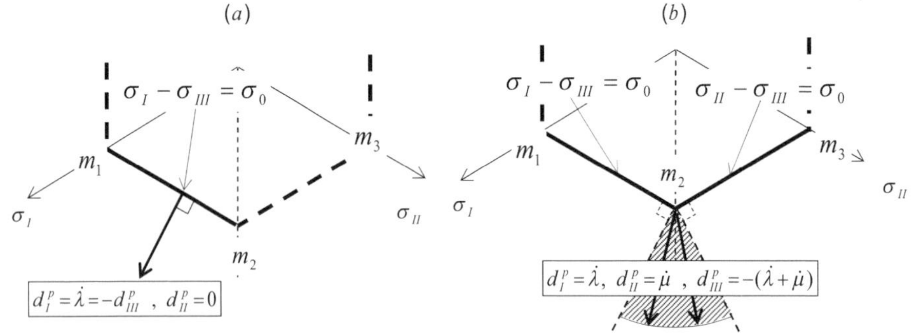

Figure A.5. Règle d'écoulement plastique pour un matériau de Tresca : (a) régime de face, (b) régime d'arête.

- *Régime d'arête* (figure A.5b). Le point est situé sur une arête du polyèdre (point m_2). La fonction de charge s'écrit dans ce cas :

$$\sigma_I - \sigma_{III} - \sigma_0 = 0 \text{ et } \sigma_{II} - \sigma_{III} - \sigma_0 = 0 \tag{A.20}$$

Le vecteur représentant le taux de déformation plastique appartient au *cône des normales extérieures* en ce point, c'est-à-dire qu'il est *combinaison convexe* des vecteurs correspondant aux régimes des « faces » m_1m_2 et m_2m_3. Soit :

$$d_I^p = \dot{\lambda} \geq 0 \quad d_{II}^p = \dot{\mu} \geq 0 \quad d_{III}^p = -(\dot{\lambda} + \dot{\mu}) \text{ lorsque } \dot{\sigma}_I = \dot{\sigma}_{II} = \dot{\sigma}_{III} \tag{A.21}$$

On observe que dans tous les cas, la condition d'incompressibilité plastique est bien vérifiée :

$$\mathrm{tr}\underline{\underline{d}}^p = \sum_K d_K^p = 0 \tag{A.22}$$

ce qui se traduit géométriquement par le fait que le vecteur associé au taux de déformation plastique reste perpendiculaire à l'axe Δ.

Chapitre II

PROBLÈMES D'ÉVOLUTION ÉLASTOPLASTIQUE

1. UN EXEMPLE SIMPLE DE STRUCTURE

On s'intéresse au système réticulé, représenté figure 1, formé de trois barres verticales identiques (longueur l), numérotées de 1 à 3, fixées à leur extrémité supérieure (points A', B' et C') par des articulations sans frottement, et reliées entre elles en partie inférieure à un barreau *rigide,* les points A, B et C représentant également des articulations *sans frottement.* Les seules contraintes « généralisées » du système sont donc les efforts N_i, i=1,2,3 de *traction-compression* dans les barres. Le chargement est constitué d'une force verticale d'intensité Q, comptée positivement vers le bas, appliquée au point D milieu de BC, et croissant progressivement à partir de zéro $(Q{:}\ 0\uparrow)$.

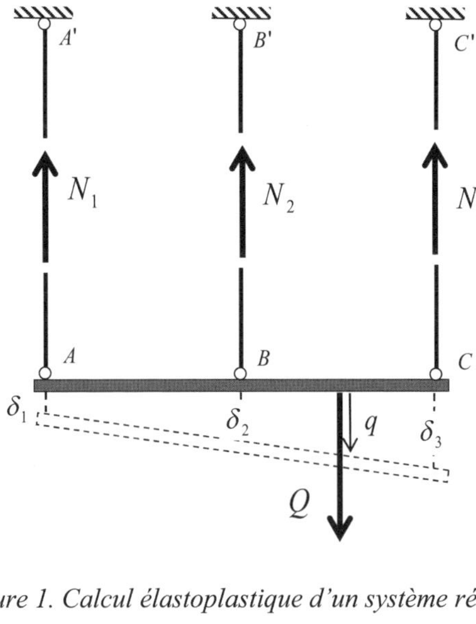

Figure 1. Calcul élastoplastique d'un système réticulé.

Les barres ont un comportement ***élastique parfaitement plastique*** schématisé par le diagramme (N_i,δ_i) de la figure 2. S désigne la section des barres, E le module d'Young du matériau constitutif, supposé homogène, et L la limite d'élasticité en traction-compression. Le tableau ci-dessous, homologue de celui de la figure 17 du chapitre 1, récapitule les différentes écritures de la loi de comportement élastoplastique pour la barre n° *i*. On observe en particulier que le principe du travail plastique maximal se traduit ici par le fait que la barre s'allonge (resp. se raccourcit) plastiquement lorsque la limite d'élasticité étant atteinte en traction (resp. compression), la valeur de l'effort est maintenue constante.

<table>
<tr><td>$f(N_i)=|N_i|-L<0$</td><td colspan="2">$\dot{\delta}_i=\dot{\delta}_i^e=\dfrac{\dot{N}_i l}{ES}$</td></tr>
<tr><td rowspan="2">$f(N_i)=N_i-L=0$</td><td>$\dot{f}=\dot{N}_i\leq 0$</td><td>$\dot{\delta}_i=\dot{\delta}_i^e$</td></tr>
<tr><td>$\dot{f}=\dot{N}_i=0$</td><td>$\dot{\delta}_i=\underbrace{\dot{\delta}_i^e}_{=0}+\dot{\delta}_i^p=\dot{\lambda}\,(\partial f/\partial N_i)=+\dot{\lambda}\geq 0$</td></tr>
<tr><td rowspan="2">$f(N_i)=N_i+L=0$</td><td>$\dot{f}=\dot{N}_i\leq 0$</td><td>$\dot{\delta}_i=\dot{\delta}_i^e$</td></tr>
<tr><td>$\dot{f}=\dot{N}_i=0$</td><td>$\dot{\delta}_i=\underbrace{\dot{\delta}_i^e}_{=0}+\dot{\delta}_i^p=\dot{\lambda}\,(\partial f/\partial N_i)=-\dot{\lambda}\leq 0$</td></tr>
</table>

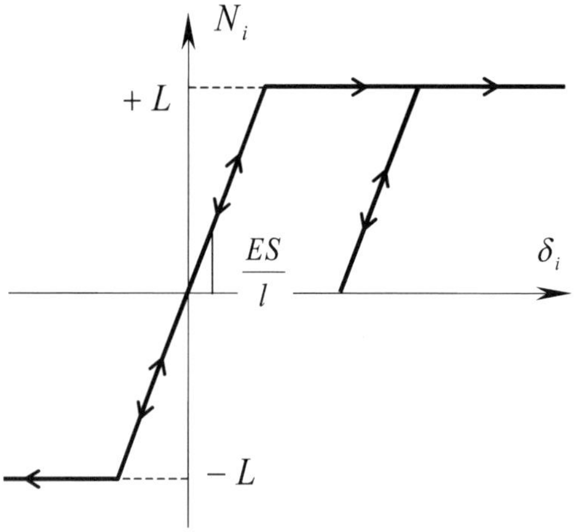

Figure 2. Diagramme de comportement élastique parfaitement plastique de la barre n° i.

L'état ***initial*** de la structure étant supposé ***naturel*** ($N_i=0,\ i=1,2,3$ = 0 pour Q = 0), on cherche à déterminer l'évolution du système à mesure que le chargement Q augmente à partor de la valeur nulle.

1.1. Phase de comportement élastique

Les équations permettant de mener à bien la résolution du problème sont classiquement :

- ***Les équations d'équilibre***, valables indépendamment de la loi de comportement des barres. Elles résultent ici de l'équilibre global en *résultante* (verticale) et en *moment* (par exemple par rapport au point d'application de la charge) du barreau horizontal soumis à l'action de la charge Q et des efforts N_i exercés par les barres. Soit immédiatement :

$$\begin{cases} Q = N_1 + N_2 + N_3 \\ N_3 = N_2 + 3N_1 \end{cases} \tag{2.1}$$

Le système est ***hyperstatique d'ordre un.***

- Les ***relations de comportement.*** Faisant l'hypothèse que les efforts restent strictement à l'intérieur du domaine d'élasticité, elles s'écrivent :

$$\delta_i = \frac{N_i l}{ES} \quad i=1,2,3 \tag{2.2}$$

- La relation de ***compatibilité géométrique*** entre allongements consiste ici tout simplement à exprimer que les points A, B, C restent alignés:

$$\delta_1 + \delta_3 - 2\delta_2 = 0 \tag{2.3}$$

Elle permet, à travers les relations (2.2), de rajouter une troisième équation au système (2.1), dont la résolution donne alors :

$$N_1 = Q/12,\ N_2 = Q/3,\ N_3 = 7Q/12 \tag{2.4a}$$

$$\delta_1 = Ql/12ES,\quad \delta_2 = Ql/3ES,\quad \delta_3 = 7Ql/12ES, \tag{2.4b}$$

le déplacement vertical q du point d'application du chargement valant dès lors :

$$q = (\delta_2 + \delta_3)/2 = 11Ql/24ES \tag{2.5}$$

Cette solution n'est valable que dans la mesure où le comportement des barres demeure *purement élastique*, c'est-à-dire tant que $N_3 < L$, soit :

$$Q < Q^e = 12L/7 \tag{2.6}$$

Q^e représente la ***limite d'élasticité*** initiale de la structure. Elle correspond à la plastification en traction de la barre n° 3. La réponse globale le la structure, représentée sous la forme d'une courbe donnant l'effort Q en fonction du déplacement q de son point d'application est représentée sur la figure 3a, tandis que l'évolution correspondante des efforts des trois barres est donnée sur la figure 3b.

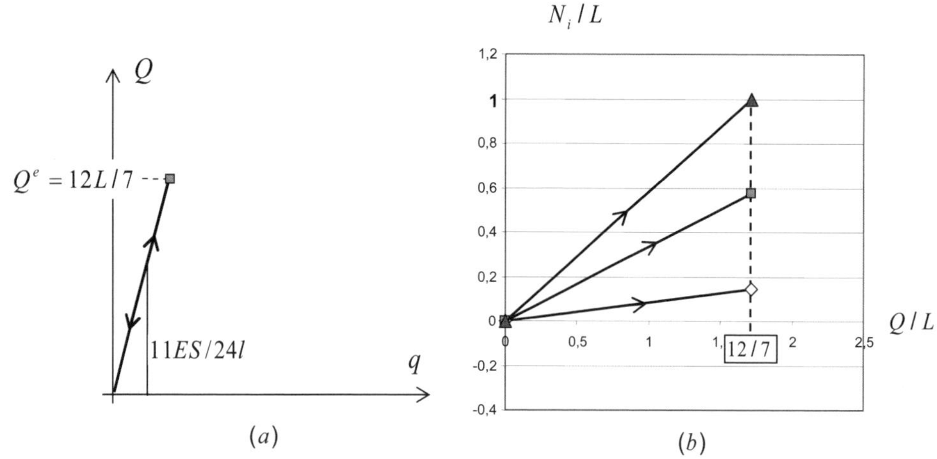

Figure 3. Réponse de la structure en phase élastique et évolution des efforts dans les barres.

1.2. Phase élastoplastique

Poursuivant le chargement au-delà de la limite d'élasticité du système, on fait l'hypothèse de travail, qu'il conviendra de vérifier *a posteriori,* que la ***barre n° 3 reste plastifiée en traction*** :

$$N_3 = +L \text{ pour } Q > Q^e \tag{2.7}$$

Cette hypothèse nous permet alors de déterminer les efforts dans les deux autres barres à partir des *équations d'équilibre* (2.1)) :

$$N_1 = -Q/2+L\,,\quad N_2 = 3Q/2-2L \tag{2.8}$$

Le comportement des barres n°s 1 et 2 *restant élastique*, il vient en vertu de (2.2) :

$$\delta_1 = (-Q/2+L)l/ES\,,\quad \delta_2 = (3Q/2-2L)l/ES \tag{2.9}$$

d'où en tenant compte de la relation de *compatibilité géométrique* (2.3) :

$$\delta_3 = (7Q/2-5L)l/ES \tag{2.10}$$

Cette dernière relation montre que la loi de comportement de la barre n° 3 et en particulier la ***règle d'écoulement plastique*** est bien vérifiée. En effet, de façon générale, cette loi, exprimée en ***taux de variation***, s'écrit :

$$\dot{\delta}_3 = \dot{\delta}_3^{\mathrm{e}} + \dot{\delta}_3^{\mathrm{p}} \tag{2.11}$$

c'est-à-dire dans le cas présent $\left(N_3 = +L,\ \dot{N}_3 = 0\right)$:

$$\dot{\delta}_3 = \dot{\delta}_3^{\mathrm{p}} \geq 0 \tag{2.12}$$

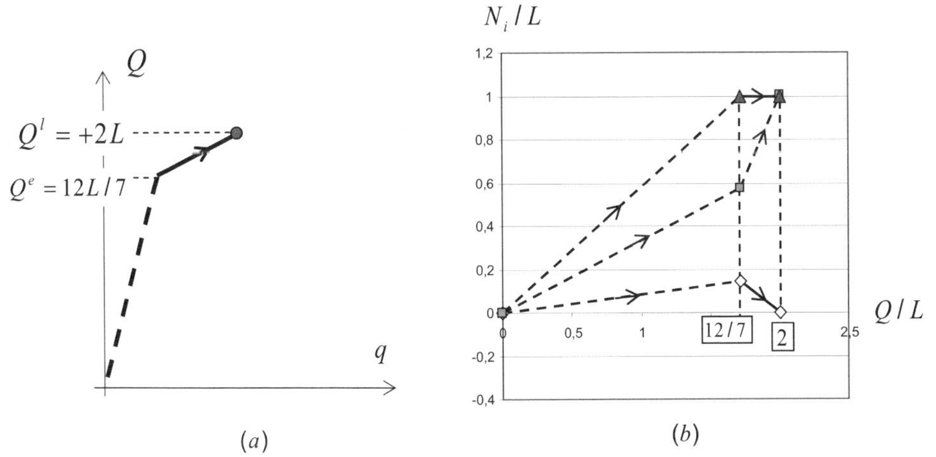

Figure 4. Phase élastoplastique de comportement de la structure

Cette relation est bien vérifiée puisque d'après (2.10) :

$$\dot{\delta}_3 = 7/2 \frac{l\dot{Q}}{ES} \quad \text{avec } \dot{Q} \geq 0 \tag{2.13}$$

Le *théorème* ***d'unicité*** en contraintes du problème d'évolution, que nous expliciterons ultérieurement, permet de montrer qu'il s'agit bien de ***la solution*** *du problème* tant que les efforts dans les barres n°s 1 et 2 restent dans le domaine élastique :

$$N_1 = -Q/2 + L \leq L \quad \text{et} \quad N_2 = 3Q/2 - 2L \leq L \tag{2.14}$$

soit :

$$Q \leq 2L \tag{2.15}$$

La valeur $Q^l = 2L$ correspond à la *plastification* de la barre n° 2 en t*raction* $(N_2 = +L)$, l'effort dans la barre n° 1 s'annulant pour cette valeur du chargement (voir figure 4-b).

1.3. Charge limite et ruine plastique

Nous allons tout d'abord montrer qu'il est impossible de poursuivre le chargement au-delà de la valeur $Q^l = +2L$. Le raisonnement est le suivant. L'équilibre du barreau rigide en moment par rapport au point A donne :

$$Q = 2/3 N_2 + 4/3 N_3 \tag{2.16}$$

Les valeurs des efforts dans les barres 2 et 3 étant astreintes à demeurer inférieures à la limite d'élasticité en traction ($+L$), il résulte *nécessairement* de (2.16) que Q doit rester *inférieur (ou égal)* à $+2L$. Il s'agit d'un raisonnement de ***calcul à la rupture*** (voir la partie *«Calcul à la Rupture»* du cours) fondé sur l'écriture de la compatibilité entre l'***équilibre*** du système (réduit ici à l'équation d'équilibre en moment (2.16)) et la ***résistance*** de ses éléments constitutifs (les barres 2 et 3). Il convient de noter que le raisonnement ci-dessus démontre seulement *qu'il n'est pas possible de dépasser* la valeur $Q^l = +2L$, le calcul d'évolution en phase élastoplastique ayant montré que cette valeur est effectivement atteinte.

Que se passe-t-il alors si l'on *maintient* la charge à la valeur $Q^l = +2L$, soit $Q = Q^l, \dot{Q} = 0$? L'évolution correspondante des efforts dans les barres est dans ce cas :

$$N_1 = 0\,,\ N_2 = N_3 + L\ \ ,\ \dot{N}_i = 0 \tag{2.17}$$

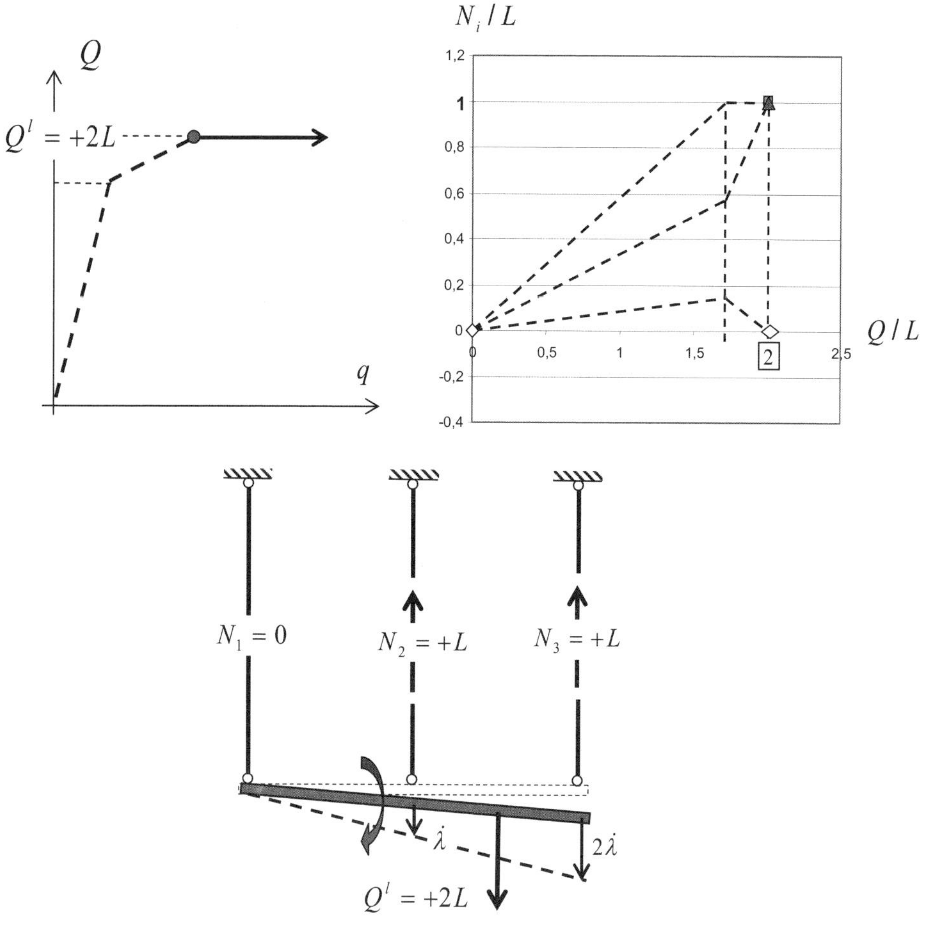

Figure 5. Charge limite et mécanisme de ruine plastique.

d'où d'après la loi de comportement :

$$\dot{\delta}_1 = \dot{\delta}_1^e = 0\,,\ \dot{\delta}_2 = \dot{\delta}_2^p = \dot{\lambda} \geq 0\,,\ \dot{\delta}_3 = \dot{\delta}_3^p = \dot{\mu} \geq 0 \tag{2.18}$$

les multiplicateurs plastiques $\dot{\lambda}$ et $\dot{\mu}$ étant reliés entre eux par la relation de compatibilité géométrique des taux d'allongement déduite de (2.3) :

$$\dot{\delta}_1 + \dot{\delta}_3 - 2\dot{\delta}_2 = 0 \ \Rightarrow\ \dot{\mu} = 2\dot{\lambda} \tag{2.19}$$

d'où :

$$\dot{q} = \left(\dot{\delta}_2 + \dot{\delta}_3\right)/2 = 3\dot{\lambda}/2 \geq 0 \tag{2.20}$$

Les barres 2 et 3 *s'allongent plastiquement sous charge constante*, tandis que la barre n° 1 restant de longueur invariable, le barreau rigide est animé d'un mouvement de rotation autour du point A (figure 5).

Il y a donc apparition d'un ***mécanisme d'écoulement plastique libre***, ou de ***ruine plastique*** de la strcuture. Il vient se superposer aux allongements déjà acquis par les différentes barres au moment d'atteindre la ***charge limite***. Bien entendu l'analyse ici faite suppose que les *changements de géométrie soient négligeables* (allongements des barres petits devant leur longueur).

1.4. Décharge de la structure. État résiduel

On effectue une décharge de la structure à partir de la charge limite Q^l, immédiatement avant que ne se produise l'écoulement plastique libre de la structure. Adoptant l'hypothèse que cette décharge est *élastique*, et raisonnant en acroissements en posant :

$$\begin{cases} Q = Q^l + \Delta Q\,,\ \Delta Q < 0; & N_i = N_i(Q^l) + \Delta N_i \\ \delta_i = \delta_i(Q^l) + \Delta\delta_i\,; & q = q(Q^l) + \Delta q \end{cases} \tag{2.21}$$

il apparaît immédiatement que les accroissements (algébriques) $\Delta N_i, \Delta\delta_i$ et Δq sont donnés par les équations (2.4) et (2.5) dans lesquelles Q est remplacé par ΔQ. D'où immédiatement :

$$\begin{cases} N_1 = \Delta Q/12 \quad N_2 = L + \Delta Q/3 \quad N_3 = L + 7\Delta Q/12 \\ \delta_1 = l\Delta Q/12ES \quad \delta_2 = l(L + \Delta Q/3)/ES \quad \delta_3 = l(2L + 7\Delta Q/12)/ES \\ q = l(3L/2 + 11\Delta Q/24)/ES \end{cases} \tag{2.22}$$

L'état ***résiduel*** de la structure, repéré par l'exposant $(*)^r$, est obtenu dans le cas de la ***décharge totale*** : $\Delta Q = -Q^l = -2L$. Il vient alors compte tenu de (2.22) :

$$\begin{cases} N_1^r = -L/6 \quad N_2^r = L/3 \quad N_3^r = -L/6 \\ \delta_1^r = -lL/6ES \quad \delta_2^r = lL/3ES \quad \delta_3 = 5lL/6ES \\ q^r = 7lL/12ES \end{cases} \tag{2.23}$$

L'hypothèse de décharge élastique est bien vérifiée, les efforts dans les barres restant toujours à l'intérieur du domaine d'élasticité. On remarque bien évidemment que les ***efforts résiduels*** N_i^r forment un système ***auto-équilibré*** (c'est-à-dire satisfaisant les équations d'équilibre (2.1) avec $Q = 0$), tandis que les ***allongements résiduels*** δ_i^r respectent la condition de compatibilité géométrique (2.3). Par contre les ***allongements plastiques*** δ_i^p acquis par les barres au cours de la phase de chargement valent :

$$\delta_1^p = \delta_2^p = 0\ ,\ \ \delta_3^p = lL/ES \tag{2.24}$$

Ils ne sont donc pas géométriquement compatibles, et c'est précisément cette ***incompatibilité géométrique*** qui est à l'origine de l'apparition d'***efforts résiduels.*** En effet, intégrant sur l'ensemble du cycle charge-décharge la loi de comportement de chacune des barres :

$$\dot{\delta}_i = \dot{\delta}_i^e + \dot{\delta}_i^p = \dot{N}_i l/ES + \dot{\delta}_i^p \tag{2.25}$$

il vient :

$$\delta_i^r = N_i^r \, l/ES + \delta_i^p \tag{2.26}$$

Cette dernière relation fait clairement apparaître que ce sont les ***déformations*** (allongements) ***élastiques dues aux efforts résiduels*** qui, en se superposant aux ***allongements plastiques, rétablissent la compatibilité géométrique*** de la structure (voir figure 6).

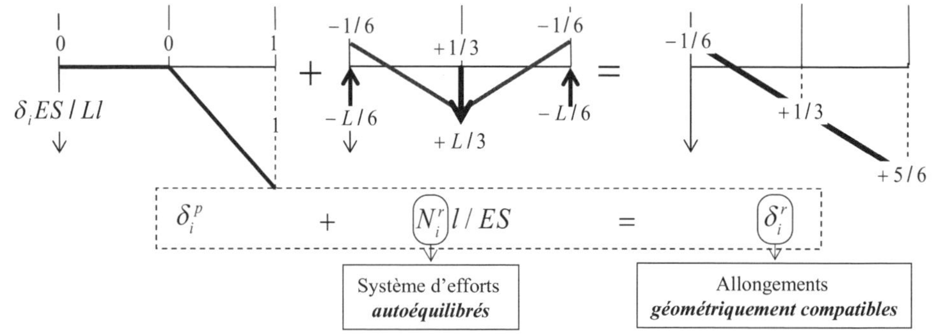

Figure 6. Efforts résiduels rétablissant élastiquement la compatibilité géométrique de la structure.

1.5. Récapitulatif

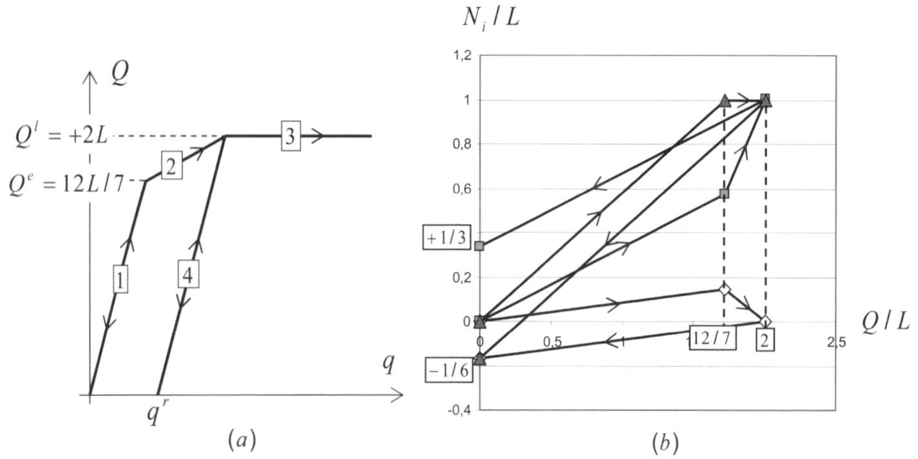

Figure 7. Mise en évidence des différentes phases de comportement de la structure.

La figure 7a qui représente la courbe de première charge, décrit la *réponse globale* de la structure. Elle comporte trois parties. Le segment [1] correspondant à la phase élastique, le segment [2], de pente inférieure, relatif à la réponse élastoplastique, et la demi-droite horizontale [3] correspondant à l'écoulement plastique libre du système. L'évolution des efforts dans les barres en fonction des différentes phases de ce comportement est donnée par la figure 7b.

La phase de décharge élastique est représentée par le segment de droite [4]. Le déplacement résiduel du point d'application de la charge est donné par (2.23). Interprétant ce diagramme de la même façon que nous avons interprété au chapitre I la courbe de traction simple d'une éprouvette, il apparaît un *écrouissage* ***global*** *de la structure*, qui se manifeste par la modification du seuil d'élasticité initial qui peut augmenter jusqu'à atteindre la charge limite. On peut d'ailleurs facilement montrer sur cet exemple simple que cet écrouissage est de type « cinématique », c'est-à-dire que le *domaine d'élasticité* ***actuel*** est un segment obtenu par simple translation du domaine d'élasticité *initial* $[-12L/7, +12L/7]$.

2. GÉNÉRALISATION AU CAS DES SYSTÈMES EN MILIEU CONTINU TRIDIMENSIONNEL

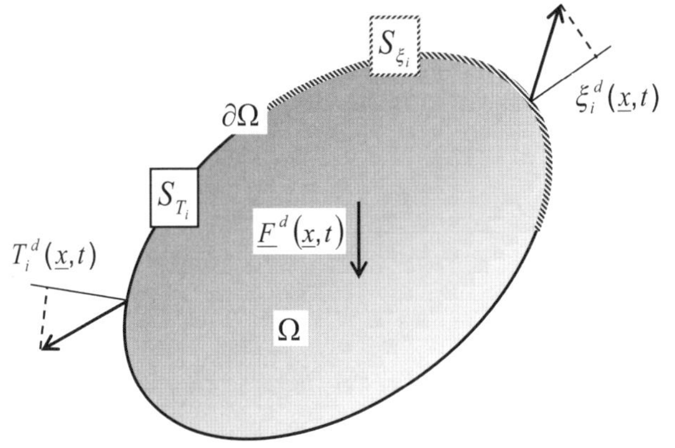

Figure 8. Données relatives au chargement d'un système en milieu continu 3D.

Le système occupant un domaine Ω de bord $\partial\Omega$ dans l'espace R^3 (figure 8), son chargement est défini à tout instant $t \in [0,T]$ par la donnée :

– d'un champ de ***forces volumiques*** $\underline{F}^d(\underline{x};t)$ défini en tout point $\underline{x}$ de Ω et à tout instant t ;

– de ***conditions aux limites*** portant sur 3 composantes orthogonales entre elles pour l'ensemble des deux vecteurs contrainte $\underline{T}$ et déplacements $\underline{\xi}$ en chaque point $\underline{x}$ de $\partial\Omega$.

Soit pour $i = 1,2,3$:

$$\xi_i(\underline{x},t)=\xi_i^d(\underline{x},t) \qquad \forall \underline{x}\in S_{\xi_i}$$
$$T_i(\underline{x},t)=T_i^d(\underline{x},t) \qquad \forall \underline{x}\in S_{T_i} \tag{2.27}$$

où S_{T_i} et S_{ξ_i} forment une *partition* de $\partial\Omega$, indépendante de t :

$$\partial\Omega = S_{T_i}\cup S_{\xi_i} \ , \ S_{T_i}\cap S_{\xi_i}=\varnothing \tag{2.28}$$

On introduit alors :

- L'ensemble (espace affine) $\mathcal{S}(t)$ des champs de *contrainte* ***statiquement admissibles (s.a.)*** avec les ***données en effort*** à l'instant *t*, c'est-à-dire vérifiant

$$\operatorname{div}\underline{\underline{\sigma}}(\underline{x},t)+\rho\underline{F}^d(\underline{x},t)=0 \quad \forall\underline{x}\in\Omega$$
$$\sigma_{ij}(\underline{x},t)n_j=T_i^d(\underline{x},t) \qquad \forall\underline{x}\in S_{T_i} \quad i=1,2,3 \tag{2.29}$$

soit :

$$\mathcal{S}(t)=\{\underline{\underline{\sigma}}\ s.a.\ \text{avec}\ \underline{F}^d(t),T_i^d(t)\} \tag{2.30}$$

- L'espace affine des champs de *déplacement* ***cinématiquement admissibles (c.a.)*** avec les données en déplacement à l'instant t, c'est-à-dire vérifiant les conditions aux limites :

$$\xi_i\ (\underline{x},t)=\xi_i^d(\underline{x},t) \qquad \forall\underline{x}\in S_{\xi_i} \quad i=1,2,3 \tag{2.31}$$

$$\mathcal{C}(t)=\{\underline{\xi}\ c.a.\ \text{avec}\ \xi_i^d(t)\} \tag{2.32}$$

Nous limitant dans ce qui suit au cas du matériau ***élastique parfaitement plastique standard,*** la loi de comportement, formulée en vitesse, s'écrit en tout point :

$$f(\underline{\underline{\sigma}}(\underline{x},t);\underline{x})\leq 0 \tag{2.33}$$

$$\underline{\underline{d}}(\underline{x},t)=\underline{\underline{\underline{\underline{\Lambda}}}}:\dot{\underline{\underline{\sigma}}}(\underline{x},t)+\dot{\lambda}\frac{\partial f}{\partial\underline{\underline{\sigma}}}[\underline{\underline{\sigma}}(\underline{x},t),\underline{x}],\ \dot{\lambda}\geq 0 \tag{2.34}$$

avec:

$$\underline{\underline{d}}(\underline{x},t)=1/2\left\{\underline{\underline{\operatorname{grad}}}\dot{\underline{\xi}}(\underline{x},t)+{}^T\underline{\underline{\operatorname{grad}}}\dot{\underline{\xi}}(\underline{x},t)\right\} \tag{2.35}$$

On introduit enfin l'ensemble (convexe) des champs $\underline{\underline{\sigma}}$ ***« plastiquement admissibles »*** :

$$\mathcal{P}=\{\underline{\underline{\sigma}}\ ;\ \forall\underline{x}\in\Omega, f(\underline{\underline{\sigma}}(\underline{x}),\underline{x})\leq 0\} \tag{2.36}$$

Il reste alors à préciser l'***état initial*** du système (correspondant à $\underline{\xi}(\underline{x},t=0)=0$) en se donnant le champ de contrainte correspondant :

$$\underline{\underline{\sigma}}(\underline{x},t=0)=\underline{\underline{\sigma}}^0(\underline{x}) \tag{2.37}$$

qui doit être ***statiquement et plastiquement admissible***

$$\underline{\underline{\sigma}}^0\in\mathcal{S}(t=0)\cap\mathcal{P} \tag{2.38}$$

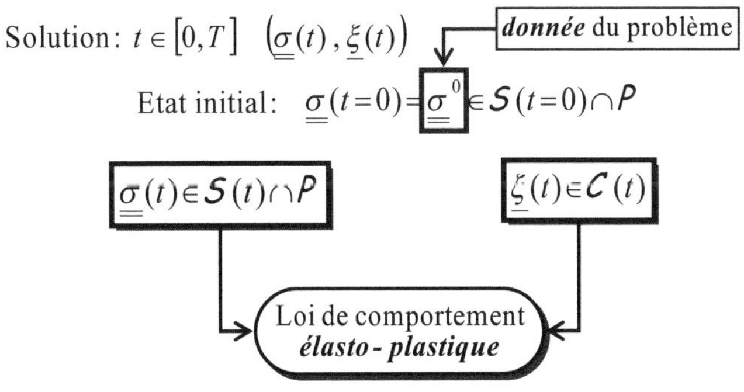

Figure 9. Structure générale d'un problème d'évolution élastoplastique.

Résoudre un tel problème d'évolution élastoplastique consiste alors à déterminer un couple $\left(\underline{\underline{\sigma}}(t), \underline{\xi}(t)\right)$, $t \in [0,T]$ vérifiant l'ensemble des conditions suivantes

$$\begin{gathered} \underline{\underline{\sigma}}(t=0) = \underline{\underline{\sigma}}^0 \\ \underline{\underline{\sigma}}(t) \in \mathcal{S}(t) \cap \mathcal{P}\,, \qquad \underline{\xi}(t) \in \mathcal{C}(t) \end{gathered} \tag{2.39}$$

ainsi que la ***loi de comportement*** (2.34) reliant en tout point $\dot{\underline{\xi}}$ et $\dot{\underline{\underline{\sigma}}}$ à travers (2.34) et (2.35). Le schéma de la figure 9 représente la structure générale d'un problème d'évolution élastoplastique.

Remarque. Les inconnues du problème étant les champ $\dot{\underline{\xi}}$ et $\dot{\underline{\underline{\sigma}}}$, auxquels se rajoute le champ des *multiplicateurs plastiques* $\dot{\lambda}$, les équations locales dont nous disposons sont :

– l'équation d'équilibre (2.29) ;
– l'équation de comportement (2.34) (à travers (2.35)) ;

soit un jeu de 3 + 6 = 9 équations scalaires pour 6 + 3 + 1 = 10 inconnues scalaires $\left(\dot{\underline{\underline{\sigma}}}, \dot{\underline{\xi}}, \dot{\lambda}\right)$. La *dixième équation* est fournie par la condition de plasticité qui stipule qu'en tout point où le multiplicateur plastique est *strictement positif* ($\dot{\lambda} > 0$ arbitraire) $\dot{\underline{\underline{\sigma}}}$ est astreint à vérifier :

$$\dot{f} = \frac{\partial f}{\partial \underline{\underline{\sigma}}} : \dot{\underline{\underline{\sigma}}} = 0 \tag{2.40}$$

c'est-à-dire que le point représentatif de l'état de contrainte se déplace sur la surface de charge (fixe). Cela nous conduit à penser que le problème est bien posé et qu'il possède une solution. On admettra ici l'***existence*** et l'***unicité de l'évolution en contrainte*** de cette dernière (voir pour plus de précisions sur cette question Halphen et Salençon, 1987).

3. CAS DES SYSTÈMES SOUMIS À UN MODE DE CHARGEMENT À UN NOMBRE FINI DE PARAMÈTRES

On s'intéresse ici plus particulièrement au cas où les données relatives au chargement du système dépendent linéairement de m paramètres scalaires $\underline{Q} = (Q_i,\ i = 1,..,m)$, appelés ***paramètres de chargement***, de sorte que la puissance des forces extérieures peut à tout instant s'écrire :

$$P_{(e)}(\underline{U}) = \int_{\partial\Omega} \underline{T}.\underline{U}\ \mathrm{d}a + \int_{\Omega} \rho \underline{F}.\underline{U}\ \mathrm{d}\Omega = \underline{Q}\,.\,\underline{\dot{q}}(\underline{U}) \qquad (2.41)$$

où $\underline{U}$ désigne un champ de vitesse cinématiquement admissible avec les données en déplacement (vitesse) du problème :

$$U_i(\underline{x},t) = \dot{\xi}_i^d(\underline{x},t) \qquad \forall \underline{x} \in S_{\xi_i} \quad i = 1,2,3 \qquad (2.42)$$

tandis que $\underline{\dot{q}}(\underline{U})$ représente le vecteur des ***vitesses généralisées*** associé par dualité à $\underline{Q}$ dans l'expression de cette puissance. Il s'agit par exemple de la vitesse de déplacement verticale du point d'application de la charge Q dans le cas de la structure réticulée, traité au début de ce chapitre. Généralisant les résultats obtenus à cette occasion, on établit les propriétés suivantes.

a) Partant d'un ***état initial*** caractérisé par $\underline{Q} = 0$, l'évolution du système demeure ***élastique*** tant que le ***trajet de chargement*** (représenté par une courbe dans l'espace des chargements $\underline{Q}$ (figure 10) demeure à l'intérieur d'un domaine, appelé ***domaine d'élasticité initial du système***. Sa frontière est une surface formée de l'ensemble des chargements $\underline{Q}^e$ qui correspondent au *seuil d'élasticité* du système.

b) Poursuivant le chargement sur un trajet qui *franchit* la frontière du domaine d'élasticité initial, on observe une *irréversibilité du système* qui se traduit par le fait qu'au terme d'un cycle mécanique de *charge-décharge* (courbe fermée dans l'espace des $\underline{Q}$), les déplacements du système, et en particulier le déplacement ***résiduel*** généralisé $\underline{q}^r = \oint \underline{\dot{q}}\ \mathrm{d}t$, ne sont pas nuls. On constate par ailleurs un ***écrouissage*** du système qui se manifeste par une transformation du domaine d'élasticité initial en *domaine d'élasticité* ***actuel*** (domaine en pointillé sur la figure 10). Comme cela a clairement été constaté sur l'exemple de la structure réticulée, l'origine de cet écrouissage doit être recherchée dans l'***incompatibilité géométrique des déformations plastiques.*** Plus précisément, désignant par $\underline{\underline{\varepsilon}}^{\mathrm{p}}$ le champ des déformations plastiques engendrées au cours du cycle charge-décharge, on peut écrire la relation homologue de (2.26)[1]:

$$\underline{\underline{\varepsilon}}^{\mathrm{r}} = \underline{\underline{\underline{\underline{\Lambda}}}} : \underline{\underline{\sigma}}^{\mathrm{r}} + \underline{\underline{\varepsilon}}^{\mathrm{p}} \qquad (2.43)$$

qui traduit le fait que le ***champ de contrainte résiduel*** $\underline{\underline{\sigma}}^{\mathrm{r}}$ (champ équilibrant $\underline{Q} = 0$) rétablit, par le biais des déformations élastiques qui lui sont associées, la compatibilité géométrique des ***déformations résiduelles*** $\underline{\underline{\varepsilon}}^{\mathrm{r}}$, cinématiquement admissibles avec $\underline{q}^r$. L'existence de ce champ de contrainte résiduel modifie le domaine d'élasticité du système.

[1] Relation valable dans l'hypothèse où l'état initial est ***naturel*** ($\underline{\underline{\sigma}}^0 = 0$).

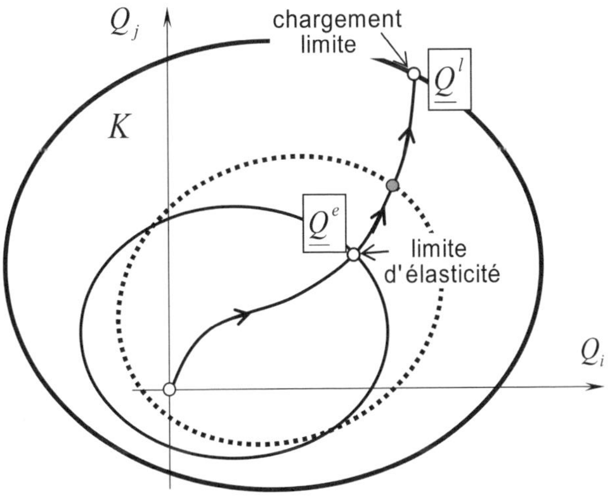

Figure 10. Évolution élastoplastique d'un système en matériau élastique parfaitement plastique dans le cas d'un mode de chargement à m *paramètres.*

c) Cette phase de comportement élastoplastique s'achève lorsque le long du trajet de chargement, la charge $\underline{Q}$ atteint une valeur limite, au-delà de laquelle il n'est plus possible d'assurer simultanément l'équilibre du système et le respect du critère de plasticité en tout point. C'est le ***chargement limite*** $\underline{Q}^l$. L'ensemble de ces chargements constitue la frontière d'un domaine *K* (figure 10) dont la détermination repose sur un raisonnement du ***calcul à la rupture***, identique à celui effectué au paragraphe 1.3. Il est important de bien noter d'un tel domaine *K* ne dépend que de la ***géométrie*** du système, de son ***chargement*** et du ***critère de plasticité***. Il est en revanche ***indépendant*** :
– de l'***état initial*** du système ;
– des ***modules d'élasticité*** du matériau constitutif ;
– du ***trajet de chargement*** suivi jusqu'au chargement limite.

Lorsque le chargement limite est effectivement atteint, le système continue de se déformer sous charge constante[2] : il y a apparition d'un ***mécanisme d'écoulement plastique libre*** ou de ruine plastique De façon qualitative, cela signifie que les zones entrées en plasticité sont suffisamment étendues pour que le *champ des taux de déformations plastiques* $\underline{\underline{d}}^{\mathrm{p}} = \underline{\underline{\dot{\varepsilon}}}^{\mathrm{p}}$ devienne *géométriquement compatible*, induisant alors la ruine plastique du système.

[2] En supposant bien entendu que les changements de géométrie demeurent négligeables (hypothèse dite des « petites perturbations »).

4. UN EXEMPLE DE RÉSOLUTION : LA FLEXION ÉLASTOPLASTIQUE D'UNE POUTRE CYLINDRIQUE

On considère un élément de poutre assimilé à un solide ayant la forme d'un cylindre de longueur l et de section rectangulaire (hauteur $2h$ et épaisseur b), représenté sur la figure 11, constitué d'un matériau homogène *élastique isotrope* (module d'Young E, coefficient de Poisson ν), *parfaitement plastique standard*, le critère de plasticité étant celui de *von Mises* (cf. annexe du chapitre I) :

$$f(\underline{\underline{\sigma}})=\left(1/2\,\underline{\underline{s}}:\underline{\underline{s}}\right)^{1/2}-k\leq 0 \tag{2.44}$$

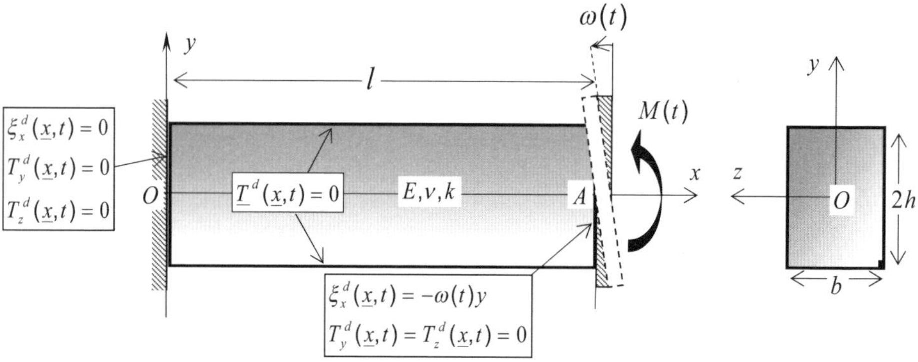

Figure 11. Flexion élastoplastique d'une poutre cylindrique : données du problème.

où $\underline{\underline{s}}=\underline{\underline{\sigma}}-1/3(\mathrm{tr}\underline{\underline{\sigma}})\underline{\underline{I}}$ désigne le *déviateur de contrainte*, et k la limite d'élasticité en *cission pure*. Ce solide est soumis à un processus de chargement caractérisé par le jeu de données suivant :

– forces de volume nulles :

$$\underline{F}^d(\underline{x},t)=0 \tag{2.45}$$

– faces latérales libres de contrainte :

$$\underline{T}^d(\underline{x},t)=0 \tag{2.46}$$

– section extrémité $\Sigma(x=0)$ en contact *sans frottement* avec un plan *indéformable* :

$$\xi_x^d(\underline{x},t)=0\,,\ T_y^d(\underline{x},t)=T_z^d(\underline{x},t)=0 \tag{2.47}$$

– section extrémité $\Sigma(x=l)$ en contact *sans frottement* avec un poinçon *indéformable* auquel on impose une rotation $\omega(t)$ autour de l'axe Az :

$$\xi_x^d(\underline{x},t)=-\omega(t)y\,,\ T_y^d(\underline{x},t)=T_z^d(\underline{x},t)=0 \tag{2.48}$$

L'expression de la puissance des efforts extérieurs s'exerçant sur cet élément de poutre dans un champ de vitesse cinématiquement admissible avec les données en déplacements du problème, s'écrit alors d'après (2.41) :

$$P_{(e)}(\underline{U}) = \int_{\partial\Omega} \underline{T}\,.\,\underline{U}\;\mathrm{d}a + \int_{\Omega} \rho\underline{F}\,.\,\underline{U}\;\mathrm{d}\Omega = -\int_{\Sigma(x=l)} T_x \dot{\omega}\; y\;\mathrm{d}y\mathrm{d}z = \overbrace{\left(-\int_{\Sigma(l)} T_x y\;\mathrm{d}y\mathrm{d}z\right)}^{M}\dot{\omega} \tag{2.49}$$

faisant ainsi apparaître le moment M autour de l'axe Az des efforts appliqués par le poinçon sur la section extrémité $\Sigma(x=l)$, dit ***moment de flexion***, comme *l'unique paramètre de chargement* du système. La vitesse généralisée associée n'est autre que la ***rotation*** ω de ce même poinçon.

4.1. Phase élastique

Partant d'un état initial $(\omega(t=0)=0)$ *naturel* $\underline{\underline{\sigma}}^0 = 0$, on fait progressivement croître la rotation ω du poinçon. On rappelle ci-après la solution en *phase élastique* du problème précédent.

- *Solution en contrainte* (figure 12a) :

$$\underline{\underline{\sigma}}(\underline{x},t) = -E\frac{\omega}{l}\,y\underline{e}_x \otimes \underline{e}_x \tag{2.50}$$

- *Solution en déplacement* :

$$\xi_x = -\frac{\omega}{l}xy\,,\; \xi_y = \frac{\omega}{2l}\left(x^2 - \nu\left(z^2 - y^2\right)\right)\,,\; \xi_z = \nu\frac{\omega}{l}yz \tag{2.51}$$

La valeur correspondante du moment de flexion est :

$$M = -\int_{\Sigma(x=l)} y\sigma_{xx}\;\mathrm{d}x\mathrm{d}y = E\frac{\omega}{l}I_z \tag{2.52}$$

où $I_z = b\int_{-h}^{+h} y^2\mathrm{d}y = \frac{2}{3}bh^3$ désigne l'*inertie géométrique* de la section autour de l'axe Az.

Le rapport $\chi = \omega/l$ représentant la *courbure moyenne* de la poutre, la relation (2.52) s'interprète comme une *relation* ***moment-courbure***. EI_z est la *rigidité à la flexion* de la poutre.

Cette phase élastqiue est valable tant que le champ de contrainte (2.50) vérifie en tout point le critère de plasticité de von Mises (2.44)

$$f(\underline{\underline{\sigma}}) = \left(\sigma_{xx}^2/3\right)^{1/2} - k \le 0 \quad \text{soit} \quad |\sigma_{\mathrm{xx}}| = E\frac{\omega}{l}|y| \le k\sqrt{3} \quad \forall y \in [-h,+h] \tag{2.53}$$

c'est-à-dire tant que $E\omega/l \le \frac{k\sqrt{3}}{h}$ ou encore compte tenu de (2.49) :

$$M \le M^e = k\sqrt{3}\frac{I_z}{h} = \frac{2}{\sqrt{3}}bkh^2 \tag{2.54}$$

Cette valeur du moment de flexion représente la *limite d'élasticité initiale* du système. Elle correspond à l'entrée en plasticité des « fibres » extrêmes supérieures ($y = +h$) en *compression* et des fibres extrêmes inférieures ($y = -h$) en *traction* (figure 12b).

4.2. Phase élastoplastique

Poursuivant le chargement au-delà de la limite d'élasticité initiale du système, c'est-à-dire faisant croître le paramètre de chargement M au-delà de la valeur M^e, on fait l'hypothèse, vérifiable *a posteriori*, que le champ de contrainte demeure *uniaxial* de la forme :

$$\underline{\underline{\sigma}} = \sigma_{xx} \underline{e}_x \otimes \underline{e}_x \qquad (2.55)$$

avec :

$$\sigma_{xx} = \begin{cases} -k\sqrt{3} & \text{si} \quad +e \leq y \leq +h \\ -k\sqrt{3}\dfrac{y}{e} & \text{si} \quad -e \leq y \leq +e \\ +k\sqrt{3} & \text{si} \quad -h \leq y \leq -e \end{cases} \qquad (2.56)$$

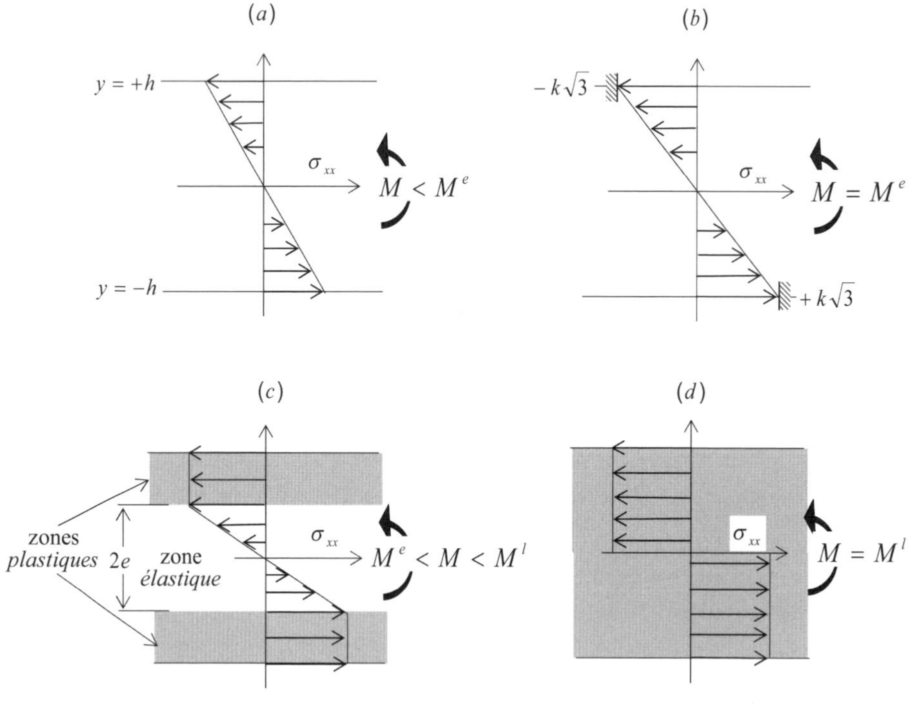

Figure 12. Diagrammes de contrainte dans les différentes phases d'évolution élastoplastique du problème de la flexion.

c'est-à-dire que l'épaisseur de la poutre est subdivisée en trois parties : un ***« noyau élastique »*** d'épaisseur $2e$ situé entre les plans $y = \pm e$, et deux ***zones plastiques*** où le matériau a atteint sa limte d'élasticité en *compression* $(+e \leq y \leq +h)$ et en *traction* $(-h \leq y \leq -e)$ (voir figure 12c). Ce champ est bien statiquement admissible avec les données en efforts du problème, équilibrant la valeur suivante du paramètre de chargement :

$$M(e) = -\int_{\Sigma(x=l)} y\sigma_{xx}\,\mathrm{d}x\mathrm{d}y = bk\sqrt{3}\left[h^2 - \frac{e^2}{3}\right] \tag{2.57}$$

La valeur du moment varie entre la limite d'élasticité correspondant à $e = h$ et une valeur maximale correspondant à la *plastification complète de la section* de la poutre ($e = 0$, figure 12d) :

$$M^e = \frac{2}{\sqrt{3}}bkh^2 = M(e = h) \leq M(e) \leq M(e = 0) = \sqrt{3}bkh^2 = \frac{3}{2}M^e \tag{2.58}$$

4.3. Solution en zone élastique ($-e \leq y \leq +e$)

Elle correspond simplement à la solution *élastique* du problème de flexion d'une poutre d'épaisseur $2e$, données par les expressions (2.50) et (2.51) valables pour $-e \leq y \leq +e$. Comparant en particulier les deux expressions du champ de contrainte dans cette zone données respectivement par (2.50) et (2.56), il vient alors immédiatement :

$$e = \frac{kl\sqrt{3}}{\omega E} \tag{2.59}$$

L'expression de la loi *moment-courbure* en phase élastoplastique se calcule alors très simplement à partir de (2.57) et (2.59) :

$$M(\chi = \omega / l) = bkh^2\sqrt{3}\left[1 - \left(\frac{k}{Eh\chi}\right)^2\right] \tag{2.60}$$

c'est-à-dire encore :

$$M(\chi = \omega / l) = \frac{3M^e}{2}\left[1 - \frac{1}{3}\left(\frac{\chi^e}{\chi}\right)^2\right] \tag{2.61}$$

où $\chi^e = k\sqrt{3} / hE$ et $M^e = 2bkh^2 / \sqrt{3}$ désignent les valeurs de la courbure et du moment de flexion correspondant à la limite d'élasticité initiale. La figure 13 représente un tel ***diagramme moment-courbure***, tracé dans le plan des variables adimensionnelles $(M / M^e, \chi / \chi^e)$, associé aux expressions (2.52) en phase élastique et (2.63) en phase élastoplastique. On remarque que le moment de flexion tend vers une valeur asymptopique égale à :

$$M^l = 3M^e / 2 \tag{2.62}$$

correspondant à la *plastification totale* de la section de la poutre ($e \to 0$, figure 12d). Cette valeur n'est autre que la ***charge limite***. Il convient d'observer que cette charge limite n'est atteinte qu'*asymptotiquement*, c'est-à-dire en théorie pour une valeur infinie de la courbure, pour laquelle on sortirait alors du cadre des petites perturbations. En pratique, la relation (2.61) montre par exemple que la valeur du moment est égale à près de 99 % de la charge limite lorsque $\chi = 5\chi^e$.

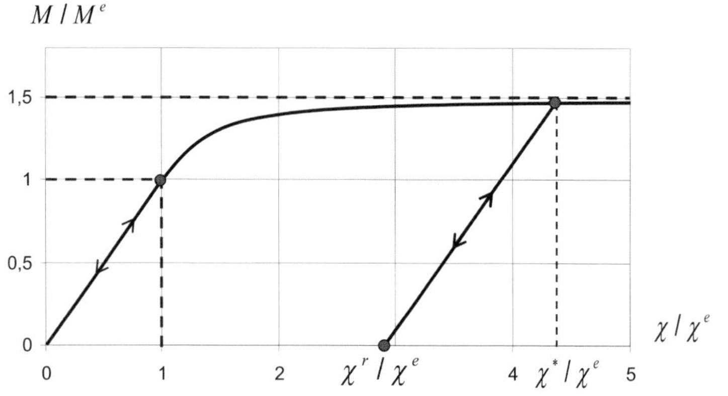

Figure 13. Diagramme « moment-courbure » d'un poutre en flexion elastoplastique.

4.4. Solution dans les zones plastiques ($-h \leq y \leq -e$ et $+e \leq y \leq +h$)

Il nous reste à mettre en évidence la solution dans les zones plastiques situées de part et d'autre du noyau élastique, et plus particulièrement la *solution en vitesse*, le champ de contrainte étant constant, donné par les première et troisième lignes de (2.56). Nous allons démontrer qu'à certaines conditions, que nous expliciterons, le champ de vitesse défini par :

$$\dot{\xi}_x = -\frac{\dot{\omega}}{l}xy \ , \ \dot{\xi}_y = \frac{\dot{\omega}}{2l}\left(x^2 - \frac{1}{2}(z^2 - y^2)\right) \ , \ \dot{\xi}_z = \frac{\dot{\omega}}{2l}yz \qquad (2.63)$$

constitue bien la solution en vitesse du problème. Ce champ est tout d'abord *cinématiquement admissible* avec les conditions aux limites en vitesse du problème caractérisées par la vitesse de rotation $\dot{\omega}$ du poinçon. Par ailleurs le champ de taux de déformation s'écrit :

$$\underline{\underline{d}} = -\frac{\dot{\omega}}{l}y\underline{e}_x \otimes \underline{e}_x + \frac{\dot{\omega}}{2l}y(\underline{e}_y \otimes \underline{e}_y + \underline{e}_z \otimes \underline{e}_z) \qquad (2.64)$$

de sorte que la loi de comportement élastoplastique (2.34), tenant compte de (2.44) et (2.56), est bien vérifée. En effet, puisque dans ces zones $\underline{\underline{\dot{\sigma}}} = 0$, $\underline{\underline{d}}^p = \underline{\underline{d}}$ défini par (2.64) est bien de la forme :

$$\underline{\underline{d}}^p = \dot{\lambda}\underline{\underline{s}} = \dot{\lambda}\begin{cases} -k/\sqrt{3}\left(2\underline{e}_x \otimes \underline{e}_x - \underline{e}_y \otimes \underline{e}_y - \underline{e}_z \otimes \underline{e}_z\right) & \text{si} \ +e \leq y \leq +h \\ \\ +k/\sqrt{3}\left(2\underline{e}_x \otimes \underline{e}_x - \underline{e}_y \otimes \underline{e}_y - \underline{e}_z \otimes \underline{e}_z\right) & \text{si} \ -h \leq y \leq -e \end{cases} \qquad (2.65)$$

d'où par identification avec (2.64) :

$$\dot{\lambda} = \begin{Bmatrix} +\dfrac{\sqrt{3}\dot{\omega}y}{2kl} & \text{si} \ +e \leq y \leq +h \\ -\dfrac{\sqrt{3}\dot{\omega}y}{2kl} & \text{si} \ -h \leq y \leq -e \end{Bmatrix} \geq 0 \qquad (2.66)$$

démontrant ainsi la ***positivité** du multiplicateur plastique* puisque $\dot{\omega} \geq 0$.

La dernière vérification porte sur la *continuité* (ou *discontinuité plastique* éventuelle) entre zone élastique et plastiques à la traversée des plans d'équation $y = \pm e$, séparant le noyau élastique des zones plastiques. Considérant par exemple le plan $y = e$, la *discontinuité de vitesse* à travers ce plan vaut d'après (2.51) et (2.63) :

$$[\![\dot{\underline{\xi}}]\!](x=e)=\dot{\underline{\xi}}(x=e^+)-\dot{\underline{\xi}}(x=e^-)=(\nu-1/2)\frac{\dot{\omega}}{2l}\left[(z^2-e^2)\underline{e}_y-2ez\underline{e}_z\right] \quad (2.67)$$

Une telle discontinuité ne pourrait être admissible qu'en étant de nature purement plastique ; et donc en raison de la *règle d'écoulement plastique*, *tangentielle* au plan de discontinuité (voir Annexe du chapitre 1), ce qui n'est pas le cas, hormis dans la situation particulière du matériau *élastiquement incompressible* $(\nu = 1/2)$, où cette discontinuité s'annule. On trouvera dans Ducomet (1980) une mise en évidence de la solution complète de ce problème dans le cas du matériau élastiquement compressible, dans laquelle il apparaît notamment que le champ de contrainte solution ne peut rester uniaxial.

4.5. Analyse de la décharge ; état résiduel

On supposera ici pour simplifier que la décharge est effectuée à partir d'une valeur de la courbure χ^* pour laquelle la valeur correspondante du moment de flexion est pratiquement égale à la charge limite (figure 13), c'est-à-dire que la poutre est plastifiée sur toute la hauteur (figure 12d). Le champ de contrainte correspondant est :

$$\underline{\underline{\sigma}}^* = \begin{cases} -k\sqrt{3}\,\underline{e}_x \otimes \underline{e}_x & \text{si} \quad 0 < y \leq +h \\ +k\sqrt{3}\,\underline{e}_x \otimes \underline{e}_x & \text{si} \quad -h \leq y < 0 \end{cases} \quad (2.68)$$

Faisant l'hypothèse, vérifiable *a posteriori*, que cette phase de décharge est entièrement *élastique*, les calculs effectués en 4.1. demeurent valables à la condition de remplacer la valeur de M par celle de sa variation $\Delta M \leq 0$ à partir de $M = M^l$. La variation correspondante du champ de contrainte vaut ainsi, compte tenu de (2.50) et (2.52) :

$$\Delta\underline{\underline{\sigma}} = -\frac{\Delta M}{I_z}\, y\underline{e}_x \otimes \underline{e}_x \quad (2.69)$$

d'où, en particulier, le ***champ de contrainte résiduel*** obtenu pour une *décharge* ***totale*** $(\Delta M = -M^l)$:

$$\underline{\underline{\sigma}}^r = \underline{\underline{\sigma}}^* + \frac{M^l}{I_z}\, y\underline{e}_x \otimes \underline{e}_x \quad (2.70)$$

ou encore puisque $M^l / I_z = (\sqrt{3}bkh^2)/(2bh^3/3) = \dfrac{3\sqrt{3}}{2}\dfrac{k}{h}$:

$$\underline{\underline{\sigma}}^r = \begin{cases} k\sqrt{3}\left(\dfrac{3y}{2h}-1\right)\underline{e}_x \otimes \underline{e}_x & \text{si} \quad 0 < y \leq +h \\ k\sqrt{3}\left(\dfrac{3y}{2h}+1\right)\underline{e}_x \otimes \underline{e}_x & \text{si} \quad -h \leq y < 0 \end{cases} \quad (2.71)$$

Le diagramme de contrainte correspondant est représenté sur la figure 14. Il s'agit d'un *champ d'autocontrainte*, c'est-à-dire équilibrant un moment de flexion *nul*. La *courbure résiduelle* est donnée par :

$$\chi^r = \chi^* - \frac{M^l}{EI_z} = \chi^* - \frac{3\sqrt{3}k}{2Eh} \tag{2.72}$$

L'apparition de ces contraintes résiduelles est liée à ***l'incompatibilité géométrique*** *du champ des déformations plastiques* acquises lors de la phase de chargement jusqu'à $M(\chi^*) = M^l$.

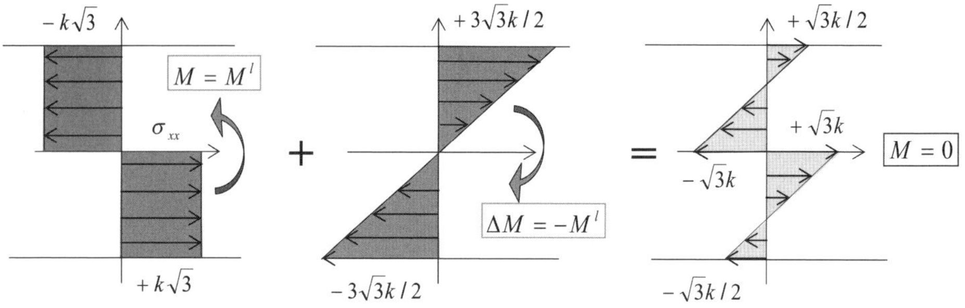

Figure 14. Décharge élastique totale de la poutre et diagramme des contraintes résiduelles.

Chapitre III

ÉLASTOPLASTICITÉ DES SYSTÈMES DE BARRES EN FLEXION

1. CALCUL ÉLASTOPLASTIQUE D'UNE POUTRE-CONSOLE SOUS CHARGE CONCENTRÉE

Une poutre-console de longueur $2l$, encastrée à son extrémité O et en appui simple au point B, est soumise à une charge verticale concentrée d'intensité Q, appliquée en son milieu A, que l'on fait croître progressivement à partir d'une valeur initiale nulle. La figure 1 montre la forme générale, *affine par morceaux*, d'un diagramme de moments fléchissants statiquement admissible pour le problème. Il dépend de la réaction d'appui Y au point B, que l'on peut prendre comme *inconnue hyperstatique* du problème (structure hyperstatique d'ordre 1). Il vient alors immédiatement :

$$M(x) = \begin{cases} Y(2l-x) - Q(l-x) & \text{si} \quad 0 \le x \le l \\ Y(2l-x) & \text{si} \quad l \le x \le 2l \end{cases} \tag{3.1}$$

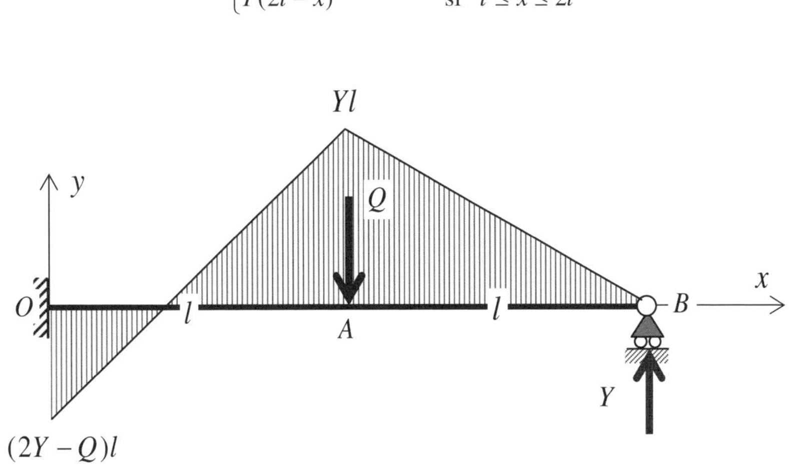

Figure 1. Diagramme de moments fléchissants statiquement admissibles pour une poutre-console sous charge concentrée.

Dans le cadre de la modélisation « poutre », la loi de comportement est du type *moment-courbure*. Partant de la résolution du problème d'évolution élastoplastique pour un élément de poutre, effectuée au chapitre II, § 4, on adoptera une schématisation simplifiée, de type *élastique parfaitement plastique*, du diagramme de la figure 13 de ce chapitre (figure 2), dans laquelle le comportement de l'élément de poutre demeure élastique tant que le moment de flexion est inférieur à la valeur limite M^l. Le tableau ci-après récapitule les différents cas rencontrés selon les valeurs de M et $\dot{M}$, dans l'hypothèse où la valeur du moment limite est la même en flexion négative que positive. Par ailleurs, du fait que dans le cas de la charge plastique $\dot{M} = 0$, le taux de courbure est purement plastique, avec le même signe que celui du moment de flexion.

$-M^l < M < +M^l$	$\forall \dot{M}$	$\dot{\chi} = \dot{\chi}^e = \dot{M} / EI_z$
$M = +M^l$	$\dot{M} < 0$ $\dot{M} = 0$	$\dot{\chi} = \dot{\chi}^e = \dot{M} / EI_z$ $\dot{\chi} = \underbrace{\dot{M} / EI_z}_{=0} + \dot{\chi}^p \geq 0$
$M = -M^l$	$\dot{M} > 0$ $\dot{M} = 0$	$\dot{\chi} = \dot{\chi}^e = \dot{M} / EI_z$ $\dot{\chi} = \underbrace{\dot{M} / EI_z}_{=0} + \dot{\chi}^p \leq 0$

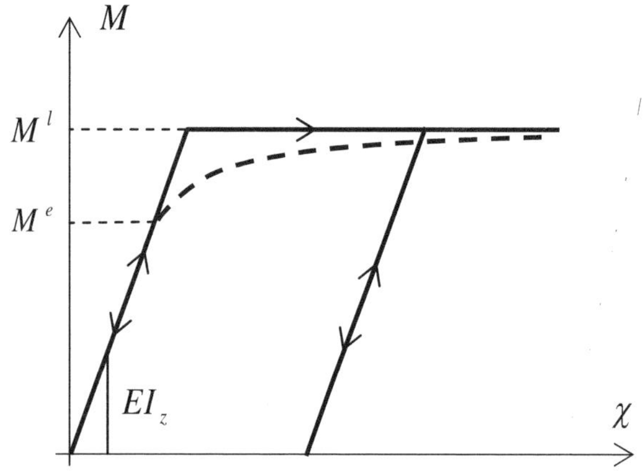

Figure 2. Schématisation simplifiée de la loi de comportement « moment-courbure » d'une poutre en flexion élastoplastique.

1.1. Phase de comportement élastique

Partant d'un *état initial* ($Q = 0$) ***naturel*** (diagramme de moments nul) on augmente progressivement la valeur du chargement. Le comportement de la poutre est alors en tout point élastique, soit :

$$x \in [0,2l] \qquad M(x) = EI_z \chi(x) = EI_z \frac{\mathrm{d}^2 v}{\mathrm{d}x^2}(x) \tag{3.2}$$

où $v(x)$ désigne la flèche au point x, comptée positivement dans le sens de l'axe Oy, le moment fléchissant $M(x)$ étant positif selon le sens de l'axe Oz. La procédure de résolution directe de ce problème est classique. Elle consiste à intégrer à deux reprises l'équation (3.2) où l'on tient compte de (3.1), et à exprimer les différentes conditions aux limites :

– *encastrement* en O : $\quad v(x=0) = \dfrac{\mathrm{d}v}{\mathrm{d}x}(x=0) = 0 \qquad$ (3.3a)

– *appui simple* en B : $\quad v(x=2l) = 0 \qquad$ (3.3b)

ainsi que la condition de *continuité de la flèche et le la rotation* au point A :

$$v(x=l^+) = v(x=l^-) \ , \qquad \frac{\mathrm{d}v}{\mathrm{d}x}(x=l^+) = \frac{\mathrm{d}v}{\mathrm{d}x}(x=l^-) \tag{3.4}$$

Le ***diagramme de moments fléchissants*** solution est alors (figure 3) :

$$Y = \frac{5Q}{16} \quad \Rightarrow \quad M(x) = \begin{cases} \dfrac{Q}{8}\left(\dfrac{11}{2}x - 3l\right) & \text{si} \quad 0 \le x \le l \\ \dfrac{5Q}{16}(2l - x) & \text{si} \quad l \le x \le 2l \end{cases} \tag{3.5}$$

tandis que la ***flèche*** a pour expression :

$$v(x) = \begin{cases} \dfrac{Qx^2}{96EI_z}(11x\text{-}18l) & \text{si} \quad 0 \le x \le l \\ \dfrac{Qx^2}{96EI_z}(2l - x)(5x^2 - 20lx + 8l^2) & \text{si} \quad l \le x \le 2l \end{cases} \tag{3.6}$$

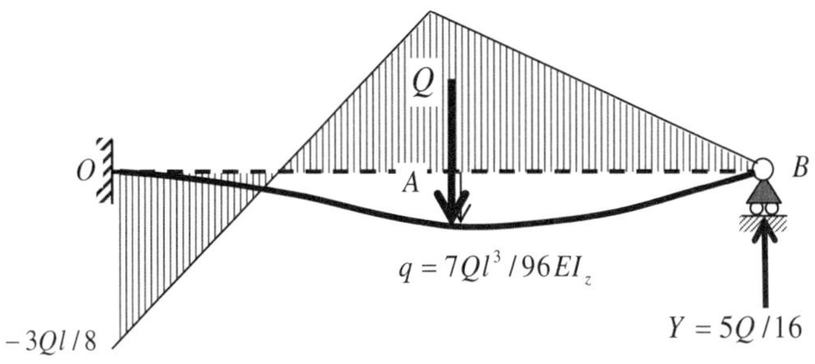

Figure 3. Diagramme de moments fléchissants et déformée de la structure dans la phase de comportement élastique.

d'où, en particulier, le ***déplacement*** q du point d'application de la charge (compté positivement dans le sens des y négatifs) :

$$q = -v(x = l) = \frac{7Ql^3}{96EI_z} \tag{3.7}$$

Cette solution reste valable tant que $|M(x)| \leq M^l \ \ \forall x \in [0,2l]$, c'est-à-dire compte tenu de (3.5), tant que le moment d'encastrement en O est supérieur à $-M^l$. La ***limite d'élasticité*** qui correspond à la plastification à l'encastrement est donc égale à :

$$Q^e = \frac{8M^l}{3l} \tag{3.8}$$

le déplacement correspondant étant :

$$q^e = q(Q = Q^e) = \frac{7M^l l^2}{36EI_z} \tag{3.9}$$

1.2. Phase élastoplastique ; notion de rotule plastique

Le chargement étant poursuivi au-delà de la limite d'élasticité, on peut tout d'abord penser à faire l'hypothèse d'une *zone plastique se propageant à partir de l'encastrement*, c'est-à-dire que le moment limite en flexion négative serait atteint sur un intervalle de la forme $[0,x_0]$:

$$M(x) = -M^l \quad 0 \leq x \leq x_0 \tag{3.10}$$

Une telle hypothèse ne peut convenir, car le diagramme de moments de la forme (3.10) qu'elle implique *n'est pas statiquement admissible*, c'est-à-dire de la forme (3.1).

On propose alors une solution alternative consistant à admettre que seule la section située à l'encastrement O reste *plastifiée*, le reste de la structure demeurant *élastique*. Compte tenu des conditions d'équilibre, le diagramme de moments est alors nécessairement de la forme (figure 4) :

$$M(x) = \begin{cases} -M^l + \left(Q + M^l / l\right) x / 2 \\ \left(Q - M^l / l\right)(2l - x) / 2 \end{cases} \tag{3.11}$$

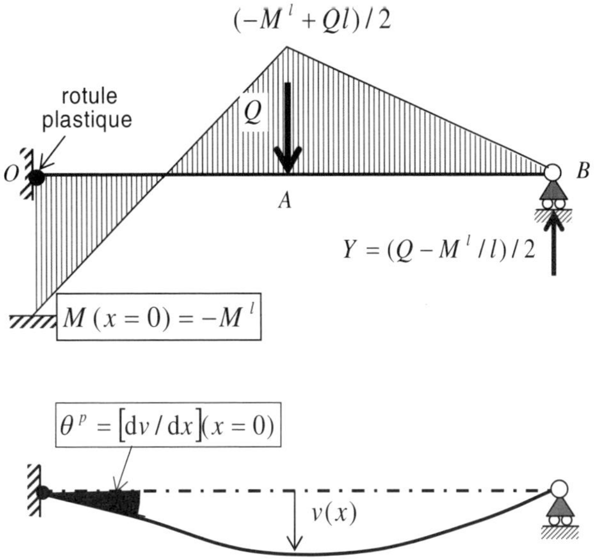

Figure 4. Diagramme des moments et déformée de la structure en phase élastoplastique.

La déformation (*courbure*) plastique, localisée au seul encastrement, est nécessairement de la forme :

$$\chi^p(x) = \theta^p \delta_0(x) \tag{3.12}$$

où δ_0 désigne la distribution de Dirac au point $x = 0$, tandis que θ^p représente la *discontinuité de rotation purement plastique* (et donc totale puisqu'il n'y pas de discontinuité de rotation élastique), en ce même point (figure 4), qui vaut alors :

$$\theta^p = \left[\frac{\mathrm{d}v}{\mathrm{d}x}\right](x=0) = \frac{\mathrm{d}v}{\mathrm{d}x}(x=0^+) - \frac{\mathrm{d}v}{\mathrm{d}x}(x=0^-) \tag{3.13}$$

Il en résulte que le champ de *déformation de courbure totale* s'écrit :

$$\frac{\mathrm{d}^2v}{\mathrm{d}x^2} = \chi(x) = \chi^e(x) + \chi^p(x) = \frac{M(x)}{EI_z} + \theta^p \delta_0(x) \tag{3.14}$$

et donc le champ de rotation, obtenu par intégration de (3.14), en tenant compte de (3.11) :

$$\frac{\mathrm{d}v}{\mathrm{d}x}(x) = \theta^p H(x) + \frac{1}{EI_z}\begin{cases} -M^l x + (Q + M^l/l)\,x^2/4 & 0 \le x \le l \\ -M^l l + (Q + M^l/l)\,l^2/4 - (Q - M^l/l)\,(x-l)(x-3l)/4 & l \le x \le 2l \end{cases} \tag{3.15}$$

où $H(x)$ désigne la fonction d'Heaviside ($H(x<0)=0,\ H(x>0)=1$). La déformée de la structure (figure 4) est obtenue par intégration de (3.15) en tenant compte de la condition $v(x=0)=0$. On obtient tous calculs faits :

$$v(x)=\theta^p x \tag{3.16}$$

$$+\frac{1}{EI_z}\begin{cases} -M^l x^2/2+(Q+M^l/l)\,x^3/12 & 0\le x\le l \\ -M^l l^2/2+(Q+M^l/l)\,l^3/12-M^l l\,(x-l)+(Q+M^l/l)l^2(x-l)/4 \\ -(Q-M^l/l)(x-l)^2(x-4l)/12 & l\le x\le 2l \end{cases}$$

En exprimant alors que la *flèche est nulle au point B* $(x=2l)$, il vient :

$$v(x=2l)=\theta^p 2l+\frac{1}{EI_z}\left(4M^l l^2/3-Ql^3/3\right)=0 \tag{3.17}$$

d'où la valeur de la ***discontinuité de rotation plastique*** à l'encastrement :

$$\theta^p=\frac{l^2}{4EI_z}\left(8M^l/3l-Q\right)=\frac{l^2}{4EI_z}\left(Q^e-Q\right) \tag{3.18}$$

Cette dernière relation permet de montrer que la règle d'écoulement plastique est bien vérifiée au niveau de la rotule plastique (*rotule plastique « négative »*) :

$$M=-M^l\ ,\ \dot{M}=0\ \Rightarrow\ \dot{\theta}^p=-\frac{l^2}{4EI_z}\dot{Q}\le 0 \tag{3.19}$$

Dans cette phase de comportement élastoplastique, l'expression du déplacement du point d'application de la charge est :

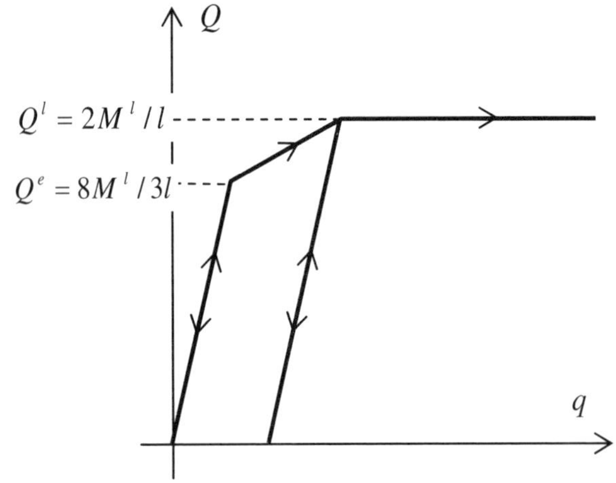

Figure 5. Courbe charge-déplacement.

$$q = -v(x = l) = \frac{l^2}{EI_z}\left(\frac{Ql}{6} - \frac{M^l}{4}\right) = \frac{l^3}{6EI_z}\left(Q - Q^e\right) + q^e \tag{3.20}$$

qui correspond au second segment de droite de la courbe charge-déplacement représentée sur la figure 5.

1.3. Charge limite et mécanisme de ruine plastique

La solution mise en évidence dans la phase de comportement élastoplastique demeure valable tant que le point A, où le moment est extrémal, reste élastique, soit :

$$(-M^l + Ql)/2 \le M^l \quad \Rightarrow \quad Q \le Q^l = 3\frac{M^l}{l} \tag{3.21}$$

Cette valeur du chargement ne peut être dépassée. En effet, un diagramme de moments fléchissants statiquement admissible avec une valeur Q du chargement est de la forme (3.1). Il respecte le critère de plasticité en tout point de la structure si et seulement si les moments extrêmes aux points O et A satisfont ce critère :

$$|Yl| \le M^l \;\text{ et }\; |2Yl\text{-}Ql| \le M^l \tag{3.22}$$

Il est alors facile de voir que les deux inégalités précédentes ne peuvent être simultanément satisfaites si $Q \le Q^l = 3M^l/l$. En d'autres termes, il n'est pas possible d'équilibrer une valeur du chargement strictement supérieure à Q^l par une distribution de moments fléchissants qui respecte le critère de plasticité. Il s'agit encore une fois d'un raisonnement de ***calcul à la rupture*** fondé sur l'examen de la compatibilité entre les *conditions d'équilibre* de la poutre, se traduisant par l'expression (1) du diagramme des moments et le respect d'un critère de *résistance*.

$Q = Q^l$ constitue la ***charge limite*** de la structure. Maintenant le chargement a cette valeur :

$$Q = Q^l = 3\frac{M^l}{l} \quad , \quad \dot{Q} = 0 \tag{3.23}$$

la distribution correspondante des moments fléchissant est :

$$M(x) = \begin{cases} M^l\left(2x/l - 1\right) & \text{si } \; 0 \le x \le l \\ M^l\left(2 - x/l\right) & \text{si } \; l \le x \le 2l \end{cases} \tag{3.24}$$

Elle correspond à la *plastification en flexion négative* de la section O (encastrement) et en *flexion positive* de la section A située au point d'application de la charge (figure 6).

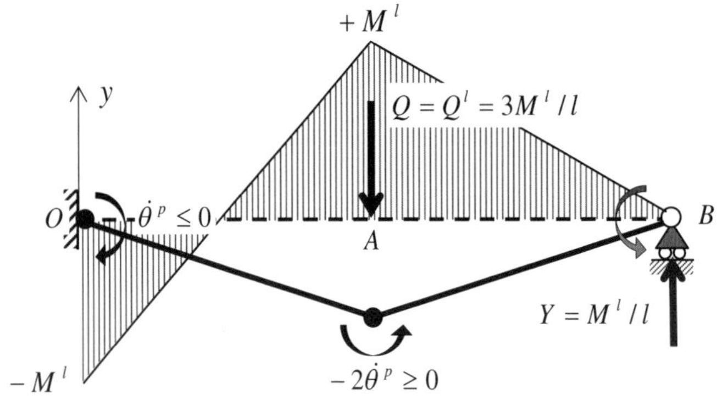

Figure 6. Diagramme des moments associé à la charge limite et mécanisme de ruine plastique.

Puisque le diagramme des moments reste constant ($\dot{M} = 0$), les taux de déformation de courbure sont purement plastiques, donc nuls en dehors des points O et A où le critère de plasticité est atteint. Ces sections sont le siège de ***rotules plastiques***, *négative* en O et *positive* en A compte tenu de la loi de comportement. La compatibilité géométrique implique que les discontinuités de rotation plastiques en ces points sont reliées entre elles : $\dot{\theta}^p \leq 0$ en O et $-2\dot{\theta}^p \geq 0$ en A. Le ***mécanisme de ruine plastique*** correspondant est représenté sur la figure 6 : il s'agit d'un *mécanisme de poutre* dans lequel les deux moitiés de la structure sont animées de mouvements de rotation de vitesses respectives $\dot{\theta}^p$ et $-\dot{\theta}^p$. Cette phase d'écoulement plastique libre est associée au palier horizontal de la courbe charge-déplacement de la figure 5.

1.4. Phase de décharge et état résiduel

Partant de l'état où la section A vient juste de plastifier, on effectue une décharge que l'on suppose *élastique*. Le ***diagramme des moments résiduels*** (figure 7c) qui correspond à la *décharge totale* de la structure est alors obtenu en superposant au diagramme associé à la charge limite (figure 7a) celui correspondant à un calcul purement élastique où $Q = -Q^l$ (figure 7b).

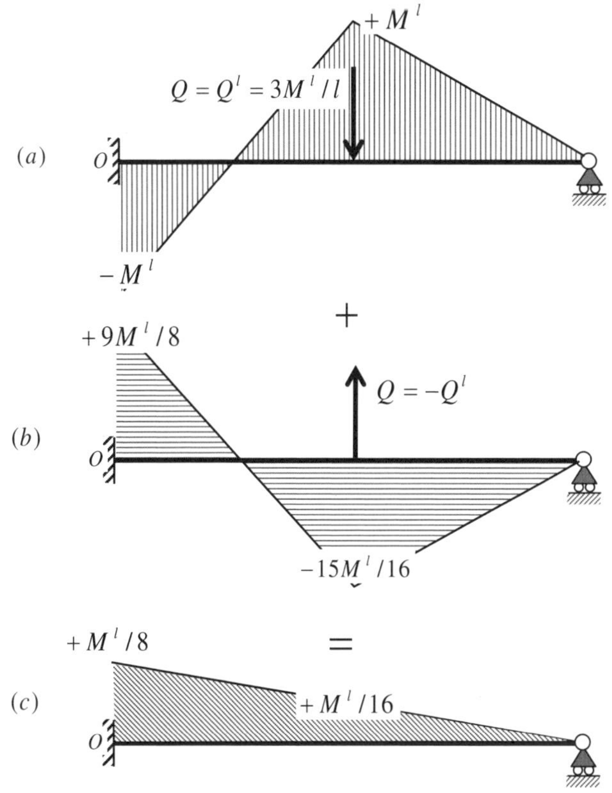

Figure7 . Décharge élastique et diagramme de moments résiduels.

Il vient alors, compte tenu des expressions (3.5) des distributions de moments en phase élastique, écrites pour $Q = -3M^l/l$, et de (3.24) :

$$M^r(x) = \left\{ \begin{array}{ll} M^l(2x/l - 1) + \dfrac{-3M^l}{8l}\left(\dfrac{11}{2}x - 3l\right) & \text{si} \quad 0 \leq x \leq l \\ M^l(2 - x/l) + \dfrac{-15M^l}{16l}(2l - x) & \text{si} \quad l \leq x \leq 2l \end{array} \right\} = \frac{M^l}{8}(1 - x/2l) \qquad (3.25)$$

Une telle distribution de moments résiduels est ***autoéquilibrée***, c'est-à-dire de la forme (3.1) avec $Q = 0$ et $Y^r = M^l/16l$. On observe encore une fois que ce sont ces efforts résiduels qui, par le biais des déformations élastiques qu'ils engendrent, *rétablissent la compatibilité géométrique des déformations plastiques acquises par la structure dans sa phase de chargement*. Cette observation est illustrée sur la figure 8. Le champ des déformations plastiques s'écrit en effet :

$$\chi^p(x) = \theta^p(Q = Q^l)\delta_O(x) \qquad (3.26)$$

avec, d'après (3.18) :

$$\theta^p(Q = Q^l) = -\frac{M^l l}{12EI_z} \tag{3.27}$$

de sorte qu'en intégrant deux fois par rapport à x et en tenant compte des conditions aux limites à l'encastrement $v(x=0) = \mathrm{d}v/\mathrm{d}v(x=0^-) = 0$ l'expression de la flèche, notée v^p, est :

$$v^p(x) = \theta^p(Q^l)x \tag{3.28}$$

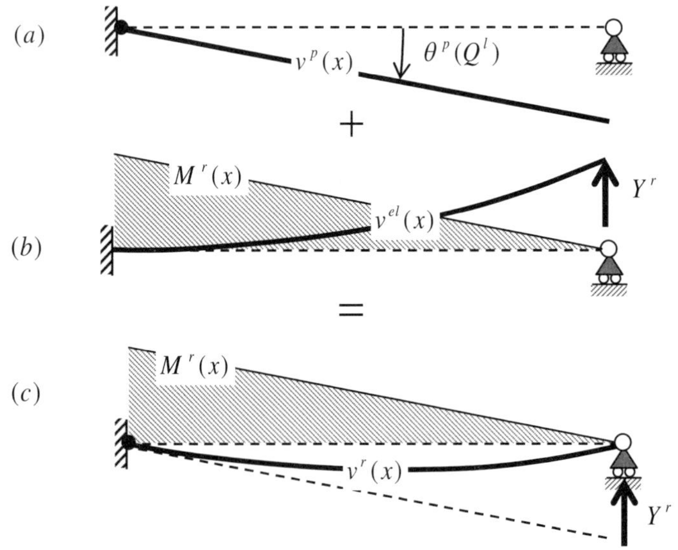

Figure 8. Interprétation des moments résiduels comme rétablissant la compatibilité géométrique des déformations plastiques.

On voit donc que le champ (3.26) est bien intégrable, mais que la distribution de flèche dont il dérive ***n'est pas géométriquement compatible****, car ne respectant pas la condition d'appui en* $x = 2l$ (figure 8a). En revanche, si l'on superpose à v^p la flèche élastique associée à la distribution de moments résiduels (3.25) égale à (figure 8b) :

$$v^{el}(x) = \frac{Y^r}{EI_z}\left(lx^2 - x^3/6\right) = \frac{M^l}{16lEI_z}\left(lx^2 - x^3/6\right) \tag{3.29}$$

la distribution de flèche résiduelle (figure 8c) s'écrit :

$$v^r(x) = v^p(x) + v^{el}(x) = -\frac{M^l l}{12EI_z}x + \frac{M^l}{16lEI_z}\left(lx^2 - x^3/6\right) = -\frac{M^l}{96EI_z}\frac{x}{l}(2l - x) \tag{3.30}$$

On voit donc qu'elle est bien *géométriquement compatible*, puisque :

$$v^r(x=0) = v^r(x=2l) = 0 \tag{3.31}$$

2. MÉTHODE DE RÉSOLUTION ÉNERGÉTIQUE

On se propose dans cette section de reprendre la résolution du problème d'évolution élastoplastique précédent, en s'appuyant sur un principe de minimum de l'énergie que l'on établit préalablement.

2.1. Principe de minimum en contrainte

Considérant un système de barres en flexion, noté L, on se place dans la situation où :
– les *données en déplacements sont nulles* (appuis fixes, encastrements) ;
– les données en efforts dépendant *d'un seul paramètre de chargement* noté Q ;
– la structure est supposée *une fois hyperstatique*, et l'on désigne par Y l'inconnue hyperstatique.

Les barres ont un comportement élastique parfaitement plastique de sorte que, l'état initial du système étant *naturel*, la déformation de courbure en un point quelconque repéré par son abscisse s, s'écrit :

$$\chi(s) = \chi^p(s) + \frac{M(s)}{(EI)(s)} \tag{3.32}$$

où χ^p est la courbure plastique, M le moment fléchissant et EI le module de rigidité à la flexion.

On suppose que cette structure a subi une évolution élastoplastique au terme de laquelle on désigne par Q la valeur du paramètre de chargement, q la valeur correspondante du déplacement généralisé, χ^p la distribution de courbure élastoplastique et Y la valeur de l'inconnue hyperstatique. Désignant alors par (Q',Y') un *couple de valeurs quelconques* du paramètre de chargement et de l'inconnue hyperstatique, on introduit la fonction quadratique suivante :

$$\mathcal{F}(Q',Y') = \overbrace{\int_L \left[\frac{M(Q',Y')^2}{2EI} + \chi^p M(Q',Y')\right] \mathrm{d}s}^{\mathcal{G}(Q',Y')} - Q'q \tag{3.33}$$

où $M(Q',Y')$ désigne la distribution de moments fléchissants en équilibre avec (Q',Y'). Nous allons établir que ***le couple solution (Q,Y) réalise, à*** q et χ^p ***fixés, le minimum de cette fonction quadratique*** :

$$q \text{ et } \chi^p \text{ fixés} \quad \mathcal{F}(Q,Y) = \underset{(X',Q')}{\mathrm{Min}}\, \mathcal{F}(Q',Y') \tag{3.34}$$

Cette propriété est aisément démontrable. Il suffit pour cela de calculer la différence :

$$\mathcal{F}(Q',Y') - \mathcal{F}(Q,Y) = \int_L \left[\frac{M^2(Q',Y') - M^2(Q,Y)}{2EI} + \chi^p\big(M(Q',Y') - M(Q,Y)\big)\right] \mathrm{d}s - (Q'-Q)q \tag{3.35}$$

soit, puisque :

$$\frac{M^2(Q',Y')-M^2(Q,Y)}{2EI} \geq \frac{M(Q,Y)}{EI}\left[M^2(Q',Y')-M^2(Q,Y)\right] \qquad (3.36)$$

et en tenant compte de la loi de comportement (3.32) :

$$\begin{aligned} &\mathcal{F}(Q',Y')-\mathcal{F}(Q,Y)\geq \\ &\int_L \left[\left(\frac{M(Q,Y)}{EI}+\chi^p\right)(M(Q',Y')-M(Q,Y))\right]\mathrm{d}s-(Q'-Q)q \qquad (3.37) \\ &= \int_L [\chi(M(Q',Y')-M(Q,Y))]\,\mathrm{d}s-(Q'-Q)q \end{aligned}$$

Or, χ étant *cinématiquement admissible* avec q (car solution du problème d'évolution), et la distribution de moments fléchissants $M(Q',Y')-M(Q,Y)$ étant *statiquement admissible* avec $Q'-Q$, l'application du *théorème des travaux virtuels* conduit à la nullité de la dernière intégrale. D'où le principe de minimum énoncé, qui se traduit par l'annulation des dérivées partielles :

$$\begin{cases} \dfrac{\partial \mathcal{F}}{\partial Y'}[Q,Y]=\dfrac{\partial \mathcal{G}}{\partial Y'}[Q,Y]=0 & \text{(a)} \\ \dfrac{\partial \mathcal{F}}{\partial Q'}[Q,Y]=0 \quad \Leftrightarrow \quad q=\dfrac{\partial \mathcal{G}}{\partial Y'}[Q,Y] & \text{(b)} \end{cases} \qquad (3.38)$$

Dans le cas d'une évolution *purement élastique*, pour laquelle $\chi^p = 0$, la fonction G n'est autre que ***l'énergie complémentaire***, et l'équation (3.38a) le ***principe du minimum en contrainte*** (ou théorème du potentiel minimum), tandis que la seconde équation constitue le ***théorème de Castigliano*** relatif aux structures élastiques. Dans le cas général, où la distribution de courbure χ^p est de nature *anélastique* (plastique, mais aussi thermique, etc.), l'équation (37a) est désignée sous l'appellation de ***théorème de Colonnetti***.

2.2. Retour sur l'exemple de la poutre-console

Dans l'exemple de la poutre-console traité au début de ce chapitre, l'ensemble des distributions de moments fléchissants *statiquement admissibles* pour le problème est de la forme (3.1), c'est-à-dire paramétré par l'inconnue hyperstatique *Y*. Le calcul de la fonctionnelle *G* donne alors :

$$\mathcal{G}(Q';Y')=\frac{l^3}{6EI_z}\left(8Y'^2+Q'^2-5Y'Q'\right)+Y'\int_0^{2l}\chi^p(x)(2l-x)\mathrm{d}x-Q'\int_0^{l}\chi^p(x)(l-x)\mathrm{d}x \qquad (3.39)$$

Le principe du minimum en contrainte, établi au paragraphe précédent, est alors appliqué aux différentes phases d'évolution du système.

- ***Phase élastique***. Dans cette phase $\chi^p(x)=0$, et les équations (3.38) donnent immédiatement compte tenu de (3.39) :

$$\frac{\partial \mathcal{G}}{\partial Y'}(Q,Y)=0 \quad \Rightarrow \quad Y=\frac{5Q}{16} \tag{3.40}$$

ainsi que (*théorème de Castigliano*) :

$$q=\frac{\partial \mathcal{G}}{YQ'}(Q,Y) \quad \Rightarrow \quad q=\frac{l^3}{6EI_z}(2Q-5Y)=\frac{7Ql^3}{96EI} \tag{3.41}$$

- ***Phase élastoplastique***. Le champ de déformation plastique, correspondant à la formation d'une *rotule plastique à l'encastrement*, est de la forme :

$$\chi^p(x)=\theta^p\delta_0(x) \tag{3.42}$$

d'où :

$$\mathcal{G}(Q',Y')=\frac{l^3}{6EI_z}\left(8Y'^2+Q'^2-5Y'Q'\right)+(2Y'-Q')l\theta^p \tag{3.43}$$

et par suite :

$$\begin{aligned} &\frac{\partial \mathcal{G}}{\partial Y'}(Q,Y)=\frac{l^3}{6EI_z}(16Y-5Q)+2l\theta^p=0 && \text{(a)} \\ &q=\frac{\partial \mathcal{G}}{\partial Q'}(Q,Y)=\frac{l^3}{6EI_z}(2Q-5Y)-l\theta^p && \text{(b)} \end{aligned} \tag{3.44}$$

L'équation (3.44-a) combinée avec le fait que $M(x=0)=l\big(2Y(Q)-Q\big)=-M^l$ (hypothèse de plastification en flexion négative à l'encastrement) permet alors de retrouver l'expression (3.18) de la rotation plastique :

$$\theta^p=\frac{l^2}{4EI_z}\left(8M^l/3l-Q\right) \tag{3.45}$$

Tenant compte de ce résultat, l'équation (3.44b) fournit quant à elle l'équation de la courbe donnant le déplacement en fonction de la charge en phase élastoplastique :

$$q=\frac{\partial \mathrm{G}}{\partial Q'}(Q,Y)=\frac{l^3}{6EI_z}(2Q-5Y)-l\theta^p=\frac{l^2}{EI_z}\left(Ql/6-M^l/4\right) \tag{3.46}$$

- ***Écoulement plastique libre***. Le champ de déformation plastique correspond à la formation de deux rotules plastiques repectivement localisées en O et A. Désignant par θ^p et φ^p les *dicontinuités de rotation plastiques* en ces points, le champ de courbure plastique s'écrit :

$$\chi^p(x)=\theta^p\delta_0(x)+\varphi^p\delta_l(x) \tag{3.47}$$

où $\delta_l(x)$ désigne la distribution de Dirac au point $A(x=l)$, de sorte que la fonctionnelle à minimiser a pour expression :

$$\mathcal{G}(Q',Y')=\frac{l^3}{6EI_z}\left(8Y'^2+Q'^2-5Y'Q'\right)+(2Y'-Q')l\theta^p+Y'l\varphi^p \tag{3.48}$$

d'où, par application du principe de minimum (3.38) :

$$\begin{aligned} &\frac{\partial \mathcal{G}}{\partial Y'}(Q,Y)=\frac{l^3}{6EI_z}(16Y-5Q)+2l\theta^p+l\varphi^p=0 \quad \text{(a)} \\ &q=\frac{\partial \mathcal{G}}{\partial Q'}(Q,Y)=\frac{l^3}{6EI_z}(2Q-5Y)-l\theta^p \quad \text{(b)} \end{aligned} \tag{3.49}$$

La première équation donne, puisque $Q=Q^l=3M^l/l$ et $Y=M^l/l$:

$$2\theta^p+\varphi^p=-\frac{M^l l}{6EI_z} \Rightarrow \dot{\varphi}^p=-2\dot{\theta}^p \tag{3.50}$$

qui représente l'équation de *compatibilité géométrique*, reliant les taux de rotations plastiques. La seconde équation conduit à l'expression du déplacement de la charge en phase d'écoulement plastique, en fonction de de la discontinuité de rotation plastique $\theta^p \leq 0$ qui demeure arbitraire :

$$q=-l\theta^p+\frac{M^l l^2}{6EI_z} \tag{3.51}$$

Chapitre IV

PROBLÈMES D'ÉLASTOPLASTICITÉ AVEC SOLUTIONS

1. COMPORTEMENT (THERMO)ÉLASTOPLASTIQUE D'UNE STRUCTURE RÉTICULÉE

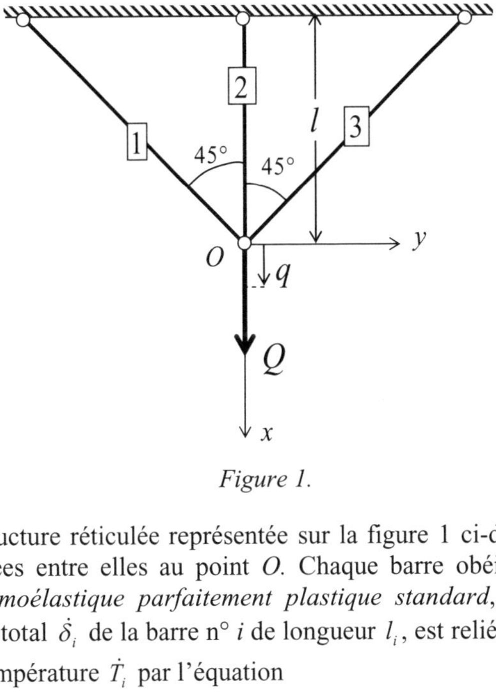

Figure 1.

On considère la structure réticulée représentée sur la figure 1 ci-dessus, constituée de trois barres articulées entre elles au point *O*. Chaque barre obéit à la même loi de comportement *thermoélastique parfaitement plastique standard*, c'est-à-dire que le taux d'allongement total $\dot{\delta}_i$ de la barre n° *i* de longueur l_i, est relié au taux de variation d'effort $\dot{N}_i$ et de température $\dot{T}_i$ par l'équation

$$\dot{\delta}_i = \dot{N}_i \frac{l_i}{ES} + \dot{\delta}_i^p + \alpha\, l_i \dot{T}_i \tag{4.1}$$

où $\dot{\delta}_i^p$ est le taux d'allongement plastique, *S* la section des barres, *E* le module d'Young du matériau constitutif, et $\alpha > 0$ le *coefficient de dilatation thermique*. On désigne par *L* la limite d'élasticité en traction-compression des barres, indépendante de la température, tout comme la règle d'écoulement plastique associée.

1.1 Chargement mécanique isotherme

La structure étant dans un *état initial naturel* ($N_i = 0$), la température des barres maintenue constante égale à T_0, on vient appliquer en O un effort vertical $Q\underline{e}_x$, où le paramètre de chargement Q croît progressivement à partir de la valeur nulle.

Les équations générales du problème, valables quelle que soit la phase de comportement de la structure, s'écrivent :

- *Équilibre* du nœud O :

$$\begin{cases} N_1 = N_3 \\ Q = N_2 + \dfrac{\sqrt{2}}{2}(N_1 + N_3) = N_2 + \sqrt{2}N_1 \end{cases} \tag{4.2}$$

(structure *hyperstatique de degré 1*).

- *Compatibilité géométrique des allongements* des barres :

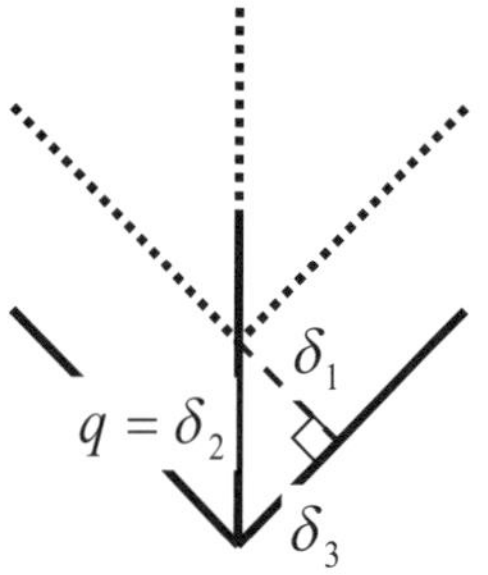

$$\begin{cases} \delta_1 = \delta_3 \\ q = \delta_2 = \sqrt{2}\delta_1 \end{cases} \tag{4.3}$$

1.1.1. Phase élastique de comportement

Les barres ayant toutes dans cette phase un comportement élastique, les relations efforts-allongements s'écrivent :

$$N_1 = ES\frac{\delta_1}{l\sqrt{2}} \qquad N_2 = ES\frac{\delta_2}{l} \tag{4.4}$$

d'où par combinaison avec les relations (4.2) et (4.3) :

$$\boxed{\begin{cases} N_1 = \dfrac{Q}{2+\sqrt{2}} & \delta_1 = \dfrac{Ql}{(1+\sqrt{2})ES} \\ N_2 = \dfrac{2Q}{2+\sqrt{2}} & q = \delta_2 = \dfrac{Ql}{(1+\sqrt{2}/2)ES} \end{cases}} \tag{4.5}$$

La *limite d'élasticité* du système est atteinte lorsque l'effort dans la barre centrale n°2 atteint sa limite en traction $+L$, soit :

$$\boxed{Q^e = \left(1+\frac{\sqrt{2}}{2}\right)L} \tag{4.6}$$

la valeur correspondante du déplacement vertical q du point O étant :

$$\boxed{q^e = \frac{Ll}{ES}} \qquad (4.7)$$

1.1.2. Phase élastoplastique

Faisant l'hypothèse que la barre n° 2 demeure plastifiée en traction ($N_2 = +L, \dot{N}_2 = 0$), les équations d'équilibre (4.2) permettent de calculer les efforts dans les barres n°s 1 et 3 :

$$\boxed{N_1 = N_3 = \frac{Q-L}{\sqrt{2}}} \qquad (4.8)$$

d'où par le biais de la loi de comportement élastique de ces dernières, et grâce aux relations de compatibilité géométrique (4.3) :

$$\boxed{\delta_1 = \delta_3 = Q-l)\frac{l}{ES} \quad , \quad q = \delta_2 = \sqrt{2}\delta_1 = \sqrt{2}(Q-l)\frac{l}{ES}} \qquad (4.9)$$

On vérifie alors que la loi de comportement de la barre n° 2, et en particulier la *règle d'écoulement plastique* est bien vérifiée puisque :

$$\dot{\delta}_2 = \dot{\delta}_2^p = \sqrt{2}\frac{\dot{Q}l}{ES} \geq 0 \qquad (4.10)$$

La charge limite de la structure est atteinte lorsque les barres n°s 1 et 3 plastifient en traction, d'où, d'après (4.8) :

$$\boxed{Q^l = L(1+\sqrt{2})} \qquad (4.11)$$

Cette valeur ne peut être dépassée comme le montre la seconde équation d'équilibre (4.2), associée aux conditions de plasticité $|N_i| \leq L$ (raisonnement de *calcul à la rupture*). La valeur correspondante du déplacement vertical du point O est :

$$\boxed{q^l = 2\frac{Ll}{ES}} \qquad (4.12)$$

Le *mécanisme d'écoulement plastique libre* associé au maintien de cette charge limite ($Q = Q^l, \dot{Q} = 0$) est défini par les taux d'allongement *purement plastique* des barres suivants

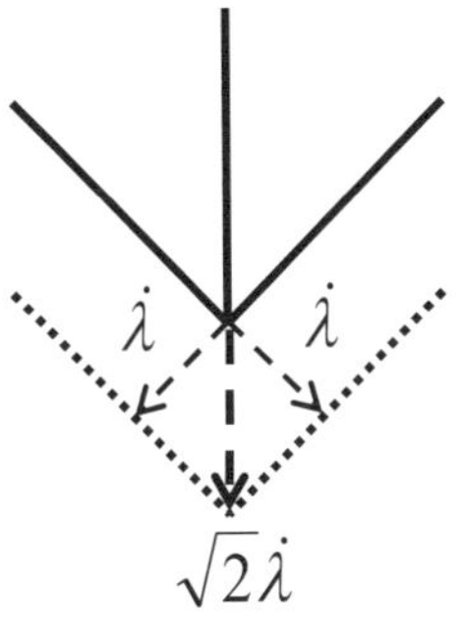

$$\begin{cases} \dot{\delta}_1 = \dot{\delta}_3 = \dot{\delta}_1^p = \dot{\delta}_3^p = \dot{\lambda} \geq 0 \\ \dot{\delta}_2 = \dot{\delta}_2^p = \dot{\mu} = \sqrt{2}\dot{\lambda} \geq 0 \end{cases} \qquad (4.13)$$

1.1.3. Phase de décharge

Déchargeant la structure à partir de l'instant où les barres 1 et 3 plastifient, on suppose que cette décharge est *élastique*. Posant $Q = Q^l + \Delta Q$ avec $\Delta Q \leq 0$, il vient alors :

$$\begin{cases} N_1 = N_3 = +L + \dfrac{\Delta Q}{2+\sqrt{2}} & \delta_1 = \delta_3 = \dfrac{l\sqrt{2}}{ES}\left(L + \dfrac{\Delta Q}{2+\sqrt{2}}\right) \\ N_2 = +L + \dfrac{\Delta Q}{1+\sqrt{2}/2} & \delta_2 = \dfrac{l}{ES}\left(L + \dfrac{2\Delta Q}{2+\sqrt{2}}\right) \end{cases} \tag{4.14}$$

d'où les *efforts et allongements résiduels* correspondant à la décharge totale $\left(\Delta Q = -L(1+\sqrt{2})\right)$:

$$\boxed{\begin{cases} N_1^r = N_3^r = \dfrac{L}{2+\sqrt{2}} & \delta_1^r = \delta_3^r = \dfrac{lL(\sqrt{2}-1)}{ES} \\ N_2^r = \dfrac{-L}{1+\sqrt{2}} & q^r = \delta_2^r = \dfrac{lL(2-\sqrt{2})}{ES} \end{cases}} \tag{4.15}$$

Le diagramme effort-déplacement correspondant à l'ensemble du cycle charge-décharge est représenté sur la figure 2 ci-dessous.

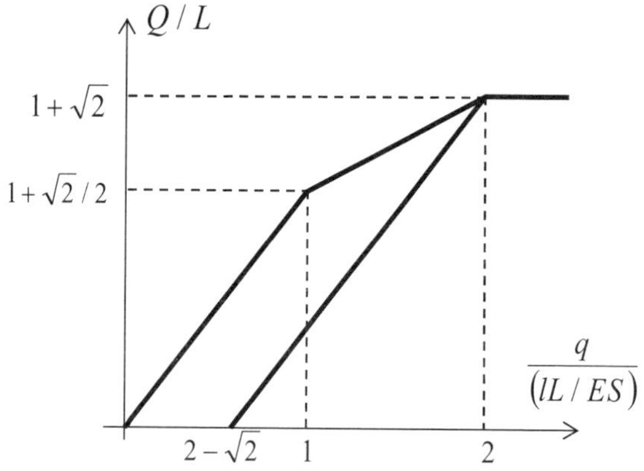

Figure 2.

1.2. Chargement thermique

Partant toujours d'un état initial naturel, la structure est alors soumise à un *chargement thermique* qui consiste à augmenter progressivement la température de la barre centrale n° 2 ($T_2 = T_0 + \theta$), *aucun effort n'étant appliqué en O*, et la température des barres n°s 1 et 3 étant maintenue constante égale à T_0.

1.2.1. Phase thermoélastique

La loi de comportement (4.1) des barres (élastique et thermoélastique) associée à la relation de compatibilité géométrique (4.3) donne :

$$\begin{cases} \delta_1 = l\sqrt{2}\dfrac{N_1}{ES} \\ \delta_2 = l\dfrac{N_2}{ES} + \alpha l\theta = \sqrt{2}\delta_1 = 2l\dfrac{N_1}{ES} \end{cases} \Rightarrow N_2 + \alpha\theta\, ES = 2N_1 \tag{4.16}$$

d'où, en tenant compte de l'équation d'équilibre (2) avec $Q = 0$:

$$\boxed{\begin{cases} N_1 = \alpha\theta\, ES(1 - \sqrt{2}/2) & \delta_1 = \alpha l\theta(\sqrt{2} - 1) \\ N_2 = \alpha\theta\, ES(1 - \sqrt{2}) & \delta_2 = \alpha l\theta(2 - \sqrt{2}) \end{cases}} \tag{4.17}$$

Cette solution demeure valable jusqu'à ce que la barre n° 2 plastifie en *compression*, c'est-à-dire tant que l'écart de température demeure inférieur à :

$$\boxed{\theta^e = \frac{L}{(\sqrt{2} - 1)\alpha ES}} \tag{4.18}$$

1.2.2. Phase thermoélastoplastique ($\theta \geq \theta^e$)

Dans cette phase, les efforts dans les barres et les allongements de ces dernières *n'évoluent plus.*

$$\dot{N}_1 = \dot{N}_2 = 0 \quad \dot{\delta}_1 = \dot{\delta}_2 = 0 \tag{4.19}$$

En effet, toutes les équations du problème sont vérifiées par une telle évolution, en particulier la loi de comportement de la barre n° 2 qui s'écrit :

$$\dot{\delta}_2 = \dot{\delta}_2^p + \alpha l\dot{\theta} = 0 \quad \Rightarrow \quad \dot{\delta}_2^p = -\alpha l\dot{\theta} \leq 0 \tag{4.20}$$

de sorte que la règle d'écoulement plastique est bien vérifiée, puisque la barre n° 2 est plastifiée en compression. Il apparaît donc que le *taux d'allongement thermique* de cette barre est compensé par le *taux de raccourcissement plastique* qu'elle subit.

1.2.3. Phase de refroidissement ($\theta = 2\theta^e + \Delta\theta,\ \Delta\theta \leq 0$)

L'évolution étant supposée purement (thermo)élastique, il vient :

$$\begin{cases} N_1 = L/\sqrt{2} + \alpha\Delta\theta ES(1 - \sqrt{2}/2) & \delta_1 = \dfrac{lL}{ES} + \alpha l\Delta\theta\left(\sqrt{2} - 1\right) \\ N_2 = -L + \alpha\Delta\theta ES(1 - \sqrt{2}) & \delta_2 = \sqrt{2}\dfrac{lL}{ES} + \alpha l\Delta\theta\left(2 - \sqrt{2}\right) \end{cases} \tag{4.21}$$

d'où pour un retour à la température initiale de la barre n° 2 $\left(\Delta\theta = -2\theta^e = -2L/\alpha ES(\sqrt{2} - 1)\right)$, les efforts et allongements résiduels sont :

$$\boxed{\begin{cases} N_1^r = -L/\sqrt{2} & \delta_1^r = -\dfrac{lL}{ES} \\ N_2^r = +L & \delta_2^r = -\sqrt{2}\dfrac{lL}{ES} \end{cases}} \tag{4.22}$$

On observe en particulier que la barre n° 3 atteint juste sa limite d'élasticité *en traction.*

1.3. Chargement mécanique à partir de l'état résiduel précédent

L'état initial étant l'état résiduel obtenu à partir du cycle de chargement thermique précédent analysé en 1.2., on fait l'hypothèse que la barre n° 2 demeure *plastifiée en traction* dès le début du chargement mécanique :

$$N_2 = +L \,,\ \dot{N}_2 = 0 \tag{4.23}$$

c'est-à-dire que la *limite d'élasticité est nulle*. L'évolution des efforts, ainsi que des allongements (comptés par rapport à cet état initial) est alors la suivante :

$$\boxed{\begin{cases} N_1 = \dfrac{Q-L}{\sqrt{2}} & \rightarrow \ \delta_1 = l\sqrt{2}\,\dfrac{N_1 - N_1^r}{ES} = \dfrac{Ql}{ES} \\ N_2 = +L & \quad q = \delta_2 = \sqrt{2}\delta_1 = \sqrt{2}\,\dfrac{Ql}{ES} \end{cases}} \tag{4.24}$$

la loi d'écoulement plastique de la barre n° 2 étant bien vérifiée puisque :

$$\dot{\delta}_2 = \dot{\delta}_2^p = \sqrt{2}\,\frac{\dot{Q}l}{ES} \geq 0 \tag{4.25}$$

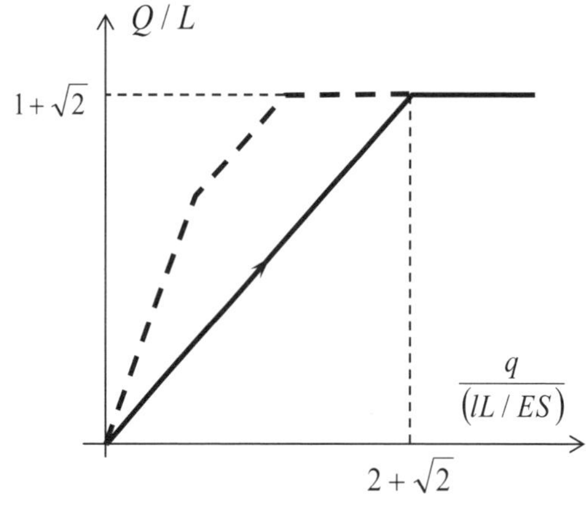

Figure 3.

On vérifie alors immédiatement que cette évolution peut se poursuivre jusqu'à la charge limite correspondant à la plastification en traction des barres 1 et 3. La valeur de la charge limite demeure inchangée par rapport au cas où l'on part de l'état initial naturel, conformément au résultat général énoncé dans le cours. La courbe effort-déplacement est représentée ci-dessus sur la figure 3. La pente de la première partie de cette courbe est identique à celle correspondant à la phase élastoplastique de la courbe de chargement lorsque l'on part de l'état initial naturel (courbe en pointillé sur la figure).

2. ANALYSE ÉLASTOPLASTIQUE DE L'ESSAI DE COMPRESSION SIMPLE D'UNE ÉPROUVETTE

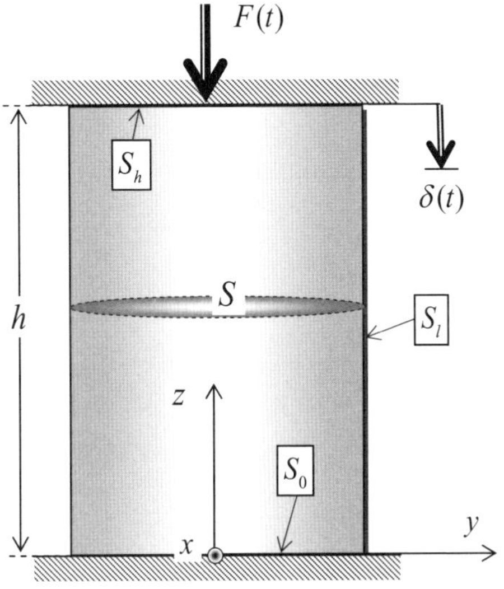

Figure 4.

On considère une éprouvette cylindrique de section S et de hauteur h soumise à un *essai de compression simple* par le biais d'un plateau rigide placé sur sa section supérieure S_h et animé d'un mouvement vertical descendant, sa section inférieure S_0 reposant sur un plateau fixe, tandis que sa surface latérale S_l est libre de contrainte (figure 4). Se reportant au trièdre $Oxyz$, comme indiqué sur la figure, les conditions aux limites correspondantes sont les suivantes :

$$\begin{aligned} &S_0(z=0): \quad T_x^d = T_y^d = 0\,,\ \xi_z^d = 0 \\ &S_h(z=h): \quad T_x^d = T_y^d = 0\,,\ \xi_z^d = -\delta(t) \\ &S_l: \ \underline{T}^d = 0 \end{aligned} \tag{4.26}$$

tandis que les *forces de volume sont négligées*. Le matériau constitutif de l'éprouvette est homogène élastique isotrope (module d'Young E, coefficient de Poisson ν), parfaitement plastique, le critère de plasticité étant celui de *von Mises* ou de *Tresca*. L'état initial de l'éprouvette étant *naturel* $(\underline{\underline{\sigma}}(t=0)=0)$ et la température maintenue constante (évolution *isotherme*), on fait progressivement croître le déplacement du plateau supérieur à partir d'une valeur initiale nulle :

$$\delta(t=0)=0\ ,\ \ \delta(t)\uparrow \tag{4.27}$$

2.1. Phase élastique

La solution en termes de champs de contrainte et de déplacement s'écrit en *phase élastique* :

- Champ de contrainte *homogène uniaxial* :

$$\underline{\underline{\sigma}} = -E\frac{\delta}{h}\underline{e}_z \otimes \underline{e}_z \tag{4.28}$$

- Champ de *déplacement* :

$$\underline{\xi} = -\delta\frac{z}{h}\underline{e}_z + \nu\frac{\delta}{h}(x\underline{e}_x + y\underline{e}_y) \tag{4.29}$$

le champ de déformation étant *homogène* :

$$\underline{\underline{\varepsilon}} = -\frac{\delta}{h}\underline{e}_z \otimes \underline{e}_z + \nu\frac{\delta}{h}(\underline{e}_x \otimes \underline{e}_x + \underline{e}_y \otimes \underline{e}_y) \tag{4.30}$$

L'*effort résultant* (compté positivement vers le bas) appliqué par le plateau supérieur de l'éprouvette vaut :

$$\boxed{F = -\int_{S_h}\sigma_{zz}dS = ES\frac{\delta}{h}} \tag{4.31}$$

- ***Limite d'élasticité***

a) *Le matériau obéit à un critère de* von Mises *:*

$$f(\underline{\underline{\sigma}}) = \left(\tfrac{1}{2}\underline{\underline{s}} : \underline{\underline{s}}\right)^{1/2} - k \leq 0 \tag{4.32}$$

Le déviateur de contrainte associé à la contrainte (28) vaut :

$$\underline{\underline{s}} = \underline{\underline{\sigma}} - \frac{1}{3}\text{tr}(\underline{\underline{\sigma}})\underline{\underline{1}} = E\frac{\delta}{3h}\begin{pmatrix} +1 & 0 & 0 \\ 0 & +1 & 0 \\ 0 & 0 & -2 \end{pmatrix} \Rightarrow \quad f(\underline{\underline{\sigma}}) = E\frac{\delta}{\sqrt{3}h} - k \tag{4.33}$$

de sorte que la limite d'élasticité est atteinte lorsque :

$$\boxed{\frac{\delta}{h} = \left(\frac{\delta}{h}\right)^e = \frac{k\sqrt{3}}{E}} \tag{4.34}$$

l'effort de compression correspondant étant en vertu de (4.31) :

$$\boxed{F = F^e = k\sqrt{3}S} \tag{4.35}$$

Cette phase élastique correspond à la droite *effort* (rapporté à la section de l'éprouvette)-*déplacement* (rapporté à sa hauteur) tracée sur la figure 5 (dont la pente est égale au module d'Young).

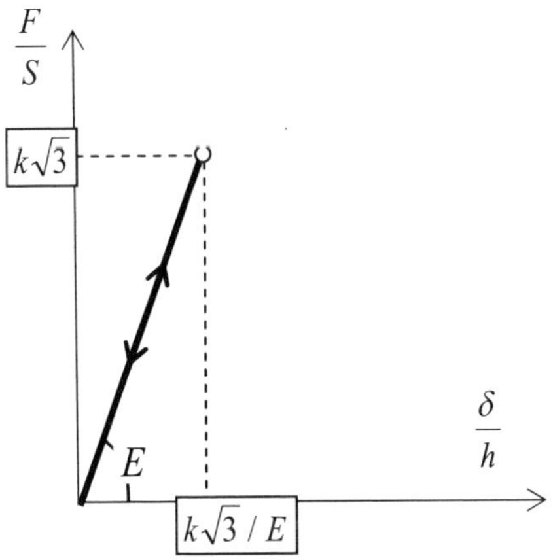

Figure 5.

b) *Le matériau obéit à un critère de* Tresca *:*

$$f(\underline{\underline{\sigma}}) = \sigma_I - \sigma_{III} - \sigma_0 \leq 0 \;,\quad \sigma_I \geq \sigma_{II} \geq \sigma_{III} \tag{4.36}$$

d'où, puisque d'après (28) $\sigma_I = \sigma_{II} = \sigma_{xx} = \sigma_{yy} = 0 > \sigma_{zz} = \sigma_{III} = -\dfrac{E\delta}{h}$:

$$f(\underline{\underline{\sigma}}) = \frac{E\delta}{h} - \sigma_0 \tag{4.37}$$

de sorte que :

$$\boxed{\left(\frac{\delta}{h}\right)^e = \frac{\sigma_0}{E}} \quad \text{et} \quad \boxed{F^e = \sigma_0 S} \tag{4.38}$$

2.2. Charge limite et écoulement plastique libre

2.2.1. Cas du critère de von Mises

Continuant à faire croître le déplacement du plateau supérieur au-delà de la limite d'élasticité donnée par (4.34), la *solution en contrainte* est recherchée sous la forme d'un champ *constant en fonction du temps*, égal à celui associé à la limite d'élasticité :

$$\underline{\underline{\sigma}}(t) = -k\sqrt{3}\underline{e}_z \otimes \underline{e}_z \tag{4.39}$$

qui est bien *statiquement admissible* avec les données en efforts du problème et *plastiquement* admissible, tandis que la *solution en vitesse* est recherchée sous la forme :

$$\underline{\dot{\xi}} = \underline{U} = -\frac{\dot{\delta}}{h} z\underline{e}_z + \alpha\frac{\dot{\delta}}{h}(x\underline{e}_x + y\underline{e}_y) \tag{4.40}$$

qui est bien *cinématiquement admissible* avec les données en déplacements du problème, le champ des taux de déformation correspondant étant homogène égal à :

$$\underline{\underline{d}} = \begin{pmatrix} \alpha & 0 & 0 \\ 0 & \alpha & 0 \\ 0 & 0 & -1 \end{pmatrix} \frac{\dot{\delta}}{h} \tag{4.41}$$

(le paramètre α est pour l'instant arbitraire).

Il reste à vérifier la *loi de comportement élastoplastique* du matériau, donnée par :

$$\underline{\underline{d}} = \underline{\underline{d}}^e + \underline{\underline{d}}^p \tag{4.42}$$

avec, puisque $\underline{\underline{\dot{\sigma}}} = 0$:

$$\underline{\underline{d}}^e = \frac{1+\nu}{E}\underline{\underline{\dot{\sigma}}} - \frac{\nu}{E}\,\mathrm{tr}(\underline{\underline{\dot{\sigma}}})\underline{\underline{1}} = 0 \tag{4.43}$$

et en tenant compte de ce que $f(\underline{\underline{\sigma}}) = \dot{f}(\underline{\underline{\sigma}}) = 0$ (charge plastique) :

$$\underline{\underline{d}}^p = \dot{\lambda}\,\underline{\underline{s}} = \dot{\lambda}\,k\sqrt{3}/3 \begin{pmatrix} -1 & 0 & 0 \\ 0 & -1 & 0 \\ 0 & 0 & 2 \end{pmatrix} = \underline{\underline{d}} \tag{4.44}$$

On obtient alors par identification avec l'expression (4.41) du taux de déformation totale :

$$\dot{\lambda} = \frac{\sqrt{3}}{2}\frac{\dot{\delta}}{kh} \geq 0 \quad \text{et} \quad \alpha = \frac{1}{2} \tag{4.45}$$

On vérifie bien la *positivité du multiplicateur plastique*, tandis que la valeur trouvée pour le coefficient α correspond à la condition d'*incompressibilité plastique*.

Nous avons ainsi mis en évidence un *mécanisme d'écoulement plastique libre* de l'éprouvette correspondant an champ de vitesse :

$$\boxed{\underline{U} = -\frac{\dot{\delta}}{h} z\underline{e}_z + \frac{\dot{\delta}}{2h}(x\underline{e}_x + y\underline{e}_y)} \tag{4.46}$$

associé à la *charge limite* (voir figure 6) :

$$\boxed{F^l = F^e = k\sqrt{3}S} \tag{4.47}$$

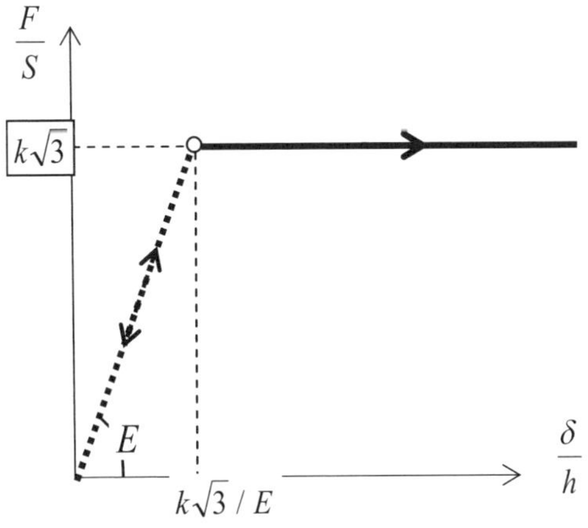

Figure 6.

2.2.2. Cas du critère de Tresca

La solution en *contrainte* est encore une fois recherchée sous la forme du champ homogène et constant, égal à :

$$\underline{\underline{\sigma}}(t) = -\sigma_0 \underline{e}_z \otimes \underline{e}_z \tag{4.48}$$

qui est bien *statiquement* et *plastiquement admissible*, le champ de vitesse étant recherché sous la forme (4.40) et le champ de taux de déformation sous la forme (4.41). La loi de comportement élastoplastique s'écrit :

$$\underline{\underline{d}} = \underbrace{\underline{\underline{d}}^e}_{=0} + \underline{\underline{d}}^p \tag{4.42}$$

et, puisque l'on est en *« régime d'arête »* (cf. l'annexe du chapitre *I* du cours et la figure 7 ci-dessous), c'est-à-dire que :

$$f(\underline{\underline{\sigma}}) = \sigma_I(=\sigma_{xx}) - \sigma_{III}(=\sigma_{zz}) - \sigma_0 = \sigma_{II}(=\sigma_{yy}) - \sigma_{III}(=\sigma_{zz}) - \sigma_0 = 0 \tag{4.43}$$

les composantes du taux de déformation plastique sont de la forme :

$$d^p_{xx} = d^p_I = \dot{\lambda}\,,\; d^p_{yy} = d^p_{II} = \dot{\mu}\,, d^p_{zz} = d^p_{III} = -(\dot{\lambda} + \dot{\mu}) \;\text{ avec } \dot{\lambda} \geq 0\,,\; \dot{\mu} \geq 0 \tag{4.44}$$

où $\dot{\lambda}$ et $\dot{\mu}$ sont des champs scalaires quelconques.

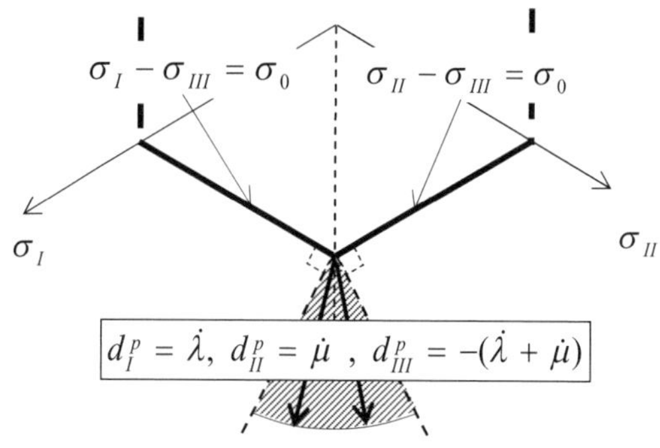

Figure 7.

Partant de là, *plusieurs mécanismes de ruine plastique* peuvent être mis en évidence, comme des solutions en vitesse du problème.

a) Mécanismes de déformation *homogène* (figure 8).

$$\underline{U} = -\frac{\dot{\delta}}{h} z\underline{e}_z + \alpha \frac{\dot{\delta}}{h} x\underline{e}_x + \beta \frac{\dot{\delta}}{h} y\underline{e}_y \quad \text{d'où} \quad \underline{\underline{d}} = \frac{\dot{\delta}}{h}\begin{pmatrix} \alpha & 0 & 0 \\ 0 & \beta & 0 \\ 0 & 0 & -1 \end{pmatrix} \tag{4.45}$$

d'où, par identification avec (4.44) :

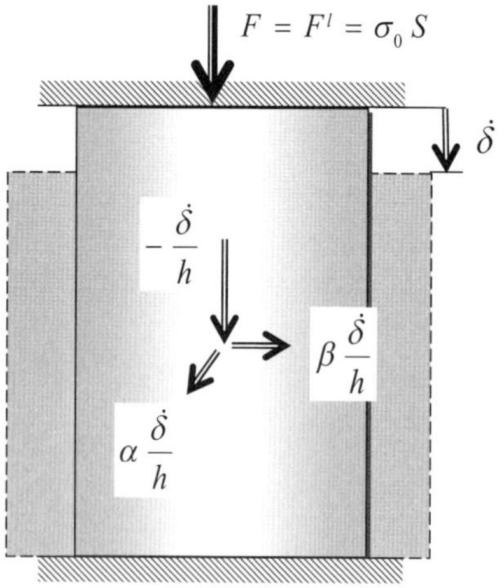

Figure 8.

$$\alpha = \frac{\dot{\lambda}}{\dot{\lambda} + \dot{\mu}}\ ,\ \beta = \frac{\dot{\mu}}{\dot{\lambda} + \dot{\mu}}\ ,\ \dot{\lambda}, \dot{\mu} \geq 0 \tag{4.46}$$

c'est-à-dire que tous les couples $(\alpha \geq 0, \beta \geq 0)$ avec $\alpha + \beta = 1$ (condition d'*incompressibilité plastique*) conviennent.

b) Mécanismes avec « *bande de cisaillement* » (figure 9).

Le champ de vitesse correspondant à un tel mécanisme est défini comme suit :

– zone 1 : $\underline{U} = 0$ (bloc immobile) (4.47a)

– zone 3 : $\underline{U} = \dfrac{\dot{\delta}}{\sin\theta}\,\underline{e}_Y$ (bloc en *translation*) (4.47b)

– zone 2 : $\underline{U} = \dfrac{\dot{\delta}}{\sin\theta}\left(\dfrac{Z}{e}\right)\underline{e}_Y$ (4.47c)

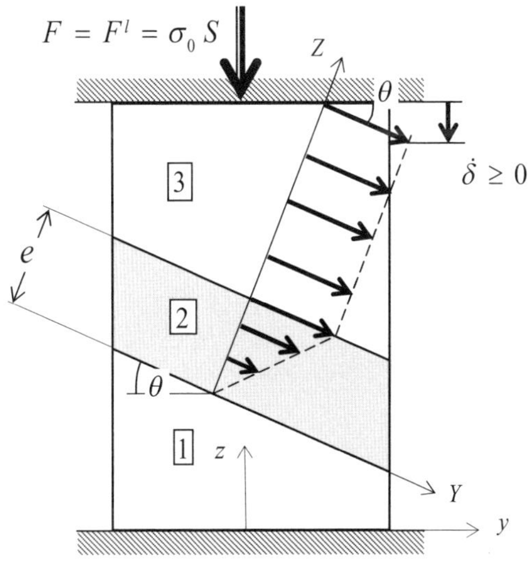

Figure 9.

La seule zone en déformation est la zone 2 (bande de cisaillement d'épaisseur e), où le taux de déformation totale, égal au taux de déformation plastique en vertu de (4.42), vaut :

$$\underline{\underline{d}} = \frac{\dot{\delta}}{2e\sin\theta}\left(\underline{e}_Y \otimes \underline{e}_Z + \underline{e}_Z \otimes \underline{e}_Y\right) = \underline{\underline{d}}^p \tag{4.48}$$

soit encore :

$$\underline{\underline{d}} = \frac{\dot{\delta}}{2e\sin\theta}\left(\underline{e}_U \otimes \underline{e}_U - \underline{e}_V \otimes \underline{e}_V\right) = \underline{\underline{d}}^p \tag{4.49}$$

où les vecteurs unitaires $\underline{e}_V$ et $\underline{e}_W$ sont respectivement portés par la première et seconde bissectrice des axes (Y, Z). Or les directions principales du taux de déformation plastique devant en tout point coïncider avec celles du tenseur des contraintes (4.48) (voir chapitre I), il en résulte nécessairement que *la bande de cisaillement doit être inclinée à* $\theta = \pi/4$ *par rapport à l'horizontale* (figure 10), c'est-à-dire que les axes (U, V) coïncident avec les axes (y, z).

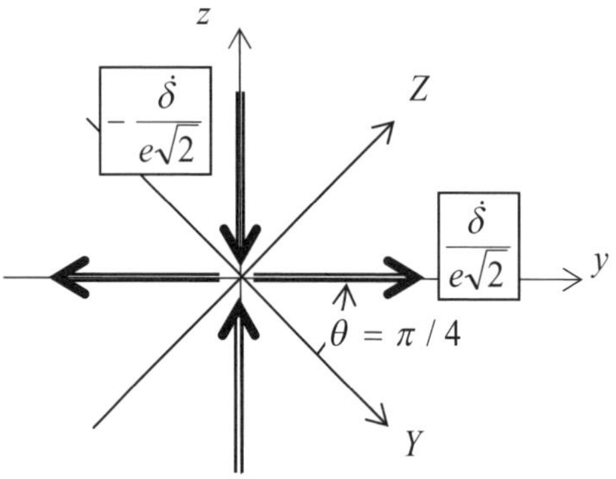

Figure 10.

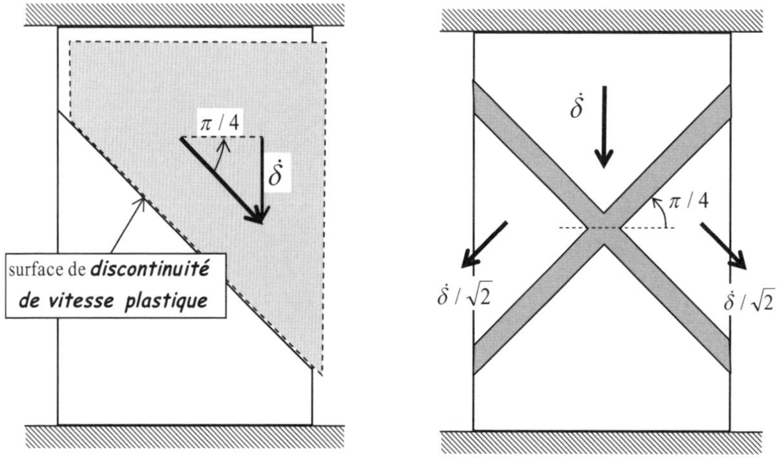

(*a*) (*b*)

Figure 11.

Dans ces conditions, les valeurs principales du taux de déformation plastique sont :

$$d^p_{xx} = 0\,,\; d^p_{yy} = \frac{\dot\delta}{e\sqrt2}\,, d^p_{zz} = -\frac{\dot\delta}{e\sqrt2} \tag{4.50}$$

qui est bien de la forme (4.44) avec :

$$\dot\lambda = 0\;,\; \dot\mu = \frac{\dot\delta}{e\sqrt2} \geq 0 \tag{4.51}$$

On a ainsi mis en évidence une famille de mécanismes de ruine plastique de l'éprouvette avec bande de cisaillement d'épaisseur *e* arbitraire (mode de rupture « localisé »). On obtient lorsque l'épaisseur de la bande de cisaillement tend vers zéro, un mécanisme par bloc en translation avec *discontinuité de vitesse plastique* (figure 11a). Il est également possible d'exhiber des mécanismes symétriques avec deux bandes de cisaillement (figure 11b), que l'on observe expérimentalement.

3. COMPRESSION ISOTROPE EN DÉFORMATION PLANE D'UN CUBE

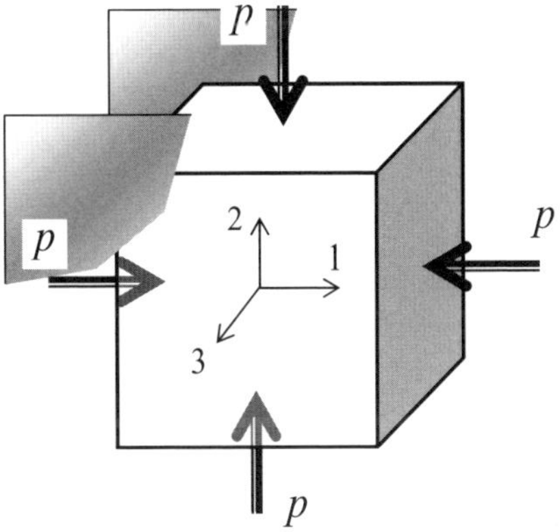

Figure 12.

Un solide ayant la forme d'un cube est constitué d'un matériau homogène obéissant à une loi de comportement *élastique* (module d'Young E, coefficient de Poisson $\nu = 0$) *parfaitement plastique standard*, le critère de plasticité étant celui de *von Mises* dont la fonction de charge s'écrit :

$$f(\underline{\underline{\sigma}}) = \left(1/2\,\underline{\underline{s}} : \underline{\underline{s}}\right)^{1/2} - k \leq 0 \tag{4.52}$$

Ce solide est soumis à un chargement caractérisé par une pression uniforme p appliquée sur les faces du cube perpendiculaires aux axes 1 et 2 (voir figure 12), tandis que les faces perpendiculaires à l'axe 3 sont en *contact sans frottement avec des plans fixes*. Les forces de volume étant par ailleurs négligées et l'état initial du cube étant *naturel* ($\underline{\underline{\sigma}} = \underline{\underline{0}}$ pour $p = 0$), on augmente progressivement la pression p.

3.1. Phase élastique

La loi de comportement du matériau s'écrit tout simplement, puisque $\nu = 0$:

$$\underline{\underline{\sigma}} = E\underline{\underline{\varepsilon}} \tag{4.53}$$

d'où, compte tenu des conditions aux limites imposées sur les différentes faces du cube :

$$\underline{\underline{\sigma}} = -p\left(\underline{e}_1 \otimes \underline{e}_1 + \underline{e}_2 \otimes \underline{e}_2\right)\,,\quad \underline{\underline{\varepsilon}} = -p/E\left(\underline{e}_1 \otimes \underline{e}_1 + \underline{e}_2 \otimes \underline{e}_2\right) \tag{4.54}$$

et la *variation relative de volume* correspondante du cube est :

$$\boxed{\frac{\Delta V}{V} = \mathrm{tr}\,\underline{\underline{\varepsilon}} = -2\frac{p}{E}} \tag{4.55}$$

Le déviateur de contrainte s'écrivant :

$$\underline{\underline{s}} = -p/3\left(\underline{e}_1 \otimes \underline{e}_1 + \underline{e}_2 \otimes \underline{e}_2\right) + 2p/3\left(\underline{e}_3 \otimes \underline{e}_3\right) \tag{4.56}$$

le critère de plasticité de von Mises donne :

$$\left(1/2\underline{\underline{s}}:\underline{\underline{s}}\right)^{1/2} = \frac{p}{\sqrt{3}} \leq k \tag{4.57}$$

d'où la *limite d'élasticité* :

$$\boxed{p^e = k\sqrt{3}} \tag{4.58}$$

3.2. Phase élastoplastique

On poursuit le chargement au-delà de la limite d'élasticité : $p \geq p^e$. Le champ de contrainte solution est alors recherché sous la forme :

$$\underline{\underline{\sigma}} = -p\underline{\underline{1}} + k\sqrt{3}\underline{e}_3 \otimes \underline{e}_3 \tag{4.59}$$

qui est bien *statiquement et plastiquement admissible*. L'écriture en vitesse de la loi de comportement donne alors :

$$\underline{\underline{d}} = \underline{\underline{\dot{\varepsilon}}} = \frac{\underline{\underline{\dot{\sigma}}}}{E} + \dot{\lambda}\underline{\underline{s}} = -\frac{\dot{p}}{E}\underline{\underline{1}} + \dot{\lambda}k\frac{\sqrt{3}}{3}\left(2\underline{e}_3 \otimes \underline{e}_3 - \underline{e}_1 \otimes \underline{e}_1 - \underline{e}_2 \otimes \underline{e}_2\right) \tag{4.60}$$

soit en composantes :

$$\begin{aligned} \dot{\varepsilon}_1 &= \dot{\varepsilon}_2 = -\frac{\dot{p}}{E} - \dot{\lambda}k\frac{\sqrt{3}}{3} \\ \dot{\varepsilon}_3 &= 0 = -\frac{\dot{p}}{E} + 2\dot{\lambda}k\frac{\sqrt{3}}{3} \end{aligned} \tag{4.61}$$

La seconde équation donne la valeur du multiplicateur plastique *qui est bien positif* :

$$\dot{\lambda} = \frac{\sqrt{3}}{2}\frac{\dot{p}}{kE} \geq 0 \tag{4.62}$$

d'où en reportant dans la première équation

$$\dot{\varepsilon}_1 = \dot{\varepsilon}_2 = -\frac{3\dot{p}}{2E} \tag{4.63}$$

de sorte que le *taux de déformation volumique* du cube s'écrit :

$$\boxed{\Delta\dot{V}/V = \mathrm{tr}\underline{\underline{\dot{\varepsilon}}} = -\frac{3\dot{p}}{E}} \tag{4.64}$$

On observe que, le chargement pouvant être poursuivi indéfiniment, il n'y a *pas de charge limite* pour un tel problème.

3.3. Phase de déchargement

Ayant poursuivi le chargement jusqu'à la valeur $p = 2p^e = 2k\sqrt{3}$, on ramène à zéro la valeur de ce chargement. Soit : $p = 2p^e + \Delta p$, $\Delta p \leq 0$. Faisant l'hypothèse qu'une telle décharge demeure élastique, on peut écrire :

$$\underline{\underline{\sigma}}(p = 2p^e + \Delta p) = \underline{\underline{\sigma}}(2p^e) + \underline{\underline{\sigma}}^{\mathrm{el}}(\Delta p) \tag{4.65}$$

avec :

$$\underline{\underline{\sigma}}(2p^e) = -2p^e\underline{\underline{1}} + k\sqrt{3}\underline{e}_3 \otimes \underline{e}_3 \quad \text{et} \quad \underline{\underline{\sigma}}^{\mathrm{el}}(\Delta p) = \Delta p\,(\underline{e}_1 \otimes \underline{e}_1 + \underline{e}_2 \otimes \underline{e}_2) \tag{4.66}$$

$\underline{\underline{\sigma}}^{\text{el}}$ désignant la *solution élastique*. D'où la *contrainte résiduelle* au terme d'une décharge *totale* ($\Delta p = -2p^e$) :

$$\boxed{\underline{\underline{\sigma}}^r = -k\sqrt{3}\,\underline{e}_3 \otimes \underline{e}_3} \tag{4.67}$$

On obtient de même pour les déformations :

$$\underline{\underline{\varepsilon}}\,(p = 2p^e + \Delta p) = \underline{\underline{\varepsilon}}(2p^e) + \underline{\underline{\varepsilon}}^{\text{el}}(\Delta p) = \underline{\underline{\varepsilon}}^{\text{el}}(p^e) + \int_{p^e}^{2p^e} \underline{\underline{\dot{\varepsilon}}}\, \mathrm{d}p + \underline{\underline{\varepsilon}}^{\text{el}}(\Delta p)$$

soit, en tenant compte de (4.63) et de ce que $\Delta p = -2p^e$:

$$\varepsilon_1^r = \varepsilon_2^r = -\frac{p^e}{E} - \frac{3}{2E}(2p^e - p^e) + 2\frac{p^e}{E} = -\frac{k\sqrt{3}}{2E} \tag{4.68}$$

La *variation relative de volume résiduelle* est donc :

$$\boxed{\left(\frac{\Delta V}{V}\right)^r = -\frac{k\sqrt{3}}{E}} \tag{4.69}$$

La courbe donnant l'évolution de $\Delta V / V$ en fonction de la pression p appliquée dans toutes les phases d'évolution est représentée ci-dessous (figure 13).

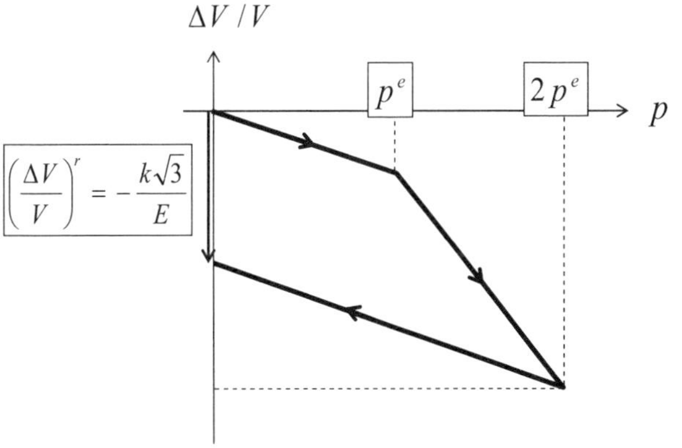

Figure 13.

Remarque. L'expression (4.69) de la variation relative de volume résiduelle peut être directement retrouvée à partir de la formule suivante exprimant la déformation résiduelle en fonction de la déformation plastique accumulée au cours de la phase élastoplastique et de la contrainte résiduelle (dont les déformations élastiques associées rétablissent la compatibilité géométrique) :

$$\underline{\underline{\varepsilon}}^r = \underline{\underline{\varepsilon}}^p + \frac{\underline{\underline{\sigma}}^r}{E} \tag{4.70}$$

On a en effet, en tenant compte de l'incompressibilité plastique du matériau et de (4.67) :

$$\left(\frac{\Delta V}{V}\right)^r = \mathrm{tr}\underline{\underline{\varepsilon}}^r = \underbrace{\mathrm{tr}\underline{\underline{\varepsilon}}^p}_{=0} + \frac{\mathrm{tr}\underline{\underline{\sigma}}^r}{E} = -\frac{k\sqrt{3}}{E} \tag{4.71}$$

4. SIMULATION DU TASSEMENT D'UN MASSIF DE SOL ÉLASTOPLASTIQUE

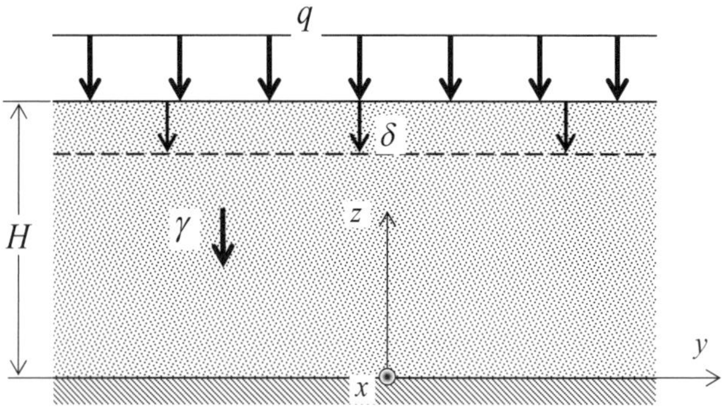

Figure 14.

Une couche de sol horizontale d'épaisseur H reposant sur un substratum indéformable (figure 14) est soumise à l'action d'une surcharge $-q\underline{e}_z$ appliquée au niveau de sa surface ($z = H$). Le sol est homogène, pesant, de poids volumique $-\gamma\underline{e}_z$. Son comportement est modélisé par une loi de comportement *élastique linéaire* (module d'Young E et coefficient de Poisson ν, ou coefficients de Lamé λ et μ), *parfaitement plastique standard*, le critère de plasticité étant celui de *Tresca* avec une *cohésion* égale à C (sol argileux). On se propose d'évaluer le *tassement* engendré par l'application progressive de la surcharge p à partir de la valeur nulle.

4.1. Définition de l'état initial ($q = 0$)

Dans l'état initial, c'est-à-dire préalablement à l'application de la surcharge, mais en présence du poids volumique du sol, on désigne par $\underline{\underline{\sigma}}_0$ le champ de contrainte régnant dans le massif. Un tel champ doit être d'une part *statiquement admissible*, c'est-à-dire vérifier :

$$\mathrm{div}\underline{\underline{\sigma}}_0 - \gamma\underline{e}_z = 0 \quad \text{et} \quad \underline{\underline{\sigma}}_0(z = H).\underline{e}_z = 0 \tag{4.72}$$

et *plastiquement admissible*, c'est-à-dire vérifier le critère de *Tresca* en tout point :

$$f(\underline{\underline{\sigma}}_0) = \sigma_{0,I} - \sigma_{0,III} - 2C \leq 0 \tag{4.73}$$

le contact entre le sol et le substratum étant supposé à *adhérence totale* (aucune condition sur le vecteur contrainte). Considérant des champs tels que :

$$\sigma_{0,xx} = \sigma_{0,yy} = K_0\sigma_{0,zz}\text{, autres } \sigma_{0,ij} = 0 \tag{4.74}$$

où K_0 est une constante (« *coefficient des terres au repos* »). l'équation d'équilibre associée à la condition aux limites en surface du massif (équations (4.72)) donne immédiatement :

$$\sigma_{0,zz} = \gamma(z - H)\text{, } \sigma_{0,xx} = \sigma_{0,yy} = K_0\,\gamma(z - H) \tag{4.75}$$

et le critère du sol est vérifié en tout point du massif si et seulement si :

$$f(\underline{\underline{\sigma}}_0) = \left|\sigma_{0,xx} - \sigma_{0,zz}\right| - 2C = \gamma(H - z)\left|K_0 - 1\right| - 2C \leq 0 \ , \ \forall z\,; 0 \leq z \leq H \tag{4.76}$$

soit :

$$\boxed{1 \quad \frac{2C}{\gamma H} \leq K_0 \leq 1 \mid \frac{2C}{\gamma H}} \tag{4.77}$$

On supposear désormais que $K_0 = 1$, de sorte que le champ de contrainte initial est *hydrostatique* :

$$\underline{\underline{\sigma}}_0 = \gamma(z - H)\,\underline{\underline{1}} \tag{4.78}$$

4.2. Tassement en phase élastique

La solution en déplacement est donnée par :

$$\underline{\xi} = -\frac{q}{\lambda + 2\mu}\, z\, \underline{e}_z \tag{4.79}$$

où $\lambda + 2\mu$ est le *module oedométrique* du sol, tandis que le champ de contrainte est donné par :

$$\underline{\underline{\sigma}} = \underline{\underline{\sigma}}_0 + \lambda(\mathrm{tr}\underline{\underline{\varepsilon}})\,\underline{\underline{1}} + 2\mu\,\underline{\underline{\varepsilon}} = \left[\gamma(z - H) - q\frac{\lambda}{\lambda + 2\mu}\right]\underline{\underline{1}} - 2q\frac{\mu}{\lambda + 2\mu}\,\underline{e}_z \otimes \underline{e}_z \tag{4.80}$$

Le *tassement* en surface vaut donc :

$$\boxed{\delta = -\xi_z(z = H) = \frac{qH}{\lambda + 2\mu}} \tag{4.81}$$

Cette solution demeure valable tant que le sol n'est pas plastifié :

$$f(\underline{\underline{\sigma}}) = \left|\sigma_{xx} - \sigma_{zz}\right| - 2C = 2q\frac{\mu}{\lambda + 2\mu} - 2C \leq 0 \tag{4.82}$$

d'où la *limite d'élasticité* :

$$\boxed{q \leq q^e = \left(\frac{\lambda + 2\mu}{\mu}\right)C} \tag{4.83}$$

et la valeur correspondante du tassement :

$$\boxed{\delta^e = H\frac{C}{\mu}} \tag{4.84}$$

Cette limite d'élasticité correspond à la *plastification simultanée* de tous les points du massif.

4.3. Phase élastoplastique ($q \geq q^e$)

Le chargement du massif étant poursuivi au-delà de la limite d'élasticité, on recherche le champ de contrainte solution du problème d'évolution sous la forme suivante :

$$\underline{\underline{\sigma}} = \left[\gamma(z - H) - q\right]\underline{\underline{1}} + 2C(\underline{e}_x \otimes \underline{e}_x + \underline{e}_y \otimes \underline{e}_y) \tag{4.85}$$

qui est bien *statiquement* et *plastiquement admissible*, le critère de plasticité étant atteint en tout point, d'où en particulier :

$$\dot{\underline{\underline{\sigma}}} = -\dot{q}\,\underline{\underline{1}} = \lambda \mathrm{tr}(\underline{\underline{d}} - \underline{\underline{d}}^p)\underline{\underline{1}} + 2\mu(\underline{\underline{d}} - \underline{\underline{d}}^p) \tag{4.86}$$

La solution en déplacement étant par ailleurs rechechée sous la forme :

$$\underline{\xi} = u(z)\underline{e}_z \quad \text{avec } u(z=0) = 0 \tag{4.87}$$

le champ des taux de déformation s'écrit :

$$\underline{\underline{d}} = \dot{u}'(z)\,\underline{e}_z \otimes \underline{e}_z \quad \text{avec } (.)' = \frac{\mathrm{d}(.)}{\mathrm{d}z} \tag{4.88}$$

d'où en reportant dans l'équation (4.86) et en tenant compte de l'*incompressibilté plastique* du sol ($\mathrm{tr}\underline{\underline{d}}^p = 0$) :

$$\dot{\underline{\underline{\sigma}}} = -\dot{q}\,\underline{\underline{1}} = \lambda \dot{u}'\underline{\underline{1}} + 2\mu\,(\dot{u}'\underline{e}_z \otimes \underline{e}_z - \underline{\underline{d}}^p)$$

En prenant la trace des deux membres de cette dernière équation, il vient :

$$\dot{u}' = -\frac{3\dot{q}}{3\lambda + 2\mu} \Rightarrow u'(q,z) - u'(q^e,z) = -3\frac{q - q^e}{3\lambda + 2\mu} \tag{4.89}$$

d'où, par intégration apr rapport à z, en tenant compte de ce que $u(q,0) = u(q^e,0) = 0$:

$$u(q,z) - u(q^e,z) = -3\frac{q - q^e}{3\lambda + 2\mu} z \tag{4.90}$$

et le tassement en surface vaut finalement :

$$\boxed{\delta(q) = \delta^e + \frac{q - q^e}{\lambda + 2\mu/3} H} \tag{4.91}$$

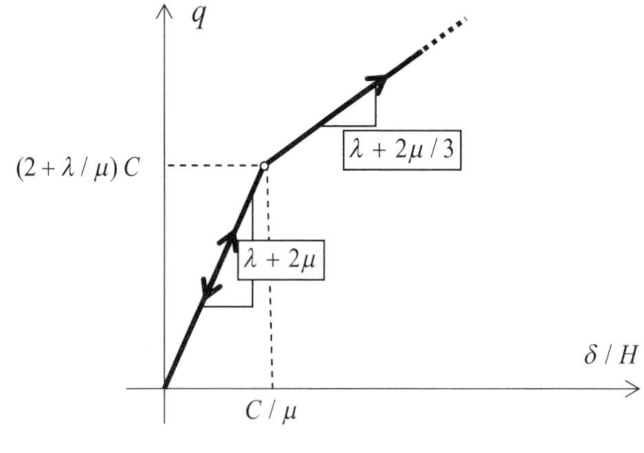

Figure 15.

La figure 15 représente la courbe bi-linéaire donnant l'évolution du tassement du massif en fonction de la surcharge appliquée. Elle se compose d'une partie élastique (segment de droite de pente égale au *module oedométrique* du sol $\lambda + 2\mu$), suivie d'une demi-droite de pente inférieure, égale au *module de compression isotrope* $\lambda + 2\mu/3$ du sol, correspondant à l'évolution en régime elastoplastique. Sous réserve que l'on reste dans le domaine des petites perturbations ($\delta \ll H$) la surcharge peut être augmentée indéfiniment : *il n'y a donc pas de charge limite*, ce qu'un raisonnement simple de *calcul à la rupture* confirme immédiatement.

Il reste à s'assurer que la loi de comportement élastoplastique, et en particulier la positivité du multiplicateur plastique, est bien vérifiée. Il suffit pour cela de prendre les déviateurs des deux membres de l'équation (4.88), ce qui donne en tenant compte de (4.89) :

$$\underline{\underline{d}}^p = \frac{\dot{u}'}{3}(2\underline{e}_z \otimes \underline{e}_z - \underline{e}_x \otimes \underline{e}_x - \underline{e}_y \otimes \underline{e}_y) = \frac{\dot{q}}{3\lambda + 2\mu}(-2\underline{e}_z \otimes \underline{e}_z + \underline{e}_x \otimes \underline{e}_x + \underline{e}_y \otimes \underline{e}_y) \quad (4.92)$$

Le tenseur taux de déformation plastique a donc bien en tout point du massif les mêmes directions principales que le tenseur des contraintes donné par (4.85), dont les composantes principales sont telles que :

$$\sigma_{xx} = \sigma_I = \sigma_{yy} = \sigma_{II} > \sigma_{III} = \sigma_{zz} \quad (4.93)$$

Le critère de plasticité est alors atteint en *régime d'arête* (voir annexe du chapitre *I*) de sorte que la règle d'écoulement plastique impose :

$$d^p_{xx} = d^p_I = \dot{\alpha}\,,\ d^p_{yy} = d^p_{II} = \dot{\beta}\,, d^p_{zz} = d^p_{III} = -(\dot{\alpha} + \dot{\beta}) \ \text{ avec } \dot{\alpha} \geq 0\,,\ \dot{\beta} \geq 0 \quad (4.94)$$

ce qui est bien le cas puisque par identification de (4.92) et (4.94) :

$$\dot{\alpha} = \dot{\beta} = \frac{\dot{q}}{3\lambda + 2\mu} \geq 0 \quad (4.95)$$

4.4. Phase de décharge

Le chargement du massif ayant été poursuivi au delà de la limite d'élasticité jusqu'à une valeur notée q^*, on le fait ensuite décroître jusqu'à la valeur $q = 0$ (décharge totale). Pour $q = q^*$, le tassement vaut, d'après (4.91) :

$$\delta^* = \delta^e + \frac{q^* - q^e}{\lambda + 2\mu/3}H \quad (4.96)$$

tandis que le champ de contrainte correspondant est d'après (4.85) :

$$\underline{\underline{\sigma}}^* = [\gamma(z - H) - q^*]\underline{\underline{1}} + 2C(\underline{e}_x \otimes \underline{e}_x + \underline{e}_y \otimes \underline{e}_y) \quad (4.97)$$

Faisant alors l'hypothèse de *décharge élastique* et posant $\Delta q = q - q^*$, on obtient (voir le calcul en phase élastique) :

$$\Delta\delta = \frac{\Delta q H}{\lambda + 2\mu} \quad \text{et} \quad \Delta\underline{\underline{\sigma}} = -\Delta q \underline{e}_z \otimes \underline{e}_z - \Delta q \frac{\lambda}{\lambda + 2\mu}\left[\underline{e}_x \otimes \underline{e}_x + \underline{e}_y \otimes \underline{e}_y\right] \quad (4.98)$$

d'où, lorsque la décharge est totale ($\Delta q = -q^*$), l'expression du champ des contraintes *résiduelles* :

$$\underline{\underline{\sigma}}^r = \gamma(z - H)\underline{\underline{1}} + 2C\underbrace{\left\{1 - (q^*/2C)\frac{2\mu}{\lambda + 2\mu}\right\}}_{(q^*/q^e)}(\underline{e}_x \otimes \underline{e}_x + \underline{e}_y \otimes \underline{e}_y) \quad (4.99)$$

Le critère de plasticité est vérifié tout au long de cette phase de décharge si :

$$\left|\sigma^r_{xx} - \sigma^r_{zz}\right| = 2C\left(\frac{q^*}{q^e} - 1\right) \leq 2C \quad \Rightarrow \quad q^* \leq 2q^e \tag{4.100}$$

et dans ces conditions le tassement résiduel du massif vaut d'après (96) :

$$\delta^r = \delta^* - \frac{q^*}{\lambda + 2\mu} H = (q^* - q^e)\, H \left(\frac{1}{\lambda + 2\mu/3} - \frac{1}{\lambda + 2\mu}\right) \tag{4.101}$$

soit :

$$\boxed{q^e \leq q^* \leq 2q^e \ , \ \delta^r = (q^* - q^e)\, H \left(\frac{4\mu}{(\lambda + 2\mu)(3\lambda + 2\mu)}\right)} \tag{4.102}$$

4.5. Application numérique

L'épaisseur H de la couche est de 5m ; elle est constituée d'un sol élastique linéaire (module d'Young E = 10 MPa, coefficient de Poisson ν) de cohésion égale à C = 20 kPa. On obtient donc :

$$\lambda = E\frac{\nu}{(1+\nu)(1-2\nu)} = 4 \text{ MPa} \quad \text{et} \quad \mu = \frac{E}{2(1+\nu)} = 4 \text{ MPa} \tag{4.103}$$

d'où :

$$\boxed{q^e = 60\,\text{kPa} \ , \ \delta^e = 2{,}5\,\text{cm}} \tag{4.104}$$

Le chargement étant poursuivi jusqu'à $q^* = 2q^e = 120\,\text{kPa}$, on obtient alors :

$$\boxed{\delta^* = 7\,\text{cm} \ , \ \delta^r = 2\,\text{cm}} \tag{4.105}$$

La courbe *charge-tassement* correspondante est tracée sur la figure 16 ci-dessous.

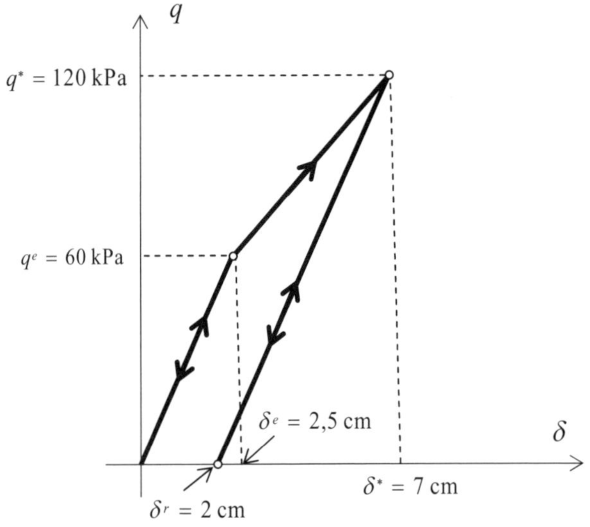

Figure 16.

5. COMPORTEMENT D'UN COMPOSITE SOUS CHARGEMENT THERMIQUE

Certains matériaux composites, utilisés par exemple dans l'industrie automobile, sont constitués d'une matrice métallique (aluminium) renforcée par des particules de céramique (carbure de silicium). Le procédé d'élaboration de ces matériaux, qui s'effectue à température élevée (plusieurs centaines de degrés), s'achève par une phase de refroidissement jusqu'à la température ambiante. Les constituants ayant des coefficients de dilatation nettement différents, il en résulte l'apparition de contraintes thermiques importantes. On se propose de simuler un tel phénomène à partir du modèle très simplifié décrit ci-après.

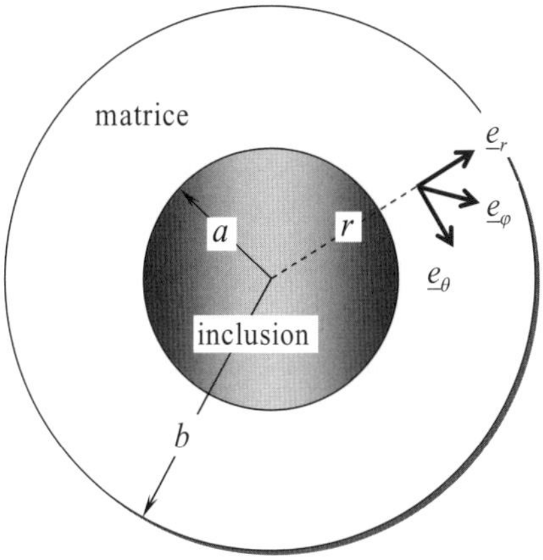

Figure 17.

Le matériau composite occupe un volume sphérique (rayon b) comprenant un noyau sphérique concentrique (rayon a) occupé par l'inclusion de céramique, entouré de la matrice métallique (figure 17). On admet pour simplifier que l'inclusion centrale est *indéformable*, à la fois mécaniquement et thermiquement. La matrice est modélisée comme un matériau homogène, obéissant à un loi de comportement thermoélastique (module d'Young E, coefficient de Poisson $\nu = 0$, coefficient de dilatation thermique α), avec un critère de plasticité parfaite de *von Mises*, de limite d'élasticité en traction simple égale à $\sigma_0 = k\sqrt{3}$. La loi de comportement en vitesse s'écrit donc :

$$\underline{\underline{d}} = \frac{\dot{\underline{\underline{\sigma}}}}{E} + \alpha \dot{T}\, \underline{\underline{1}} + \dot{\lambda} \underline{\underline{s}}, \quad \dot{\lambda} \geq 0 \tag{4.106}$$

où $\dot{T}$ désigne le taux de variation de température.

Cette sphère composite est libre de tout effort extérieur (forces de pesanteur négligées, absence d'effort surfacique sur la surface extérieure $r = b$), l'interface entre la matrice et l'inclusion est à *adhérence totale* (continuité des déplacements en $r = a$). Le système étant initialement (c'est-à-dire au début du processus de refroidissement) dans un état naturel (contraintes nulles en tout point), la température uniforme égale à T_0 décroît progessivement en fonction du temps :

$$T(\underline{x},t) = T_0 - \theta(t) \ , \ \text{avec } \theta(t=0) = 0 \text{ et } \ \theta(t) \geq 0 \qquad (4.107)$$

5.1. Phase thermoélastique

Le champ de déplacement solution dans cette phase s'écrit :

$$\underline{\xi} = -\frac{\alpha\theta}{1+2f}\left(r - \frac{a^3}{r^2}\right)\underline{e}_r \qquad (4.108)$$

où $(\underline{e}_r, \underline{e}_\theta, \underline{e}_\varphi)$ désigne la base locale orthonormée associée aux coordonnées sphériques dans un repère dont l'origine est au centre de la sphère, et $f = (a/b)^3$ représente la fraction volumique de l'inclusion. Le champ de contrainte associé est :

$$\sigma_{rr} = 2\frac{\alpha\theta\, E}{1+2f}\left(f - \frac{a^3}{r^3}\right) \ , \ \sigma_{\theta\theta} = \sigma_{\varphi\varphi} = \frac{\alpha\theta\, E}{1+2f}\left(2f + \frac{a^3}{r^3}\right), \text{autres } \sigma_{ij} = 0 \qquad (4.109)$$

Le critère de plasticité s'écrit alors :

$$f(\underline{\underline{\sigma}}) = \left(1/2\, \underline{\underline{s}} : \underline{\underline{s}}\right)^{1/2} - k = \frac{\left|\sigma_{rr} - \sigma_{\theta\theta}\right|}{\sqrt{3}} - k \leq 0 \qquad (4.110)$$

qui est vérifié en tout point par le champ de contrainte (4.109) si et seulement si :

$$3\frac{\alpha\theta\, E}{1+2f}\left(\frac{a^3}{r^{"}}\right) \leq \sigma_0 = k\sqrt{3} \ , \ a \leq r \leq b \qquad (4.111)$$

soit :

$$\boxed{\theta \leq \theta^e = \frac{\sigma_0}{3\alpha E}(1+2f)} \qquad (4.112)$$

qui correspond à la plastification de la matrice à l'interface avec l'inclusion ($r = a$).

Désignant par $\dot{V}$ le *taux de variation de volume* de la sphère composite, notée Ω, on a :

$$\dot{V} = \int_\Omega (\text{tr}\underline{\underline{d}})\text{d}\Omega = \int_{\partial\Omega} \dot{\underline{\xi}}.\underline{n}\ \text{d}S \qquad (4.113)$$

c'est-à-dire compte tenu de (108) :

$$\dot{V} = 4\pi b^2\left(-\frac{\alpha\dot{\theta}}{1+2f}(b - a^3/b^2)\right) = -4\pi\alpha\dot{\theta}\, b^3\left(\frac{1-f}{1+2f}\right) \qquad (4.114)$$

d'où la valeur du *coefficient de dilatation thermique apparent* défini par $\alpha^* = \dfrac{1}{3\dot{T}}\left(\dfrac{\dot{V}}{V}\right)$:

$$\boxed{\alpha^* = \alpha\left(\frac{1-f}{1+2f}\right)} \qquad (4.115)$$

qui coïncide bien avec celui de matrice lorsque $f = 0$. On observe en particulier que ce coefficient est inférieur à la moyenne des coefficients de dilatation thermique des constituants du composite, pondérée par leurs fractions volumiques respectives :

$$\alpha^* < \langle\alpha\rangle = \alpha(1-f) \qquad (4.116)$$

Ce résultat peut aisément s'expliquer. En effet, prenant la trace des deux membres de l'équation de comportement (4.106) dans laquelle $\underline{\underline{d}}^p = 0$, il vient :

$$\mathrm{tr}\underline{\underline{d}} = \frac{\mathrm{tr}\dot{\underline{\underline{\sigma}}}}{E} - 3\alpha\dot{\theta} > -3\alpha\dot{\theta} \tag{4.117}$$

puisque, en vertu de (4.109) :

$$\frac{\mathrm{tr}\dot{\underline{\underline{\sigma}}}}{E} = 6\alpha\dot{\theta}\frac{f}{1+2f} > 0 \tag{4.118}$$

Il apparaît ainsi, qu'au cours du refroidissement, la *contraction* volumique *thermique* de la matrice est partiellement compensée par la *dilatation* volumique *élastique* engendrée par l'apparition des contraintes. La variation de volume relative du composite vaut donc à l'issue de cette première phase de refroidissement :

$$\boxed{\frac{\Delta V}{V}(\theta = \theta^e)} = -3\alpha^*\theta^e = \boxed{-\frac{\sigma_0}{E}(1-f)} \tag{4.119}$$

5.2. Phase thermoélastoplastique

Le processus de refroidissement se produisant au-delà de la limite d'élasticité $(\theta \geq \theta^e)$, on suppose que se développe à partir de l'interface inclusion/matrice une *« couronne plastique »* $(a \leq r \leq \rho)$ en tout point de laquelle la matrice demeure en l'état plastique, tandis que la couronne extérieure $(\rho \leq r \leq b)$ reste élastique (figure 18).

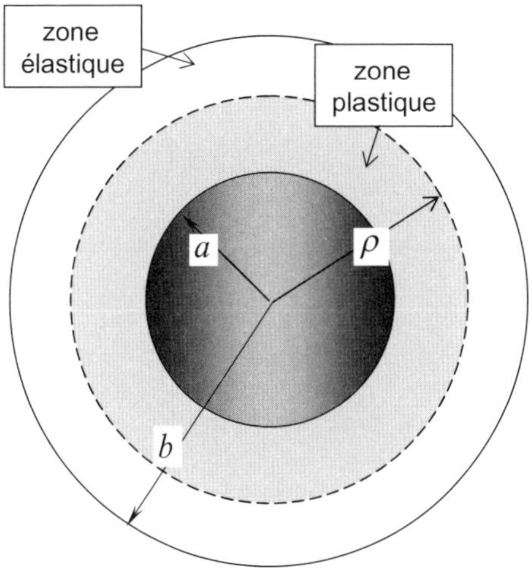

Figure 18.

5.2.1. Solution en zone élastique $(\rho \leq r \leq b)$

Recherchant la solution en déplacement dans cette zone sous la forme :

$$\underline{\xi} = \left(Ar - \frac{B}{r^2} \right) \underline{e}_r \tag{4.120}$$

il vient, en écrivant la loi de comportement thermoélastique :

$$\sigma_{rr} = E\alpha\theta + E\left(A + \frac{2B}{r^3} \right) , \ \sigma_{\theta\theta} = \sigma_{\varphi\varphi} = E\alpha\theta + E\left(A - \frac{B}{r^3} \right) \tag{4.121}$$

Un tel champ de contrainte vérifie bien l'équation d'équilibre. De plus, la condition de bord extérieur libre de contrainte donne :

$$\sigma_{rr}(r = b) = 0 \Rightarrow A + \alpha\theta + 2\frac{B}{b^3} = 0 \tag{4.122}$$

En outre, il s'agit d'exprimer que le critère de plasticité est atteint en $r = \rho$ c'est-à-dire à la frontière avec la zone plastique :

$$(\sigma_{\theta\theta} - \sigma_{rr})(r = \rho) = -3E\frac{B}{\rho^3} = \sigma_0 \tag{4.123}$$

d'où :

$$A = -\alpha\theta + \frac{2}{3}\frac{\sigma_0}{E}\left(\frac{\rho}{b} \right)^3 \quad , \quad B = -\frac{\sigma_0}{3E}\rho^3 \tag{4.124}$$

La solution en zone élastique peut être ainsi entièrement explicitée en fonction du *rayon plastique* ρ (pour l'instant inconnu) :

$$\rho \leq r \leq b : \begin{cases} \underline{\xi} = \left[\left(-\alpha\theta + \dfrac{2}{3}\dfrac{\sigma_0}{E}\dfrac{\rho^3}{b^3} \right) r + \dfrac{\sigma_0}{3E}\dfrac{\rho^3}{r^2} \right] \underline{e}_r \\[2ex] \sigma_{rr} = \dfrac{2}{3}\sigma_0 \dfrac{\rho^3}{b^3}\left(1 - \dfrac{b^3}{r^3} \right) \\[2ex] \sigma_{\theta\theta} = \sigma_{\varphi\varphi} = \dfrac{2}{3}\sigma_0 \dfrac{\rho^3}{b^3}\left(1 + \dfrac{b^3}{2r^3} \right) \end{cases} \tag{4.125}$$

5.2.2. Champ de contrainte en zone plastique $(a \leq r \leq \rho)$

Ce champ est recherché dans cette zone sous la forme :

$$\underline{\underline{\sigma}} = \sigma_{rr}\, \underline{e}_r \otimes \underline{e}_r + (\sigma_{rr} + \sigma_0)[\underline{e}_\theta \otimes \underline{e}_\theta + \underline{e}_\varphi \otimes \underline{e}_\varphi] \tag{4.126}$$

d'où l'équation d'équilibre :

$$\frac{\mathrm{d}\sigma_{rr}}{\mathrm{d}r} - 2\frac{\sigma_0}{r} = 0 \ \Rightarrow \ \sigma_{rr} = 2\sigma_0 \mathrm{Ln}\left(\frac{r}{K} \right) \tag{4.127}$$

la constante d'intégration K étant déterminée en écrivant la continuité de la contrainte radiale σ_{rr} avec la zone élastique :

$$\sigma_{rr}(r = \rho) = 2\sigma_0 \,\mathrm{Ln}\left(\frac{\rho}{K}\right) = \frac{2\sigma_0}{3}\left(\frac{\rho^3}{b^3} - 1\right) \tag{4.128}$$

d'où, finalement :

$$a \leq r \leq \rho : \begin{cases} \sigma_{rr} = 2\sigma_0\left[\mathrm{Ln}\left(\frac{r}{\rho}\right) + \frac{1}{3}\left(\frac{\rho^3}{b^3} - 1\right)\right] \\ \sigma_{\theta\theta} = \sigma_{\varphi\varphi} = \sigma_{rr} + \sigma_0 \\ = 2\sigma_0\left[\mathrm{Ln}\left(\frac{r}{\rho}\right) + \frac{1}{3}\left(\frac{\rho^3}{b^3} + \frac{1}{2}\right)\right] \end{cases} \tag{4.129}$$

5.2.3. Champ de vitesse en zone plastique

Le champ de vitesse étant recherché sous la forme $\underline{\xi} = u(r)\,\underline{e}_r$, le champ des taux de déformation s'écrit :

$$\underline{\underline{d}} = u'(r)\,\underline{e}_r \otimes \underline{e}_r + \frac{u(r)}{r}\left(\underline{e}_\theta \otimes \underline{e}_\theta + \underline{e}_\varphi \otimes \underline{e}_\varphi\right) \text{ avec } u'(r) = \frac{\mathrm{d}u}{\mathrm{d}r} \tag{4.130}$$

d'où en prenant la trace des deux membres de l'équation de comportement (4.106) :

$$u' + 2\frac{u}{r} = \frac{\mathrm{tr}\dot{\underline{\underline{\sigma}}}}{E} - 3\alpha\dot{\theta} + \underbrace{\mathrm{tr}\underline{\underline{d}}^p}_{=0} \tag{4.131}$$

Or, en vertu de (4.129) :

$$\mathrm{tr}\dot{\underline{\underline{\sigma}}} = \dot{\sigma}_{rr} + 2\dot{\sigma}_{\theta\theta} = 3\dot{\sigma}_{rr} = 6\sigma_0\frac{\dot{\rho}}{\rho}\left(\frac{\rho^3}{b^3} - 1\right) \tag{4.132}$$

d'où l'équation différentielle :

$$u' + 2\frac{u}{r} = -3\alpha\dot{\theta} + 6\frac{\sigma_0}{E}\frac{\dot{\rho}}{\rho}\left(\frac{\rho^3}{b^3} - 1\right) \tag{4.133}$$

dont la solution est de la forme :

$$u = \dot{C}r - \frac{\dot{D}}{r^2} \tag{4.134}$$

On aboutit finalement en tenant compte de ce que $u(r = a) = 0$, à l'expression suivante du champ de vitesse en zone plastique :

$$a \leq r \leq \rho : \; u(r) = \left[-\alpha\dot{\theta} + 2\frac{\sigma_0}{E}\frac{\dot{\rho}}{\rho}\left(\frac{\rho^3}{b^3} - 1\right)\right]\left(r - \frac{a^3}{r^2}\right) \tag{4.135}$$

5.2.4. Relation entre θ et ρ

Cette relation découle de l'écriture de la *continuité de la vitesse* entre les zones élastique et plastique. On a d'après (4.135) :

$$u(r = \rho^-) = \left[-\alpha\dot{\theta} + 2\frac{\sigma_0}{E}\frac{\dot{\rho}}{\rho}\left(\frac{\rho^3}{b^3} - 1\right)\right]\left(\rho - \frac{a^3}{\rho^2}\right) \tag{4.136}$$

tandis que, en vertu de la première équation de (4.125) :

$$u(r=\rho^{+})=\left[-\alpha\dot{\theta}+2\frac{\sigma_0}{E}\frac{\dot{\rho}}{\rho}\left(\frac{\rho^3}{b^3}\right)\right]\rho+\frac{\sigma_0}{E}\dot{\rho} \tag{4.137}$$

d'où, finalement :

$$\alpha\dot{\theta}=\frac{\sigma_0}{E}\frac{\dot{\rho}}{\rho}\left[3\left(\frac{\rho}{a}\right)^3+2\left(\frac{\rho}{b}\right)^3-2\right] \tag{4.138}$$

L'intégration de cette dernière équation entre θ^e et θ, ou entre a et ρ, donne :

$$\alpha(\theta-\theta^e)=\int_{s=a}^{s=\rho}\frac{\sigma_0}{E}\left[\frac{3s^2}{a^3}+\frac{2s^2}{b^3}-\frac{2}{s}\right]\mathrm{d}s=\frac{\sigma_0}{E}\left[\frac{s^3}{a^3}+\frac{2s^3}{3b^3}-2\mathrm{Ln}s\right]_{s=a}^{s=\rho} \tag{4.139}$$

soit en tenant compte de (4.112) :

$$\boxed{\alpha\theta=\frac{\sigma_0}{E}\left[\left(\frac{\rho}{a}\right)^3+\frac{2}{3}\left(\frac{\rho^3}{b^3}-1\right)-2\mathrm{Ln}\left(\frac{\rho}{\mathrm{a}}\right)\right]} \tag{4.140}$$

La solution élastoplastique ainsi mise en évidence est valable jusqu'à $\rho=b$, soit :

$$\theta^e\leq\theta\leq\boxed{\theta^{+}=\frac{\sigma_0}{\alpha E}\left[\frac{1}{f}+\frac{2}{3}\mathrm{Ln}\,f\right]} \tag{4.141}$$

5.2.5. Positivité du multiplicateur plastique

L'explicitation de l'équation de comportement en zone plastique donne :

$$\begin{cases} u'=\alpha\dot{\theta}+\dfrac{\dot{\sigma}_{rr}}{E}+\dot{\lambda}s_{rr} & \text{avec } s_{rr}=-\dfrac{2\sigma_0}{3}\\ \dfrac{u}{r}=\alpha\dot{\theta}+\dfrac{\dot{\sigma}_{\theta\theta}}{E}+\dot{\lambda}s_{\theta\theta} & \text{avec } s_{\theta\theta}=+\dfrac{\sigma_0}{3}\end{cases} \tag{4.142}$$

d'où par différence :

$$u'-\frac{u}{r}=\frac{1}{E}\underbrace{\left(\dot{\sigma}_{rr}-\dot{\sigma}_{\theta\theta}\right)}_{=0}-\dot{\lambda}\sigma_0\ \Rightarrow\ \dot{\lambda}=\frac{1}{\sigma_0}\left(\frac{u}{r}-u'\right) \tag{4.143}$$

c'est-à-dire en tenant compte de (4.135) et (4.138) :

$$\boxed{\dot{\lambda}=9\dot{\rho}\frac{\rho^2}{Er^3}} \tag{4.144}$$

Or, en tenant compte de (4.138) qui peut être réécrit sous la forme :

$$\alpha\dot{\theta}=\frac{\sigma_0}{E}\frac{\dot{\rho}}{\rho}\underbrace{\left[(1+2f)\left(\frac{\rho}{a}\right)^3+2\left(\frac{\rho^3}{a^3}-1\right)\right]}_{\geq 0} \tag{4.145}$$

$\dot{\rho}\geq 0$ puisque $\dot{\theta}\geq 0$. Ce qui démontre la positivité du multiplicateur plastique, et achève la mise en évidence de la solution du problème en phase élastoplastique.

5.2.6. *Calcul de* α^*

On a d'après (4.125) et (4.138) :

$$\frac{\dot{V}}{V}=\frac{3}{b}u(r=b)=3\left[-\alpha\dot{\theta}+3\frac{\sigma_0}{E}\frac{\rho^2\dot{\rho}}{b^3}\right]=-3\alpha\dot{\theta}\left[1-\frac{3(\rho/b)^3}{3(\rho/a)^3+2(\rho/b)^3-2}\right] \qquad (4.146)$$

et donc :

$$\boxed{\alpha^*=-\frac{1}{3\dot{\theta}}\frac{\dot{V}}{V}=\alpha\left[1-\frac{3(\rho/b)^3}{3(\rho/a)^3+2(\rho/b)^3-2}\right]} \qquad (4.147)$$

On montre sans difficulté que α^* est une *fonction croissante* de ρ, et donc de θ, avec les particulières suivantes :

$$\alpha^*(\theta=\theta^e)=\alpha^*(\rho=a)=\alpha\left(\frac{1-f}{1+2f}\right)$$
$$\alpha^*(\theta=\theta^+)=\alpha^*(\rho=b)=\alpha\,(1-f) \qquad (4.148)$$

5.3. Phase « thermoplastique » $(\theta\geq\theta^+)$

On fait l'hypothèse que le champ de contrainte demeure constant, égal à celui calculé en zone plastique lorsque $\rho=b$. Soit d'après (4.125) :

$$\boxed{\sigma_{rr}=2\sigma_0\,\mathrm{Ln}\left(\frac{r}{b}\right),\ \sigma_{\theta\theta}=\sigma_{\varphi\varphi}=\sigma_{rr}+\sigma_0,\quad \dot{\underline{\underline{\sigma}}}=0} \qquad (4.149)$$

L'équation de comportement devient alors :

$$\underline{\underline{d}}=\dot{\lambda}\underline{\underline{s}}-\alpha\dot{\theta}\,\underline{\underline{1}} \qquad (4.150)$$

d'où recherchant le champ de vitesse sous le forme $\underline{\xi}=u(r)\,\underline{e}_r$:

$$\begin{cases} u'=-2\dot{\lambda}\dfrac{\sigma_0}{3}-\alpha\dot{\theta} \\ \dfrac{u}{r}=\dot{\lambda}\dfrac{\sigma_0}{3}-\alpha\dot{\theta} \end{cases} \Rightarrow u'+2\frac{u}{r}=-3\alpha\dot{\theta} \qquad (4.151)$$

dont la solution, qui compte de la condition aux limites $u(r=a)=0$, est :

$$\boxed{u=\alpha\dot{\theta}\left(\frac{a^3}{r^2}-r\right)} \qquad (4.152)$$

tandis que le multiplicateur plastique est bien positif :

$$\dot{\lambda}=3\frac{\alpha\dot{\theta}}{\sigma_0}\left(\frac{a^3}{r^3}\right)\geq 0 \qquad (4.153)$$

Dans cette phase où toute la matrice est plastifiée, on a :

$$\frac{\dot{V}}{V}=\frac{3}{b}u(r=b)=3\frac{\alpha\dot{\theta}}{b}\left(\frac{a^3}{b^2}-b\right)=-3\alpha\dot{\theta}(1-f) \qquad (4.154)$$

et donc :

$$\boxed{\alpha^* = \alpha(1-f) = \langle\alpha\rangle} \tag{4.155}$$

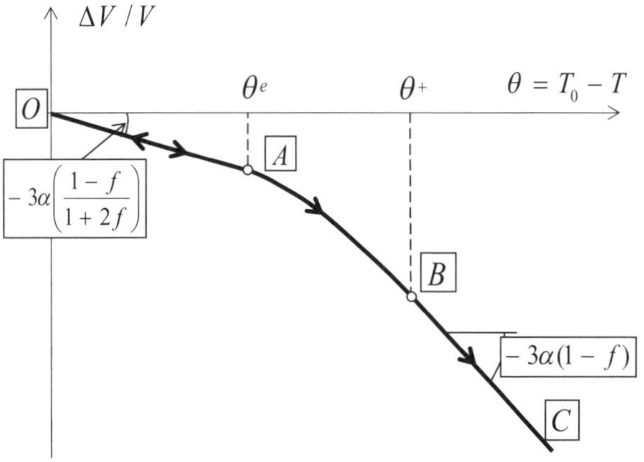

Figure 19.

Ce dernier résultat provient du fait que, dans cette phase « thermoplastique », la contraction volumique thermique de la matrice n'est plus compensée par les déformations volumiques élastiques, puisque les contraintes n'évoluent plus. Il en résulte que le coefficient de dilatation thermique apparent du composite n'est autre que la moyenne volumique pondérée des coefficients de dilatation thermique des constituants.

La figure 19 représente la courbe donnant l'évolution de la variation relative de volume du composite, en fonction de l'écart de température liée au refroidissement. La pente de la tangente en tout point de cette courbe n'est autre que $-3\alpha^*$:
– le segment OA correspond à la phase thermoélastique du refroidissement. Sa pente est égale à $-3\alpha(1-f)/(1+2f)$. L'évolution est réversible, c'est-à-dire que le point représentatif parcourrait le segment OA en sens inverse si l'on réchauffait le composite ;
– l'arc de courbe AB est associé à l'évolution élastoplastique décrite ci-dessus. Le coefficient de dilatation thermique augmente progressivement au fur et à mesure de la propagation de la zone plastique, ce qui se traduit par une accélération de la contraction volumique thermique du composite ;
– enfin, la branche droite BC décrit l'évolution du système dans la phase de refroidissement où toute la matrice. Sa pente est égale à $-3\langle\alpha\rangle$.

6. COMPORTEMENT ÉLASTOPLASTIQUE D'UN TUBE SOUS PRESSION : APPLICATION À LA MODÉLISATION DE L'ESSAI PRESSIOMÉTRIQUE

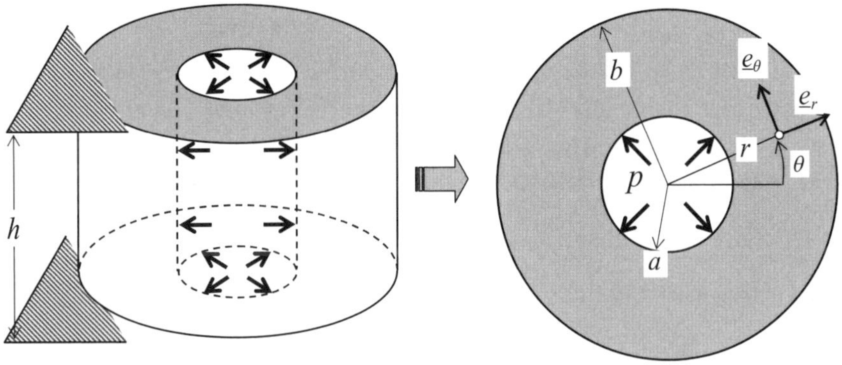

Figure 20.

Un tube cylindrique circulaire de hauteur h, et de rayons intérieur a et extérieur b, est constitué d'un matériau métallique dont le comportement est élastique linéaire isotrope de module d'Young égal à E, et de coefficient de Poisson égal à $\nu = 1/2$..parfaitement plastique standard, le critère de plasticité étant celui de *von Mises*, de limite en cission simple égale à k :

$$f(\underline{\underline{\sigma}}) = \left(1/2\mathrm{tr}\underline{\underline{s}}^2\right)^{1/2} - k \leq 0 \tag{4.156}$$

Les sections extrémités du tube sont astreintes à demeurer dans des plans fixes, le contact se faisant *sans frottement*. La paroi externe du tube ($r = b$) étant libre de tout effort, sa paroi interne ($r = a$) est soumise à une pression uniforme d'intensité p. Les forces de volume sont négligées. Dans ces conditions, le problème peut être traité comme un problème en déformations planes, à symétrie de révolution, comme indiqué sur la figure 20. Un point quelconque du tube est repéré par ses coordonnées cylindriques (r,θ,z).

Le tube étant initialement ($p = 0$) dans un *état naturel* (contraintes nulles en tout point), on fait progressivement croître la pression p à partir de zéro.

6.1. Phase de comportement élastique

On peut facilement vérifier que dans cette phase, les champs de déplacement et de contrainte solutions du problème sont donnés par :

$$\underline{\xi} = \frac{pa^2}{2\mu(1-\varphi)r}\underline{e}_r \quad \text{et} \quad \underline{\underline{\sigma}} = \frac{p}{1-\varphi}\left(\varphi\underline{\underline{I}} + \frac{a^2}{r^2}(\underline{e}_\theta \otimes \underline{e}_\theta - \underline{e}_r \otimes \underline{e}_r)\right) \tag{4.157}$$

où l'on a posé $\varphi = a^2/b^2$. En effet le champ de déplacement étant cinématiquement admissible, le champ de déformation associé s'écrit :

$$\underline{\underline{\varepsilon}} = \frac{p}{2\mu(1-\varphi)}\left(\frac{a^2}{r^2}\right)(\underline{e}_\theta \otimes \underline{e}_\theta - \underline{e}_r \otimes \underline{e}_r) \tag{4.158}$$

qui vérifie bien la condition d'*incompressibilité* élastique du matériau ($\nu = 1/2 \Leftrightarrow \mathrm{tr}\underline{\underline{\varepsilon}} = 0$). La contrainte associée par la loi de comportement s'écrivant :

$$\underline{\underline{\sigma}} = 2\mu\underline{\underline{\varepsilon}} + \eta\underline{\underline{1}} \text{ avec } \eta \text{ indéterminé} \tag{4.159}$$

où $\mu = E/3$ est le module de cisaillement, on obtient le champ de contrainte donné en (4.157) qui vérifie bien les conditions aux limites et l'équation d'équilibre.

La variation relative du volume $V = \pi a^2 h$ de l'espace intérieur du tube, notée $\Delta V / V$, est reliée au déplacement radial de la paroi interne par la relation :

$$\frac{\Delta V}{V} = 2\frac{\xi_r(r=a)}{a} \tag{4.160}$$

d'où, en tenant compte de l'expression de la solution en déplacement donnée par (4.157) :

$$p = \mu\,(1-\varphi)\frac{\Delta V}{V} \tag{4.161}$$

La solution élastique ainsi mise en évidence est valable tant que le critère de plasticité (4.156) est partout vérifié :

$$\left(1/2\mathrm{tr}\underline{\underline{s}}^2\right)^{1/2} - k = \frac{p}{(1-\varphi)}\frac{a^2}{r^2} - k \leq 0 \ , \quad a \leq r \leq b \tag{4.162}$$

de sorte que la *limite d'élasticité* égale à :

$$p^e = k\,(1-\varphi) \tag{4.163}$$

correspond à la plastification de tube sur sa paroi interne $(r = a)$.

On se place dans le cas particulier du « tube épais , où *le rayon extérieur est très grand devant le rayon intérieur*, maintenu constant, ce que l'on traduira par $\varphi \cong 0$. Les résultats précédents deviennent alors :

$$\boxed{\underline{\xi} = \frac{pa^2}{2\mu\, r}\underline{e}_r \ , \quad \underline{\underline{\sigma}} = p\frac{a^2}{r^2}(\underline{e}_\theta \otimes \underline{e}_\theta - \underline{e}_r \otimes \underline{e}_r)} \tag{4.164}$$

ainsi que :

$$\boxed{p = \mu\frac{\Delta V}{V} \ , \quad p^e = k} \tag{4.165}$$

Une telle situation, dans laquelle nous nous plaçons désormais est représentative de *l'essai pressiométrique*, couramment utilisé en Mécanique des sols.

6.2. Phase de comportement élastoplastique

Continuant à augmenter la pression au-delà de p^e, on fait l'hypothèse qu'il se forme une *« couronne plastique »* située entre les rayons $r = a$ et $r = \rho$, où ρ évolue avec le chargement, le matériau demeurant élastique au-delà $(r > \rho)$: voir figure 21.

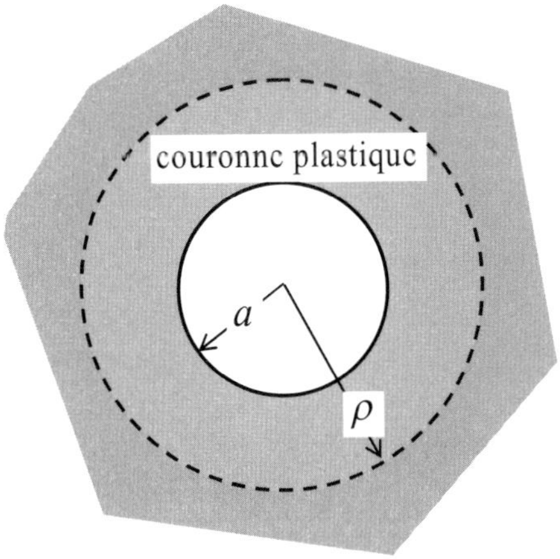

Figure 21.

6.2.1. La *solution en contrainte et en déplacement* dans la *zone élastique* $(r > \rho)$ peut être explicitée en fonction du rayon ρ de la zone plastique, ainsi que de k, μ et r. Cette solution n'est autre que la solution *associée à la limite d'élasticité pour un tube épais de rayon intérieur égal à* ρ. Elle s'obtient donc à partir des équations (4.164) en remplaçant a par ρ et p par $p^e = k$:

$$\boxed{\underline{\xi} = \frac{k\rho^2}{2\mu\, r}\underline{e}_r \ , \ \underline{\underline{\sigma}} = k\frac{\rho^2}{r^2}(\underline{e}_\theta \otimes \underline{e}_\theta - \underline{e}_r \otimes \underline{e}_r)} \tag{4.166}$$

6.2.2. La *solution en contrainte* dans la *zone plastique* $(a \leq r \leq \rho)$ est recherchée sous la forme suivante :

$$\underline{\underline{\sigma}} = \sigma_{rr}(r)\,\underline{e}_r \otimes \underline{e}_r + \big(\sigma_{rr}(r) + 2k\big)\underline{e}_\theta \otimes \underline{e}_\theta + \big(\sigma_{rr}(r) + k\big)\underline{e}_z \otimes \underline{e}_z \tag{4.167}$$

Un tel champ vérifie bien le critère de plasticité en tout point puisque :

$$f(\underline{\underline{\sigma}}) = \left(\frac{1}{2}2k^2\right)^{1/2} - k = 0 \tag{4.168}$$

tandis que *l'équation d'équilibre* s'écrit :

$$\frac{\mathrm{d}\sigma_{rr}}{\mathrm{d}r} + \frac{\overbrace{\sigma_{rr} - \sigma_{\theta\theta}}^{=2k}}{r} = 0 \ \Rightarrow \ \sigma_{rr} = 2k\mathrm{Ln}r + cte. \tag{4.169}$$

La constante d'intégration est déterminée à partir de la condition aux limites sur la paroi interne du tube :

$$\sigma_{rr}(r = a) = 2k\ \mathrm{Ln}a + C = -p \Rightarrow C = -p + 2k\ \mathrm{Ln}a \tag{4.170}$$

d'où :

$$\boxed{\sigma_{rr} = -p + 2k\ \mathrm{Ln}\left(\frac{r}{a}\right)} \tag{4.171}$$

Écrivant alors la *continuité* du vecteur-contrainte, et donc de la *contrainte radiale* σ_{rr} au franchissement de la surface de séparation entre les zones *élastique* $(r = \rho^+)$ et *plastique* $(r = \rho^-)$, il vient d'après (4.166) et (4.171) :

$$\sigma_{rr}(r = \rho^-) = -p + 2k\,\mathrm{Ln}\left(\frac{\rho}{a}\right) = \sigma_{rr}(r = \rho^+) = -k \tag{4.172}$$

d'où la valeur du « *rayon plastique* » :

$$\boxed{\rho = a\exp\left(\frac{p-k}{2k}\right)} \tag{4.173}$$

6.2.3. La *solution en déplacement* dans la *zone plastique* étant alors recherchée sous la forme :

$$\underline{\xi} = f(r,t)\underline{e}_r \tag{4.174}$$

le champ de déformations correspondant est :

$$\underline{\underline{\varepsilon}} = f'\,\underline{e}_r \otimes \underline{e}_r + (f/r)\,\underline{e}_\theta \otimes \underline{e}_\theta \tag{4.175}$$

Or la loi de comportement en vitesse s'écrivant :

$$\underline{\underline{d}} = \frac{\dot{\underline{\underline{s}}}}{2\mu} + \dot{\lambda}\underline{\underline{s}} \ , \quad \dot{\lambda} \geq 0 \tag{4.176}$$

on a (*incompressibilité élastique* et *plastique*) :

$$\mathrm{tr}\underline{\underline{d}} = 0 \ \Rightarrow \ \mathrm{tr}\underline{\underline{\varepsilon}} = 0 = f' + f/r \tag{4.177}$$

d'où :

$$f(r) = A/r \tag{4.178}$$

la constante A étant déterminée en exprimant la continuité des déplacements entre les zones élastique et plastique :

$$\frac{A}{\rho} = \frac{k\rho^2}{2\mu\rho} \Rightarrow A = \frac{k\rho^2}{2\mu} \ \Rightarrow \ \underline{\xi} = \frac{k\rho^2}{2\mu r}\underline{e}_r \tag{4.179}$$

l'expression correspondante du taux de déformation en zone plastique étant alors :

$$\underline{\underline{d}} = k\frac{\rho\dot{\rho}}{\mu r^2}\left(\underline{e}_\theta \otimes \underline{e}_\theta - \underline{e}_r \otimes \underline{e}_r\right) \tag{4.180}$$

Identifiant cette expression avec celle résultant de la loi de comportement (4.176) où le déviateur de la contrainte donnée par (4.167) est :

$$\underline{\underline{s}} = k\left(\underline{e}_\theta \otimes \underline{e}_\theta - \underline{e}_r \otimes \underline{e}_r\right) \Rightarrow \ \underline{\underline{d}} = \underline{\underline{d}}^p = \dot{\lambda}k\left(\underline{e}_\theta \otimes \underline{e}_\theta - \underline{e}_r \otimes \underline{e}_r\right) \tag{4.181}$$

on obtient la valeur du *multiplicateur plastique*, qui est bien positive :

$$\boxed{\dot{\lambda} = \frac{\rho\dot{\rho}}{\mu r^2} \geq 0} \tag{4.182}$$

6.2.4. *Relation* $p\left(\Delta V/V\right)$. On a en phase élastoplastique, en tenant compte de (4.173) :

$$\frac{\Delta V}{V} = 2\frac{f(r=a)}{a} = 2k\frac{\rho^2}{2\mu a^2} = \frac{k}{\mu}\exp\left(\frac{p}{k} - 1\right) \tag{4.183}$$

d'où :

$$\boxed{p = k\left[1 + \mathrm{Ln}\left(\frac{\mu}{k}\frac{\Delta V}{V}\right)\right]} \tag{4.184}$$

ou bien encore :

$$p = p^e\left[1 + \mathrm{Ln}\left(\frac{\Delta V / V}{(\Delta V / V)^e}\right)\right] \tag{4.185}$$

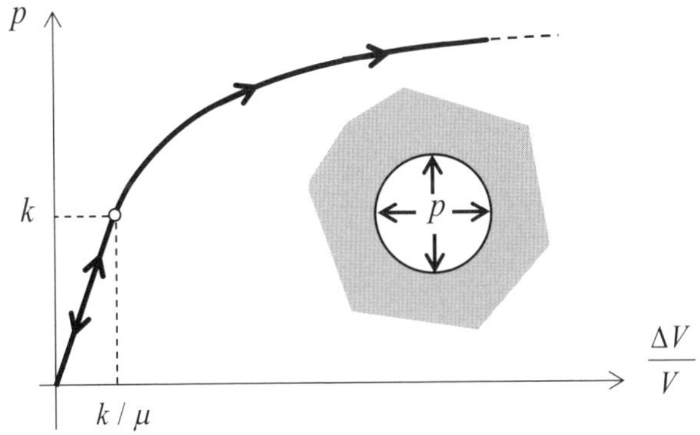

Figure 22.

La courbe donnant la pression en fonction de la variation relative de volume est donnée sur la figure 22. C'est ce type de courbe qui est tracée à partir d'un *essai pressiométrique* effectué dans un massif infini, et permet ainsi de fournir une évaluation expérimentale des caractéristiques *élastique* (module de cisaillement) et *plastique* (cohésion) du sol. On observe en particulier *l'absence de charge limite* pour ce problème, puisque le rayon de la zone plastique peut croître jusqu'à l'infini.

6.3. Décharge ; état résiduel

Après avoir atteint la valeur $p^* \geq p^e = k$, la pression est alors ramenée à zéro (décharge totale). Faisant l'hypothèse qu'une telle décharge est *élastique*, le champ de contrainte résiduel s'écrit :

$$\underline{\underline{\sigma}}^r = \underline{\underline{\sigma}}(p^*) + \underline{\underline{\sigma}}^{\mathrm{el}}(-p^*) \tag{4.186}$$

avec, d'après la solution en phase élastoplastique mise en évidence précédemment :

$$\underline{\underline{\sigma}}(p^*) = \begin{cases} \left(-p^* + 2k\,\mathrm{Ln}(r/a)\right)\underline{\underline{1}} + 2k\underline{e}_\theta \otimes \underline{e}_\theta + k\underline{e}_z \otimes \underline{e}_z \ , & a \leq r \leq \rho^* = a\exp\left(\dfrac{p^* - k}{2k}\right) \\ k\dfrac{\rho^{*2}}{r^2}(\underline{e}_\theta \otimes \underline{e}_\theta - \underline{e}_r \otimes \underline{e}_r) \ , & \rho^* \leq r \end{cases} \tag{4.187}$$

ainsi que d'après la solution en phase élastique :

$$\underline{\underline{\sigma}}^{\mathrm{el}}(-p^*) = -p^*\frac{a^2}{r^2}(\underline{e}_\theta \otimes \underline{e}_\theta - \underline{e}_r \otimes \underline{e}_r) \tag{4.188}$$

et, par conséquent :

$$a \le r \le \rho^* = a \exp\left(\frac{p^* - k}{2k}\right):$$

$$\underline{\underline{\sigma}}^r = \left(2k\mathrm{Ln}\left(\frac{r}{a}\right) - p^*\right)\underline{\underline{1}} + p^*\frac{a^2}{r^2}\underline{e}_r \otimes \underline{e}_r + \left(2k - p^*\frac{a^2}{r^2}\right)\underline{e}_\theta \otimes \underline{e}_\theta + k\underline{e}_z \otimes \underline{e}_z \tag{4.189}$$

$$\rho^* \le r:$$

$$\underline{\underline{\sigma}}^r = \left(k\exp\left(\frac{p^*}{k} - 1\right) - p^*\right)\left(\frac{a^2}{r^2}\right)\left(\underline{e}_\theta \otimes \underline{e}_\theta - \underline{e}_r \otimes \underline{e}_r\right)$$

Ce champ de contrainte résiduel vérifie en tout point le critère de plasticité si $p^* \le 2p^e = 2k$. Pour $p^* = 2k$, on trouve :

$$a \le r \le a\exp(1/2) \cong 1{,}648\, a:$$

$$\underline{\underline{\sigma}}^r = 2k\left(\mathrm{Ln}\left(\frac{r}{a}\right) - 1\right)\underline{\underline{1}} + 2k\frac{a^2}{r^2}\underline{e}_r \otimes \underline{e}_r + 2k\left(1 - \frac{a^2}{r^2}\right)\underline{e}_\theta \otimes \underline{e}_\theta + k\underline{e}_z \otimes \underline{e}_z \tag{4.190}$$

$$1{,}648\, a \le r:$$

$$\underline{\underline{\sigma}}^r = \left(\underbrace{\exp(1)}_{2{,}718} - 2\right)k\left(\frac{a^2}{r^2}\right)\left(\underline{e}_\theta \otimes \underline{e}_\theta - \underline{e}_r \otimes \underline{e}_r\right)$$

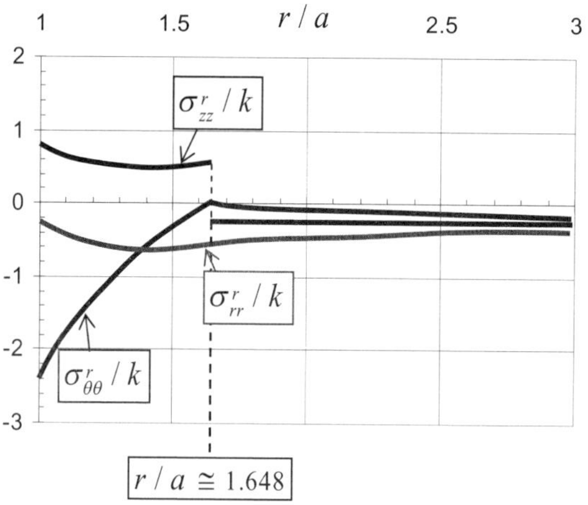

Figure 23.

Les distributions de contraintes résiduelles correspondantes sont représentées sur la figure 23 en fonction du rayon. On observe en particulier que le matériau atteint de nouveau le critère de plasticité en paroi.

Par ailleurs, la *variation relative de volume résiduelle* peut être calculée comme suit, en vertu de (4.165) et (4.183) (figure 24) :

$$\boxed{\left(\frac{\Delta V}{V}\right)^r} = \frac{\Delta V}{V}(p = 2k) + \left(\frac{\Delta V}{V}\right)^{\mathrm{el}}(-2k) = (\exp(1) - 2)\frac{k}{\mu} \cong \boxed{0{,}718\frac{k}{\mu}} \tag{4.191}$$

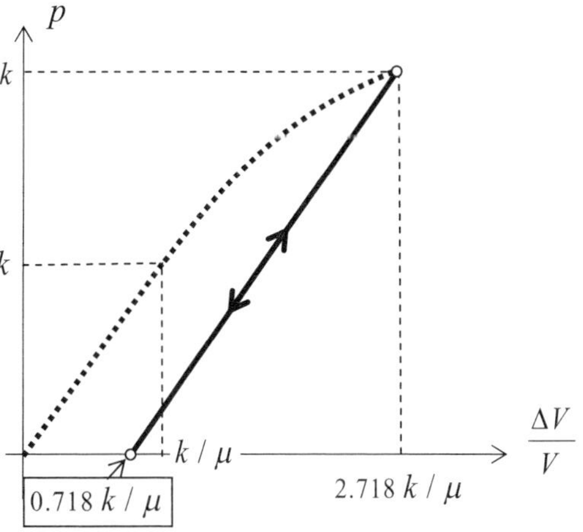

Figure 24.

7. CONVERGENCE D'UNE GALERIE SOUTERRAINE

Le creusement d'une *galerie souterraine* ou d'un *tunnel* au sein d'un massif de sol, initialement dans un état précontraint du au poids du terrain (champ de contrainte dit *« géostatique »*), induit des mouvements de ce massif qui tendent à refermer la galerie. Ce phénomène de *« convergence »*, provoqué par la décompression du terrain environnant, peut être préjudiciable au bon fonctionnement de l'ouvrage. Il convient donc d'en estimer le plus précisément possible l'ampleur, en vue d'en limiter les conséquences.

De manière plus précise, on se propose d'étudier les mouvements d'un massif de sol provoqués par le creusement d'un tunnel *cylindrique circulaire* de rayon R et d'axe horizontal Oz progressant dans le sens des z positifs. Se plaçant dans un plan fixe tel que PP' normal à l'axe du tunnel, on s'intéresse en particulier à l'évolution des déplacements en paroi en fonction de la progression du tunnel (figure 25*a*). Le problème est *a priori* de nature tridimensionnelle, mais on admettra que, dans le cas d'un tunnel creusé à grande profondeur, sa solution peut être approchée par celle d'un problème simplifié schématisé sur la figure 25*b*.

Le tunnel, considéré comme de longueur infinie dans la direction Oz, est soumis au processus de chargement suivant: sa paroi intérieure ($r = R$), de normale $\underline{n} = -\underline{e}_r$, est soumise à l'action d'une pression p, dite de « confinement », uniforme, que l'on fait décroître en fonction du temps t afin de simuler le processus de creusement du tunnel:

$$\underline{T}^d(\underline{n} = -\underline{e}_r) = p(t)\underline{e}_r \qquad (4.192)$$

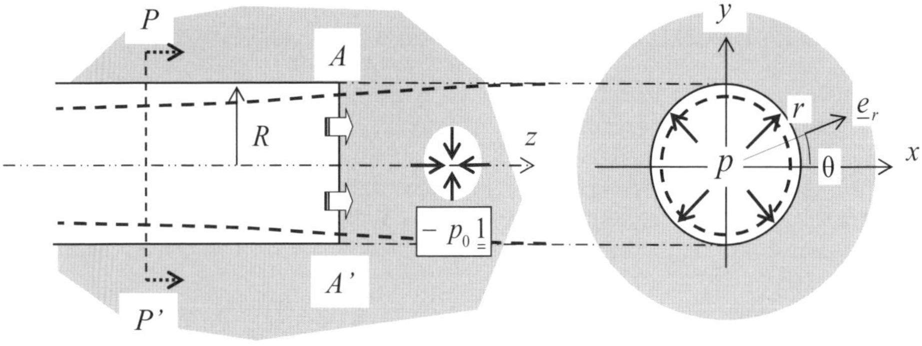

(*a*) (*b*)

Figure 25.

L'état *initial* du massif avant le creusement du tunnel étant caractérisé par le champ de contrainte homogène isotrope $\underline{\underline{\sigma}}_0 = -p_0\,\underline{\underline{1}}$, la pression p décroît progressivement de la valeur $p_0 = p(t=0)$ jusqu'à la valeur nulle atteinte à un instant T ($p(t=T)=0$). Les déplacements sont imposés *nuls* à l'infini $(r \to +\infty)$. Les forces de pesanteur sont négligées, ainsi que les effets thermiques. On se place dans l'*hypothèse des petites perturbations*.

Le sol est modélisé comme un matériau homogène élastique linéaire (module d'Young E, coefficient de Poisson $\nu = 1/2$), parfaitement plastique standard, le critère de plasticité étant un critère de *Tresca*, de limite d'élasticité en traction simple égale à $2C$ (C désigne la *cohésion* du sol).

$$f(\underline{\underline{\sigma}}) = \sigma_I - \sigma_{III} - 2C \leq 0 \qquad (4.193)$$

7.1. Phase de comportement élastique

En phase élastique, le champ de déplacement solution est purement radial égal à :

$$\underline{\xi} = u(r)\underline{e}_r \quad , \quad u(r) = \frac{(p - p_0)}{2\mu}\frac{R^2}{r} \quad \text{avec} \quad \mu = E/3 \tag{4.194}$$

tandis que le champ de contrainte solution s'écrit :

$$\underline{\underline{\sigma}} = -p_0\underline{\underline{I}} - (p - p_0)\frac{R^2}{r^2}\left(\underline{e}_r \otimes \underline{e}_r - \underline{e}_\theta \otimes \underline{e}_\theta\right) \tag{4.195}$$

Le *taux de convergence* du tunnel défini comme le rapport sans dimension :

$$U = \frac{|u(r = R)|}{R} \tag{4.196}$$

vaut alors :

$$\boxed{U} = |u(r = R)| / R = \frac{(p_0 - p)}{2\mu}\frac{R^2}{R} / R = \boxed{\frac{p_0 - p}{2\mu}} \tag{4.197}$$

Compte tenu de l'expression (4.195) du champ de contrainte, les valeurs principales extrêmes de l'état de contrainte sont :

$$\sigma_I = \sigma_{rr} = -p_0 + (p_0 - p)\frac{R^2}{r^2} \geq \sigma_{III} = \sigma_{\theta\theta} = -p_0 - (p_0 - p)\frac{R^2}{r^2} \quad \text{car} \quad p_0 - p \geq 0 \tag{4.198}$$

d'où la valeur prise par le critère de plasticité (4.193) :

$$f(\underline{\underline{\sigma}}) = \sigma_{rr} - \sigma_{\theta\theta} - 2C = 2(p_0 - p)\frac{R^2}{r^2} - 2C \leq 0 \tag{4.199}$$

Cette dernière étant maximale pou $r=R$, le champ (4.195) vérifie le critère en tout point tant que :

$$p_0 - p \leq C \tag{4.200}$$

Les valeurs de U et p correspondant à cette *première plastification du sol en paroi* sont :

$$\boxed{p^e = p_0 - C \quad , \quad U^e = \frac{C}{2\mu}} \tag{4.201}$$

Une telle plastification ne se produit que si et seulement si $p^e \geq 0$, soit :

$$\boxed{p_0 \geq C} \tag{4.202}$$

7.2. Phase de comportement élastoplastique ($p \leq p^e$)

On suppose que dans cette phase, se développe à partir de la paroi du tunnel une «couronne plastique» ($R \leq r \leq \rho$) en tout point de laquelle le sol demeure à l'état plastique (critère saturé ($f(\underline{\underline{\sigma}}) = 0$), tandis que le reste du massif situé à l'extérieur de cette couronne ($\rho \leq r$) demeure à l'état élastique (figure 26).

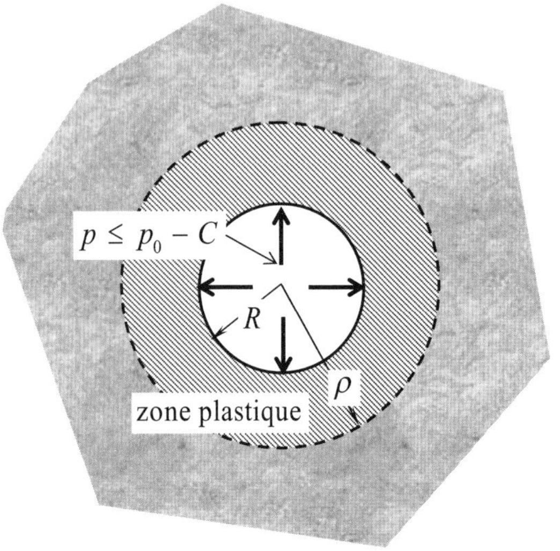

Figure 26.

7.2.1. Zone élastique $(r \geq \rho)$

Désignant par $P = -\sigma_{rr}(r = \rho)$ la pression exercée par la couronne plastique sur la zone élastique, il apparaît immédiatement que cette dernière a subi une évolution *purement élastique* dans laquelle la pression exercée en $r = \rho$ est passée de p_0 à P. Les champs de déplacement et de contrainte qui règnent dans cette zone élastique sont donc donnés par les expressions (4.194) et (4.195), en remplaçant R par ρ et p par P, soit :

$$\begin{cases} u(r \geq \rho) = \dfrac{(P - p_0)}{2\mu} \dfrac{\rho^2}{r} \\ \underline{\underline{\sigma}}(r \geq \rho) = -p_0 \underline{\underline{1}} - (P - p_0) \dfrac{\rho^2}{r^2} \left(\underline{e}_r \otimes \underline{e}_r - \underline{e}_\theta \otimes \underline{e}_\theta \right) \end{cases} \quad (4.203)$$

Tenant alors compte du fait que le *critère de plasticité est atteint en* $r = \rho$, il vient immédiatement :

$$\sigma_{rr}(r = \rho) - \sigma_{\theta\theta}(r = \rho) - 2C = 2(p_0 - P) - 2C = 0 \quad \Rightarrow \quad P - p_0 = -C \quad (4.204)$$

d'où finalement les expressions en fonction du rayon plastique ρ des champs solution en zone élastique :

$$\boxed{\begin{cases} u(r \geq \rho) = -\dfrac{C}{2\mu} \dfrac{\rho^2}{r} \\ \underline{\underline{\sigma}}(r \geq \rho) = -p_0 \underline{\underline{1}} + C \dfrac{\rho^2}{r^2} \left(\underline{e}_r \otimes \underline{e}_r - \underline{e}_\theta \otimes \underline{e}_\theta \right) \end{cases}} \quad (4.205)$$

7.2.2. Champ de contrainte en zone plastique

En faisant l'hypothèse que le champ de contrainte en *zone plastique* ($R \leq r \leq \rho$) soit tel que les *contraintes principales* soient $\sigma_{rr} \geq \sigma_{zz} \geq \sigma_{\theta\theta}$, ne dépendant que de r, l'équation d'équilibre se réduit à :

$$\mathrm{div}\underline{\underline{\sigma}} = 0 \quad \Rightarrow \quad \frac{d\sigma_{rr}}{dr} + \frac{\sigma_{rr} - \sigma_{\theta\theta}}{r} = 0 \tag{4.206}$$

ou encore, puisque $f(\underline{\underline{\sigma}}) = \sigma_{rr} - \sigma_{\theta\theta} - 2C = 0$:

$$\frac{d\sigma_{rr}}{dr} = -\frac{2C}{r} \quad \Rightarrow \quad \sigma_{rr} = -2C\,\mathrm{Ln}\left(\frac{r}{K}\right) \tag{4.207}$$

La constante d'intégration K est donnée en fonction du chargement p par la condition aux limites en paroi:

$$\sigma_{rr}(r = R) = -p = -2C\,\mathrm{Ln}\left(\frac{R}{K}\right) \tag{4.208}$$

d'où:

$$\boxed{R \leq r \leq \rho \quad \begin{cases} \sigma_{rr} = -p + 2C\,\mathrm{Ln}\left(\dfrac{R}{r}\right) \\ \sigma_{\theta\theta} = \sigma_{rr} - 2C = -p + 2C\left[\mathrm{Ln}\left(\dfrac{R}{r}\right) - 1\right] \end{cases}} \tag{4.209}$$

Le caractère statiquement admissible du champ de contrainte implique également la *continuité* de σ_{rr} en $r = \rho$, c'est-à-dire à la frontière entre les zones élastique et plastique :

$$\sigma_{rr}(r = \rho^-) = \sigma_{rr}(r = \rho^+) \tag{4.210}$$

avec, compte tenu de (4.205) et (4.209) :

$$\sigma_{rr}(r = \rho^+) = -p_0 + C = -p^e \;, \quad \sigma_{rr}(r = \rho^-) = -p + 2C\,\mathrm{Ln}\left(\frac{R}{\rho}\right) \tag{4.211}$$

ce qui fournit la relation entre le rayon plastique et la valeur de la pression de confinement :

$$\boxed{\rho = R\exp\left(\frac{p^e - p}{2C}\right)} \tag{4.212}$$

7.2.3. Champ de vitesse en zone plastique

Le champ de vitesse en zone plastique étant recherché sous la forme d'un champ $\dot{u}$ *purement radial ne dépendant que de r*, le taux de déformation totale a pour expression :

$$\underline{\underline{d}} = \dot{u}'(r)\,\underline{e}_r \otimes \underline{e}_r + \frac{\dot{u}(r)}{r}\,\underline{e}_\theta \otimes \underline{e}_\theta \tag{4.213}$$

où (.)' désigne la dérivée par rapport à r. Le taux de déformation volumique correspondant vaut alors :

$$\mathrm{tr}\underline{\underline{d}} = \dot{u}' + \frac{\dot{u}}{r}. \tag{4.214}$$

Or la loi de comportement s'écrit :

$$\underline{\underline{d}} = \underline{\underline{d}}^e + \underline{\underline{d}}^p \tag{4.215}$$

avec : $$\underline{\underline{d}}^e = \frac{1+\nu}{E}\dot{\underline{\underline{\sigma}}} - \frac{\nu}{E}(\mathrm{tr}\dot{\underline{\underline{\sigma}}})\underline{\underline{I}} = \frac{\dot{\underline{\underline{s}}}}{2\mu} \text{ puisque } \nu = 1/2 \tag{4.216}$$

d'où : $$\mathrm{tr}\underline{\underline{d}} = \underbrace{\mathrm{tr}\left(\frac{\dot{\underline{\underline{s}}}}{2\mu}\right)}_{=0} + \underbrace{\mathrm{tr}\underline{\underline{d}}^p}_{=0} = 0 \tag{4.217}$$

qui provient de l'incompressibilité *élastique et plastique* du sol. Il vient alors par comparaison avec (4.214) :

$$\dot{u}' + \frac{\dot{u}}{r} = 0 \Rightarrow \dot{u} = \frac{\dot{A}}{r} \tag{4.218}$$

La constante d'intégration de l'équation différentielle précédente est donnée par l'écriture de la *continuité de la vitesse* au franchissement de la surface séparant les zones élastique et plastique :

$$\dot{u}(r = \rho^-) = \frac{\dot{A}}{\rho} = \dot{u}(r = \rho^+) = -\frac{C}{2\mu}\overbrace{\left(\frac{\rho^2}{r}\right)}^{\bullet}(r = \rho) = -\frac{C}{\mu}\dot{\rho} \tag{4.219}$$

d'où $\dot{A} = -\frac{C}{\mu}\rho\dot{\rho}$ et donc en définitive :

$$\boxed{\dot{u}(R \le r \le \rho) = -\frac{C}{\mu}\frac{\rho}{r}\dot{\rho}} \tag{4.220}$$

Les conditions restant à vérifier pour que le champ de vitesse (4.220) soit solution du problème en association avec (4.209) et (4.212) sont au nombre de deux :

a) σ_{zz} est bien contrainte principale *intermédiaire*, conformément à l'hypothèse de travail faite. En effet, on peut écrire dans la zone plastique :

$$d_{zz} = 0 = d^e_{zz} + d^p_{zz} \text{ avec } d^p_{zz} = \dot{\lambda}\frac{\partial f}{\partial \sigma_{zz}} = 0 \text{ car } f(\underline{\underline{\sigma}}) = \sigma_{rr} - \sigma_{\theta\theta} - 2C = 0 \tag{4.221}$$

d'où :

$$d^e_{zz} = \frac{1+\nu}{E}\dot{\sigma}_{zz} - \frac{\nu}{E}\mathrm{tr}\dot{\underline{\underline{\sigma}}} = \frac{1}{E}\left(\dot{\sigma}_{zz} - \frac{\dot{\sigma}_{rr} + \dot{\sigma}_{\theta\theta}}{2}\right) = 0 \tag{4.222}$$

soit : $$\dot{\sigma}_{zz} = \frac{\dot{\sigma}_{rr} + \dot{\sigma}_{\theta\theta}}{2} \tag{4.223}$$

Il en résulte qu'en tout point de la zone élastoplastique la contrainte σ_{zz} est égal à la demi-somme de σ_{rr} et $\sigma_{\theta\theta}$, puisque d'après (4.205) cette relation est valable au moment où ce point entre en plasticité ($r = \rho$). σ_{zz} demeure donc toujours contrainte principale intermédiaire, égale à:

$$\sigma_{zz} = -p + 2C\left[\ln\left(\frac{R}{r}\right) - 1/2\right] \tag{4.224}$$

b) Le *multiplicateur plastique* intervenant dans la règle d'écoulement plastique du sol est *positif* ou *nul*. On a en zone *plastique* $\underline{\underline{\dot{\sigma}}} = -\dot{p}\underline{\underline{I}}$, d'où $\underline{\underline{d}}^e = \underline{\underline{\dot{s}}} / 2\mu = 0$, et par suite :

$$\underline{\underline{d}}^p = \dot{\lambda}\frac{\partial f}{\partial \underline{\underline{\sigma}}} = \dot{\lambda}(\underline{e}_r \otimes \underline{e}_r - \underline{e}_\theta \otimes \underline{e}_\theta) - \underline{\underline{d}} - \underbrace{\underline{\underline{d}}^e}_{=0} - \dot{u}'\underline{e}_r \otimes \underline{e}_r + (\dot{u}/r)\underline{e}_\theta \otimes \underline{e}_\theta \qquad (4.225)$$

et donc en vertu de (4.220) :

$$\boxed{\dot{\lambda} = \dot{u}' = -\frac{\dot{u}}{r} = \frac{C}{\mu}\frac{\rho\dot{\rho}}{r^2} \geq 0} \quad \text{car } \dot{\rho} \geq 0 \qquad (4.226)$$

7.3. Convergence du tunnel

En phase de comportement élastoplastique, c'est-à-dire pour $p \leq p^e$ ou $\rho \geq R$, la *vitesse du taux de convergence* vaut d'après (4.220) :

$$\dot{U}(\rho \geq R) = \frac{|\dot{u}(R)|}{R} = \frac{C}{\mu}\frac{\rho}{R^2}|\dot{\rho}| = \frac{C}{\mu}\frac{\rho\dot{\rho}}{R^2} \qquad (4.227)$$

car en vertu de (4.212) $\dot{\rho} = -\frac{\dot{p}}{2C}\rho \geq 0$ puisque $\dot{p} \leq 0$. Il en résulte que :

$$U(\rho \geq R) = U(R) + \left[\frac{Cw^2}{2\mu R^2}\right]_{w=R}^{w=\rho} = \frac{C\rho^2}{2\mu R^2} \qquad (4.228)$$

puisque $U(R) = U^e = C/2\mu$ n'est autre que la valeur du taux de convergence au moment de la première plastification en paroi. Compte tenu de (4.212) il vient alors :

$$U(p \leq p^e) = \frac{C}{2\mu}\exp\left(\frac{p^e - p}{C}\right) \qquad (4.229)$$

Les expressions du taux de convergence en fonction de la *pression de confinement* en phases élastique et élastoplastique sont finalement :

$$\boxed{\begin{cases} U(p_0 - C \leq p \leq p_{\grave{a}}) = \dfrac{p_0 - p}{2\mu} \\ U(0 \leq p \leq p_0 - C) = \dfrac{C}{2\mu}\exp\left(\dfrac{p_0 - p}{C} - 1\right) \end{cases}} \qquad (4.230)$$

La courbe illustrant la variation du taux de convergence en fonction de la pression de confinement est donnée sur la figure 26. Le taux de convergence maximal correspondant au *déconfinement total* ($p = 0$), c'est-à-dire en pratique lorsque la section du tunnel est située loin en arrière du front de taille, est en particulier égal à :

$$\boxed{U^{\max} = U(p = 0) = \frac{C}{2\mu}\exp\left(\frac{p_0}{C} - 1\right)} \qquad (4.231)$$

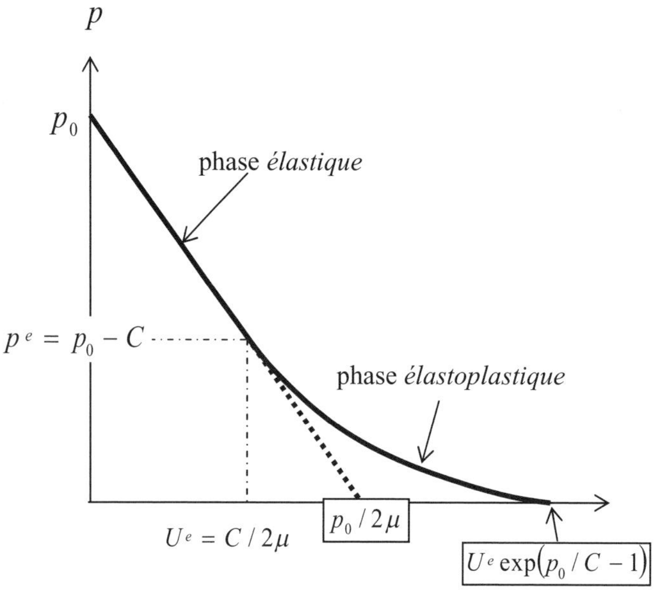

Figure 27.

Cette valeur est à comparer à celle qui aurait été obtenue en supposant l'évolution *purement élastique*, et qui correspond sur la figure au point d'intersection de la droite élastique (pointillés) avec l'axe des abscisses *U*:

$$\boxed{U_{el.}^{\max} = \frac{p_0}{2\mu}} \tag{4.232}$$

♦ ***Exemple numérique***

Il correspond au cas d'une galerie de section circulaire (rayon *R* égal à 3 m) creusée à une profondeur de 100 m dans un massif constitué d'une argile « raide » de caractéristiques: module de cisaillement élastique $\mu = 100\,\text{MPa}$, cohésion $C = 100$ kPa. Une estimation de la *pression de confinement initiale* est donnée par le poids du terrain situé au dessus de la galerie :

$$p_0 = \underbrace{2.10^3\ \text{kg/m}^3}_{\text{masse volumique}} \times \underbrace{10\,\text{m/s}^2}_{\text{pesanteur}} \times \underbrace{100\,\text{m}}_{\text{profondeur}} = 2.10^6\ \text{N/m}^2 = 2\,\text{MPa}\,. \tag{4.233}$$

- Un calcul *élastique* de la convergence maximale du tunnel donne alors (équation (4.232)) :

$$U_{el.}^{\max} = \frac{p_0}{2\mu} = \frac{2\,\text{MPa}}{2 \times 100\,\text{MPa}} = 1\% \tag{4.234}$$

soit un déplacement radial en paroi égal à $\left|u(R)\right|_{el.}^{\max} = U_{el.}^{\max}.R = \boxed{\mathbf{3\ cm.}}$

- Le même type de calcul en supposant le comportement du sol élastoplastique (cohésion de 100 kPa) donne d'après l'expression (4.232) :

$$U^{max} = \frac{500\,kPa}{200\,000\,kPa} \times exp\left(\frac{2\,000\,kPa}{500\,kPa} - 1\right) \cong 5\,\% \tag{4.235}$$

c'est-à-dire un taux de convergence *cinq fois plus élevé*, auquel est associé un déplacement radial en paroi égal à **15 cm**.

Le calcul élastique sous-estime donc considérablement la valeur de la convergence du tunnel, mettant ainsi clairement en évidence la nécessité de prendre en compte le comportement plastique du sol. Divers procédés technologiques permettent de réduire cette dernière à un niveau acceptable pour le bon fonctionnement en service de l'ouvrage (exemple d'une ligne de métro) : pose en arrière du front de taille d'un soutènement constitué de voussoirs préfabriqués, introduction dans le massif d'inclusions métalliques de renforcement (technique dite du « boulonnage radial »).

8. TORSION D'UN ARBRE CYLINDRIQUE

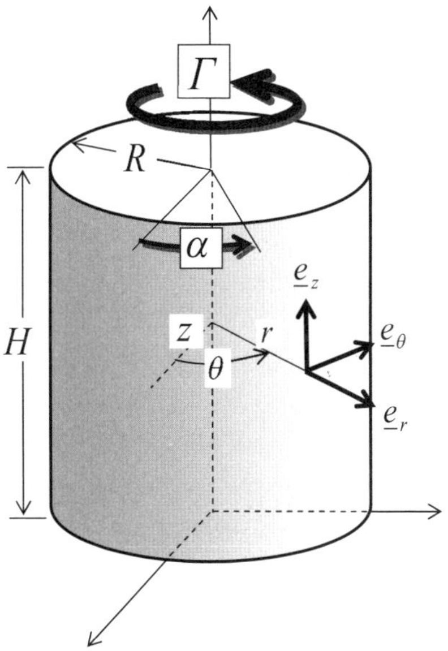

Figure 28.

Un solide ayant la forme d'un cylindre circulaire de hauteur H et de rayon R (figure ci-dessus), est constitué d'un matériau homogène et isotrope obéissant à une loi de comportement *élastique linéaire* (coefficients de Lamé λ et μ), *parfaitement plastique standard*, le critère de plasticité étant celui de *von Mises* dont la fonction de charge s'écrit :

$$f(\underline{\underline{\sigma}}) = \left(1/2\,\underline{\underline{s}} : \underline{\underline{s}}\right)^{1/2} - k \leq 0 \tag{4.236}$$

Ce solide est soumis à un *processus de chargement* défini par les données suivantes :
– face *inférieure* du cylindre *encastrée* :

$$\underline{\xi}^d(r,\theta,z=0;t)=0 \tag{4.237}$$

– face *supérieure* soumise à une rotation d'angle $\alpha(t)$ autour de l'axe Oz du cylindre :

$$\underline{\xi}^d(r,\theta,z=H;t)=\alpha(t)r\underline{e}_\theta \tag{4.238}$$

– surface *latérale libre d'effort* :

$$\underline{T}^d(r=R,\theta,z;t)=0 \tag{4.239}$$

– les *forces de volume sont nulles.*

8.1. Phase élastique

L'état initial du cylindre étant *naturel* ($\underline{\underline{\sigma}}=0$ pour $\alpha(t=0)=0$), on augmente progressivement l'angle de rotation $\alpha(t)$. Le champ de déplacement solution de ce problème d'évolution en *phase élastique* est alors donné par :

$$\underline{\xi}(r,\theta,z;t)=\alpha(t)r\frac{z}{H}\underline{e}_\theta \tag{4.240}$$

tandis que le champ de contrainte solution est de la forme :

$$\underline{\underline{\sigma}}=\tau(r,t)\{\underline{e}_\theta\otimes\underline{e}_z+\underline{e}_z\otimes\underline{e}_\theta\} \tag{4.241}$$

avec :

$$\tau(r,t)=\mu\alpha(t)\frac{r}{H} \tag{4.242}$$

L'effort et le moment résultants appliqués sur la face supérieure du cylindre sont :

$$\underline{F}=\int_{S(z=H)}\underline{\underline{\sigma}}.\underline{e}_z dS=\int_0^R\int_0^{2\pi}\tau(r;t)\,\underline{e}_\theta\,r\,\mathrm{d}r\mathrm{d}\theta=\underline{0} \tag{4.243}$$

$$\underline{\Gamma}_O=\int_{S(z=H)}(r\underline{e}_r)\wedge(\underline{\underline{\sigma}}.\underline{e}_z)\mathrm{d}S=\int_0^R\int_0^{2\pi}\mu\alpha(t)\frac{r^3}{H}\underline{e}_z\mathrm{d}r\mathrm{d}\theta=\mu\alpha(t)\frac{\pi R^4}{2H}\underline{e}_z \tag{4.244}$$

d'où la valeur du *couple de torsion* :

$$\boxed{\Gamma(\alpha)=\mu\alpha(t)\frac{\pi R^4}{2H}} \tag{4.245}$$

Le critère de plasticité s'écrit en tout point :

$$f(\underline{\underline{\sigma}})=\sqrt{\frac{1}{2}\underline{\underline{s}}:\underline{\underline{s}}}-k=|\tau(r;t)|-k\le 0\qquad\forall r\in[0,R] \tag{4.246}$$

soit :

$$\left|\mu\alpha(t)\frac{r}{H}\right|-k\le 0\qquad\forall r\in[0,R] \tag{4.247}$$

La contrainte de cisaillement étant maximale sur le pourtour du cylindre ($r=R$), le critère y est donc atteint en premier lieu. Les valeurs correspondantes de l'angle et du couple de torsion sont :

$$\boxed{\alpha^e=\frac{kh}{\mu R}\quad,\quad\Gamma^e=\frac{k\pi R^3}{2}} \tag{4.248}$$

8.2. Phase élastoplastique

Poursuivant le chargement au-delà de la limite d'élasticité ($\alpha \geq \alpha^e$), la solution en déplacement est toujours recherchée sous la forme (4.240), tandis que le champ de contrainte est de la forme (4.241) avec :

$$\tau(r,t) = \begin{cases} k\dfrac{r}{\rho(t)} & 0 \leq r \leq \rho(t) \\ k & \rho(t) \leq r \leq R \end{cases} \tag{4.249}$$

c'est-à-dire que le cylindre est décomposé en un *noyau élastique* de rayon ρ et une *couronne circulaire plastique*, comme schématisé sur la figure 29.

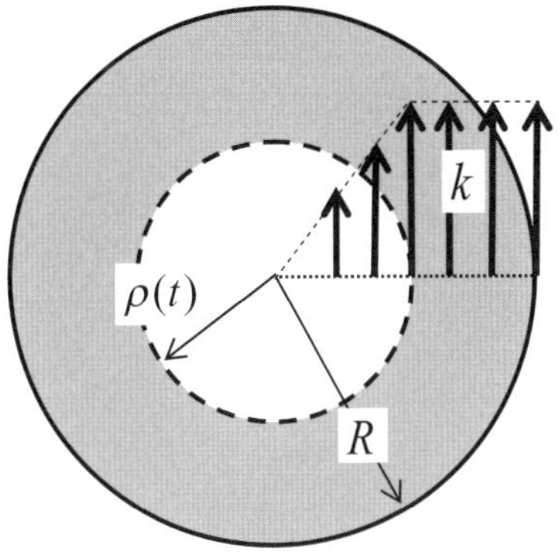

Figure 29.

Le champ de déformation est donné, en tout point du cylindre, par :

$$\underline{\underline{\varepsilon}}(r;t) = \frac{\alpha R}{2H}.(\underline{e}_\theta \otimes \underline{e}_z + \underline{e}_z \otimes \underline{e}_\theta) \tag{4.250}$$

- Dans le *noyau central*, on retrouve, par la loi de comportement élastique, le champ de contrainte de la phase élastique :

$$\underline{\underline{\sigma}}(r;t) = \mu\alpha(t)\frac{r}{H}(\underline{e}_\theta \otimes \underline{e}_z + \underline{e}_z \otimes \underline{e}_\theta) \tag{4.251}$$

et donc par comparaison avec (4.249) :

$$\boxed{\rho(t) = \frac{kH}{\mu\alpha(t)} = R\frac{\alpha^e}{\alpha(t)}} \tag{4.252}$$

- Dans la *couronne plastique* : $\dot{\underline{\underline{\sigma}}} = \underline{\underline{0}}$ d'où $\underline{\underline{d}}^e = \underline{\underline{0}}$ et donc :

$$\underline{\underline{d}} = \underline{\underline{d}}^p \tag{4.253}$$

avec, compte tenu de l'expression du champ de déplacement :

$$\underline{\underline{d}} = \dot{\underline{\underline{\varepsilon}}} = \frac{\dot{\alpha}R}{2H}(\underline{e}_\theta \otimes \underline{e}_z + \underline{e}_z \otimes \underline{e}_\theta) \tag{4.254}$$

ainsi que, en vertu de la *règle d'écoulement plastique* :

$$\underline{\underline{d}}^p = \dot{\lambda}\underline{\underline{s}} = \dot{\lambda}k(\underline{e}_\theta \otimes \underline{e}_z + \underline{e}_z \otimes \underline{e}_\theta) \tag{4.255}$$

Par suite :

$$\boxed{\dot{\lambda} = \frac{\dot{\alpha}R}{2Hk} \geq 0} \tag{4.256}$$

ce qui démontre la positivité du multiplicateur plastique.

Les champs de contrainte et de déplacement sont respectivement *statiquement* et *cinématiquement admissibles*, et sont associés en tout point par la loi de comportement élastoplastique. Ils représentent donc une solution du problème d'évolution élastoplastique, unique en ce qui concerne l'évolution en contrainte.

La valeur correspondante du *couple de torsion* appliqué sur le cylindre est donnée par :

$$\Gamma = \left(\int_0^{\rho} \int_0^{2\pi} \frac{kr^3}{\rho} \mathrm{d}r\mathrm{d}\theta + \int_{\rho}^{R} \int_0^{2\pi} kr^2 \mathrm{d}r\mathrm{d}\theta \right) = k\pi \left(\frac{2R^3}{3} - \frac{\rho^3}{6} \right) \tag{4.257}$$

soit en tenant compte de (4.252) :

$$\boxed{\Gamma(\alpha) = \Gamma^e \left(1 - \frac{1}{4} \left(\frac{\alpha^e}{\alpha} \right)^3 \right)} \tag{4.258}$$

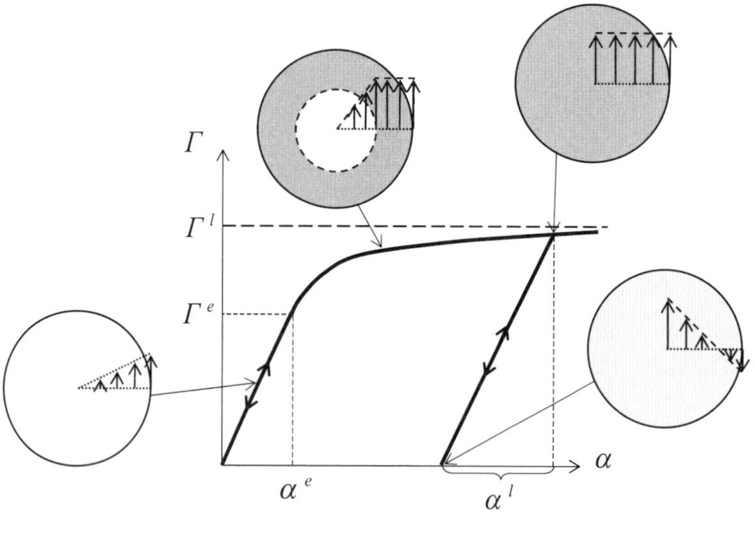

Figure 30.

La courbe d'équation $\Gamma(\alpha)$ est représentée sur la figure 30. Le couple de torsion tend vers la valeur asymptotique :

$$\boxed{\Gamma^l = 2\frac{\pi k R^3}{3}} \tag{4.259}$$

lorsque l'angle α tend vers l'infini, c'est-à-dire lorsque le rayon ρ du noyau élastique tend vers 0, de sorte que tout le cylindre est plastifié La *charge limite* est donc atteinte de manière asymptotique.

8.3. Décharge ; état résiduel

Partant d'un état pour lequel le couple de torsion est pratiquement égal à la charge limite Γ^l, on fait décroître ce couple jusqu'à la valeur nulle (décharge *totale*). On fait l'hypothèse de la *décharge élastique* (hypothèse dont on vérifiera la validité par la suite) et on désigne par $\Delta\underline{\underline{\sigma}}^{\text{el}}$ le champ de contrainte *élastique* correspondant à l'application d'un couple $\Delta\Gamma = -\Gamma^l$.

Le champ de contrainte *résiduel* vaut alors (figure 31) :

$$\underline{\underline{\sigma}}^r = \underline{\underline{\sigma}}^l + \Delta\underline{\underline{\sigma}}^{\text{el}} \tag{4.260}$$

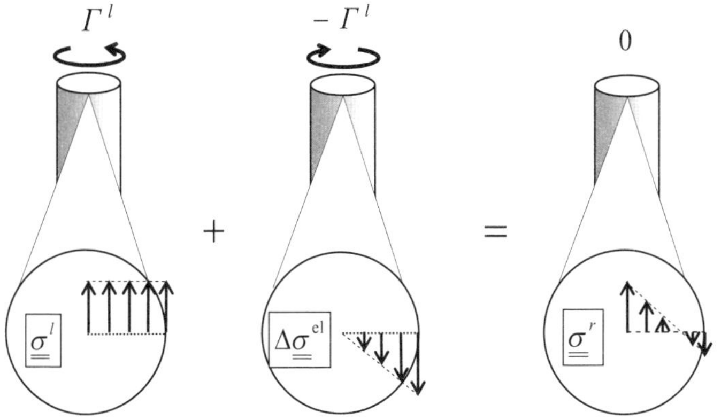

Figure 31.

où $\underline{\underline{\sigma}}^l$ est le champ de contrainte correspondant à l'évolution en charge *élastoplastique* jusqu'à Γ^l :

$$\underline{\underline{\sigma}}^l = k\,(\underline{e}_\theta \otimes \underline{e}_z + \underline{e}_z \otimes \underline{e}_\theta) \tag{4.261}$$

On obtient alors :

$$\begin{aligned}\Delta\underline{\underline{\sigma}}^{\text{el}} &= -\mu\alpha^l\,\frac{r}{H}(\underline{e}_\theta \otimes \underline{e}_z + \underline{e}_z \otimes \underline{e}_\theta) = -\Gamma^l\,\frac{2r}{\pi R^4}(\underline{e}_\theta \otimes \underline{e}_z + \underline{e}_z \otimes \underline{e}_\theta)\\ &= -4\,\frac{kr}{3R}(\underline{e}_\theta \otimes \underline{e}_z + \underline{e}_z \otimes \underline{e}_\theta)\end{aligned} \tag{4.262}$$

d'où (figure 31) :

$$\boxed{\underline{\underline{\sigma}}^r = k(1-4r/3R)(\underline{e}_\theta \otimes \underline{e}_z + \underline{e}_z \otimes \underline{e}_\theta)} \tag{4.263}$$

On vérifie bien que ce champ de contrainte résiduel est en équilibre avec un couple de torsion nul : il s'agit d'un champ de contrainte *auto-équilibré*, ou d' *autocontrainte*.

Pour justifier l'hypothèse de décharge élastique, il faut enfin vérifier que ce champ de contrainte est plastiquement admissible :

$$f(\underline{\underline{\sigma}}) = \sqrt{\frac{1}{2}\underline{\underline{s}} : \underline{\underline{s}}} - k = k\left|1 - \frac{4r}{3R}\right| - k \le 0 \qquad \forall r \in [0, R] \tag{4.264}$$

(on remarquera que le critère est atteint en $r = 0$).

9. COMPORTEMENT D'UN FIL EN TRACTION-TORSION : INTERPRÉTATION DU PHÉNOMÈNE DE « RELAXATION »

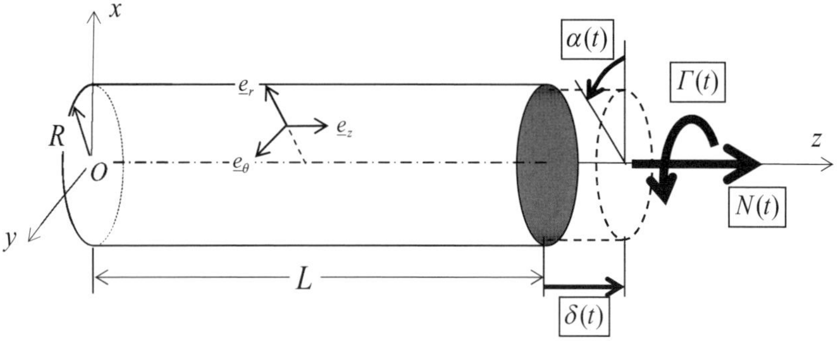

Figure 32.

Un fil métallique, modélisé comme un cylindre circulaire de longueur L et de rayon R, est soumis à un processus de chargement défini comme suit en fonction du temps t (les coordonnées cylindriques se réfèrent au repère orthonormé $Oxyz$, comme indiqué sur la figure 32) :

– section $z = 0$: $$T_r^{\mathrm{d}}(t) = 0 \ , \quad \xi_\theta^{\mathrm{d}}(t) = \xi_z^{\mathrm{d}}(t) = 0 \qquad (4.265)$$

– section $z = L$: $$T_r^{\mathrm{d}}(t) = 0 \ , \quad \xi_\theta^{\mathrm{d}}(t) = \alpha(t) r \ , \quad \xi_z^{\mathrm{d}}(t) = \delta(t) \qquad (4.266)$$

où $\delta(t)$ et $\alpha(t)$ désignent respectivement l'*allongement* du fil et la *rotation relative* de la section $z = L$ par rapport à la section $z = 0$;

– la surface latérale ($r = R$) demeure libre de contrainte : $\underline{T}^{\mathrm{d}}(t) = 0$.

– les forces de volume sont supposées nulles à tout instant, et la température uniforme est maintenue constante.

Le fil est constitué d'un matériau homogène isotrope obéissant à une loi de comportement *élastique linéaire* (module d'Young E, coefficient de Poisson ν), *parfaitement plastique standard*. Le critère de plasticité est celui de *von Mises*, de limite d'élasticité en cission simple égale à k.

L'état *initial* (c'est-à-dire à $t = 0$) du système étant supposé *naturel* (contraintes nulles en tout point), on prescrit un trajet de chargement caractérisé par les fonctions $\delta(t)$ et $\alpha(t)$, avec comme condition initiale : $\delta(t = 0) = \alpha(t = 0) = 0$.

9.1. Évolution élastique

Dans la phase *élastique* d'évolution du système, les champs de déplacement et de contrainte solutions sont :

$$\underline{\xi}(t) = \alpha(t) r \frac{z}{L} \underline{e}_\theta + \frac{\delta(t)}{L}\left(z\underline{e}_z - \nu r \underline{e}_r\right) \qquad (4.267)$$

$$\underline{\underline{\sigma}}(t) = \mu \alpha(t) \frac{r}{L}\left(\underline{e}_\theta \otimes \underline{e}_z + \underline{e}_z \otimes \underline{e}_\theta\right) + E\frac{\delta(t)}{L} \underline{e}_z \otimes \underline{e}_z \quad \text{avec} \quad \mu = \frac{E}{2(1+\nu)} \qquad (4.268)$$

Les expressions correspondantes de *l'effort normal* résultant N et du *couple de torsion* Γ auxquels est soumis le fil à son extrémité $z = L$ sont :

$$N(t) = \pi R^2 E \frac{\delta(t)}{L} \ , \quad \Gamma(t) = \pi R^4 \mu \frac{\alpha(t)}{2L} \tag{4.269}$$

Une telle demeure purement élastique tant que l'état de contrainte vérifie en tout point du fil le critère de von Mises :

$$f(\underline{\underline{\sigma}}) = \frac{1}{2} tr \underline{\underline{s}}^2 - k^2 \leq 0 \tag{4.270}$$

soit, compte tenu de l'expression du champ de contrainte (4.268) :

$$\sigma_{zz}^2 + 3\sigma_{\theta z}^2 = \left(E \frac{\delta}{L}\right)^2 + 3\left(\mu\alpha \frac{r}{L}\right)^2 \leq 3k^2 \tag{4.271}$$

Les points les plus critiques étant situés sur le *pourtour du fil* ($r = R$), la condition pour que l'évolution reste élastique s'écrit :

$$\left(E \frac{\delta}{L}\right)^2 + 3\left(\mu\alpha \frac{R}{L}\right)^2 \leq 3k^2 \tag{4.272}$$

qui, compte tenu de (4.269), se traduit par la condition suivante portant sur les *paramètres de chargement* (N, Γ) :

$$\boxed{\left(\frac{N}{N^e}\right)^2 + \left(\frac{\Gamma}{\Gamma^e}\right)^2 \leq 1} \tag{4.273}$$

où l'on a posé :

$$\boxed{N^e = \pi R^2 k\sqrt{3} \quad \text{et} \quad \Gamma^e = \frac{1}{2}\pi R^3 k} \tag{4.274}$$

qui représentent respectivement les *limites d'élasticité* en traction-compression et en torsion du fil. Le *domaine d'élasticité initial* du fil est donc elliptique (figure 32).

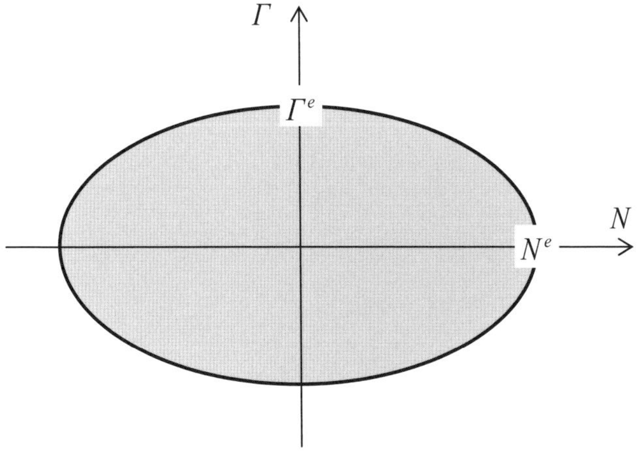

Figure 33.

9.2. Comportement sous sollicitation de traction-torsion

Partant de l'état initial *naturel*, on fait subir au fil le *trajet de chargement* suivant :
a) d'abord *traction simple* ($\delta(t)$ croissant à partir de zéro, $\alpha(t) = 0$ jusqu'à la limite d'élasticité initiale correspondant à $N(t = t^e) = N^e$;
b) ensuite, augmentation de l'angle de rotation $\alpha(t)$ à partir de la valeur nulle, *tout en maintenant constante la longueur du fil*: $\delta(t \geq t^e) = \delta(t = t^e) = \delta^e$.

On observe alors expérimentalement une *diminution de la tension du fil* ($N : N^e \downarrow$) au fur et à mesure que l'angle de torsion $\alpha(t)$ augmente (phénomène de « relaxation »). Un tel phénomène ne peut s'expliquer si l'on reste dans l'hypothèse d'une évolution purement élastique. En effet, les relations (4.269), montrent que l'effort de traction dans le fil est proportionnel à son allongement, *quelle que soit la valeur de la rotation* α. Il en résulte immédiatement que, dans la phase (b) du trajet de chargement, où cet allongement est maintenu *constant*, l'effort de traction ne peut que rester constant égal à :

$$N(t \geq t^e) = N(t^e) = \pi R^2 k\sqrt{3} \tag{4.275}$$

On se propose de donner une interprétation de ce phénomène fondée sur la *prise en compte du comportement élastoplastique* du matériau constitutif. Plus précisément, on recherche la solution en contrainte *dans la phase* (b) *du chargement*, sous la forme :

$$\boxed{\underline{\underline{\sigma}}(t) = \tau(r,t)\left(\underline{e}_\theta \otimes \underline{e}_z + \underline{e}_z \otimes \underline{e}_\theta\right) + \sigma(r,t)\underline{e}_z \otimes \underline{e}_z} \tag{4.276}$$

avec:

$$\boxed{\tau(r,t) = k \sin m(r,t) \text{ et } \sigma(r,t) = k\sqrt{3}\cos m(r,t)} \tag{4.277}$$

où $m(r,t)$ est un *paramètre sans dimension*. Un tel champ de contrainte est bien *statiquement admissible* avec les données en efforts du problème.

- *Équilibre*. Les seules composantes non nulles du tenseur des contraintes étant $\sigma_{z\theta} = \sigma_{\theta z} = \tau(r,t)$ et $\sigma_{zz} = \sigma(r,t)$, les équations d'équilibre se réduisent à :

$$\frac{\partial \sigma_{\theta z}}{\partial z} = 0 \quad \text{et} \quad \frac{1}{r}\frac{\partial \sigma_{z\theta}}{\partial \theta} + \frac{\partial \sigma_{zz}}{\partial z} = 0 \tag{4.278}$$

qui sont donc bien vérifiées.

- *Conditions aux limites* .

– surface latérale ($r = R$) : $\underline{T}(\underline{e}_r) = \underline{\underline{\sigma}}.\underline{e}_r = 0$ (4.279)

– extrémités (z=0, L) : $\underline{T}(\pm\,\underline{e}_z) = \underline{\underline{\sigma}}.(\pm\underline{e}_z) = \pm(\sigma\underline{e}_z + \tau\underline{e}_\theta) \quad \Rightarrow \quad T_r = 0$ (4.280)

En outre, le critère de plasticité qui s'écrit :

$$\sigma_{zz}^2 + 3\sigma_{\theta z}^2 = \sigma^2 + 3\tau^2 \leq 3k^2 \tag{4.281}$$

est atteint en tout point, puisque d'après (277) :

$$\sigma^2 + 3\tau^2 = 3k^2(\cos^2 m(r,t) + \sin^2 m(r,t)) = 3k^2 \tag{4.282}$$

avec $m(r, t = t^e) = 0$, puisque $\sigma(r, t = t^e) = k\sqrt{3}$ et $\tau(r, t = t^e) = 0$. Le champ de contrainte est donc *plastiquement admissible*.

De même recherchant le *champ de déplacement solution* sous la forme :

$$\boxed{\underline{\xi}(t) = \alpha(t) r \frac{z}{L} \underline{e}_\theta + \frac{\delta^e}{L} z \underline{e}_z + u(r,t) \underline{e}_r} \tag{4.283}$$

qui est bien *cinématiquement admissible* avec les conditions aux limites en déplacements associées à *la phase (b) du trajet de chargement*, le champ de taux de déformation $\underline{\underline{d}}$ correspondant s'écrit :

$$\underline{\underline{d}} = \dot{u}'(r,t) \underline{e}_r \otimes \underline{e}_r + \frac{\dot{u}(r,t)}{r} \underline{e}_\theta \otimes \underline{e}_\theta + \dot{\alpha} \frac{r}{2L} \left(\underline{e}_\theta \otimes \underline{e}_z + \underline{e}_z \otimes \underline{e}_\theta \right) \qquad \dot{\alpha}(t) \geq 0 \tag{4.284}$$

9.3. Cas du matériau élastiquement incompressible

On fait désormais l'hypothèse simplificatrice que le matériau est *élastiquement incompressible*: $\nu = 1/2$, d'où $E = 3\mu$. La loi de comportement élastoplastique s'écrit alors :

$$\underline{\underline{d}} = \underline{\underline{d}}^e + \underline{\underline{d}}^p \tag{4.285}$$

avec :

$$\underline{\underline{d}}^e = \frac{1+\nu}{E} \underline{\underline{\dot{\sigma}}} - \frac{\nu}{E} (\mathrm{tr} \underline{\underline{\dot{\sigma}}}) \underline{\underline{1}} = \frac{\underline{\underline{\dot{s}}}}{2\mu} \quad \text{puisque } \nu = 1/2 \tag{4.286}$$

et :

$$\underline{\underline{d}}^p = \dot{\lambda} \underline{\underline{s}}, \; \dot{\lambda} \geq 0 \tag{4.287}$$

Il en découle immédiatement que :

$$\mathrm{tr} \underline{\underline{d}} = \mathrm{tr} \left(\frac{\underline{\underline{\dot{s}}}}{2\mu} + \dot{\lambda} \underline{\underline{s}} \right) = 0 \tag{4.288}$$

soit, en utilisant l'expression (284) de $\underline{\underline{d}}$:

$$\dot{u}'(r,t) + \frac{\dot{u}}{r}(r,t) = 0 \quad \Rightarrow \quad \dot{u}(r,t) = \frac{C(t)}{r} = 0 \tag{4.289}$$

où l'on a exploité la continuité (et donc la nullité) de la vitesse radiale $\dot{u}(r,t)$ en $r = 0$.
L'identification de l'expression (4.284) du taux de déformation, où l'on tient compte de $\dot{u}(r,t) = 0$, avec celle donnée par la loi de comportement élastoplastique, donne :

$$\underline{\underline{d}} = \dot{\alpha} \frac{r}{2L} \left(\underline{e}_\theta \otimes \underline{e}_z + \underline{e}_z \otimes \underline{e}_\theta \right) = \frac{\underline{\underline{\dot{s}}}}{2\mu} + \dot{\lambda} \underline{\underline{s}} \tag{4.290}$$

avec, compte tenu de (4.276) :

$$\underline{\underline{s}} = \frac{\sigma}{3} \left(2 \underline{e}_z \otimes \underline{e}_z - \underline{e}_r \otimes \underline{e}_r - \underline{e}_\theta \otimes \underline{e}_\theta \right) + \tau \left(\underline{e}_\theta \otimes \underline{e}_z + \underline{e}_z \otimes \underline{e}_\theta \right) \tag{4.291}$$

Il vient alors immédiatement :

$$\begin{cases} \dfrac{\dot{\tau}}{2\mu} + \dot{\lambda} \tau = \dot{\alpha} \dfrac{r}{2L} \\ \dfrac{\dot{\sigma}}{\mu} + 2 \dot{\lambda} \sigma = 0 \end{cases} \tag{4.292}$$

ou encore, en tenant compte de (4.277) :

$$\begin{cases} \dfrac{k\dot{m}\cos m}{2\mu} + \dot{\lambda}k\sin m = \dot{\alpha}\dfrac{r}{2L} \\ \dfrac{-\dot{m}\sin m}{\mu} + 2\dot{\lambda}\cos m = 0 \end{cases} \Rightarrow \begin{cases} \dfrac{\dot{m}}{\cos m} = \dfrac{\mu}{k}\dfrac{r}{L}\dot{\alpha} & (a) \\ \dot{\lambda} = \dot{\alpha}\dfrac{r}{2L}\sin m & (b) \end{cases} \tag{4.293}$$

L'intégration de (4.293*a*) entre les instants t^e et t donne:

$$\int_{m(t^e)}^{m(t)} \frac{\mathrm{d}m}{\cos m} = \left[\mathrm{Ln}\left| \frac{1+\tan(m/2)}{1-\tan(m/2)} \right| \right]_{m(t^e)}^{m(t)} = \frac{\mu}{k}\frac{r}{L}\left(\alpha(t) - \alpha(t^e)\right) \tag{4.294}$$

soit puisque $\alpha(t^e) = m(t^e) = 0$:

$$\boxed{\tan(m/2) = \frac{e^{\chi}-1}{e^{\chi}+1} \quad \text{avec } \chi(r,t) = \frac{\mu}{k}\frac{r}{L}\alpha(t)} \tag{4.295}$$

Il en résulte en particulier que le paramètre m est une *fonction croissante* de l'angle α, et que le *multiplicateur plastique* donné par (4.293*b*) est *toujours positif ou nul,* puisque $\dot{\alpha} \geq 0$. La règle d'écoulement plastique est donc bien vérifiée.

On a ainsi mis en évidence, dans la phase (b) du trajet de chargement, une évolution en déplacement (équation (4.283) avec $u(r,t) = u(r,t^e)$) et en contrainte (équations (4.276) et (4.277), avec m relié à α par (4.295)), qui sont respectivement cinématiquement et statiquement admissibles pour le problème. À tout instant de ce trajet et en tout point du fil, la loi de comportement élastoplastique est bien vérifiée, en particulier le critère de plasticité et la règle d'écoulement plastique. Il s'agit donc bien d'une solution du problème d'évolution, unique pour ce qui concerne l'évolution en contrainte.

9.4. Exploitation des résultats

Reportant l'équation (4.295) qui relie m à α dans (4.277), il vient :

$$\begin{cases} \sigma/k = \sqrt{3}\cos m = \sqrt{3}\,\dfrac{1-\tan^2(m/2)}{1+\tan^2(m/2)} = \dfrac{\sqrt{3}}{\cosh\chi} \\ \tau/k = \sin m = \dfrac{2\tan(m/2)}{1+\tan^2(m/2)} = \tanh\chi \end{cases} \tag{4.296}$$

Les courbes représentatives des fonctions $\sigma(\chi)/k$ et $\tau(\chi)/k$ sont tracées sur la figure 34.

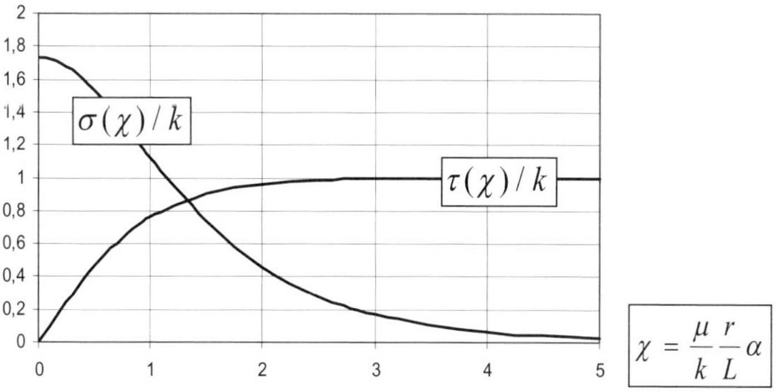

Figure 34.

Ces courbes permettent de décrire en un point donné, c'est-à-dire à *r fixé*, l'évolution des contraintes en fonction de l'angle de torsion α : la contrainte normale décroît pour s'annuler pour une valeur suffisamment importante de α, tandis qu'à l'inverse la contrainte de cisaillement augmente progressivement pour atteindre asymptotiquement la valeur k. Une telle évolution correspond au fait que le point représentatif de l'état de contrainte local dans le plan (σ, τ) se déplace sur l'ellipse d'équation $\sigma^2 + 3\tau^2 = 3k^2$ qui délimite le domaine d'élasticité du matériau dans ce plan. De façon équivalente, elles décrivent, à α *fixé*, la distribution de ces mêmes en fonction du rayon r.

Les paramètres de chargement se calculent alors par intégration de ces distributions. Posant $\rho = r / R$ et $\gamma = \alpha R / 2L$, on obtient :

$$\begin{cases} N = 2\pi \displaystyle\int_0^R r\sigma \,\mathrm{d}r = \pi R^2 k\sqrt{3}\int_0^1 \frac{2\rho \,\mathrm{d}\rho}{\cosh(2\mu\rho\gamma / k)} = N^e n(\gamma) \\ \Gamma = 2\pi \displaystyle\int_0^R r^2\tau \,\mathrm{d}r = \frac{\pi R^3 k}{2}\int_0^1 4\tanh(2\mu\rho\gamma / k)\rho^2 \,\mathrm{d}\rho = \Gamma^e g(\gamma) \end{cases} \tag{4.297}$$

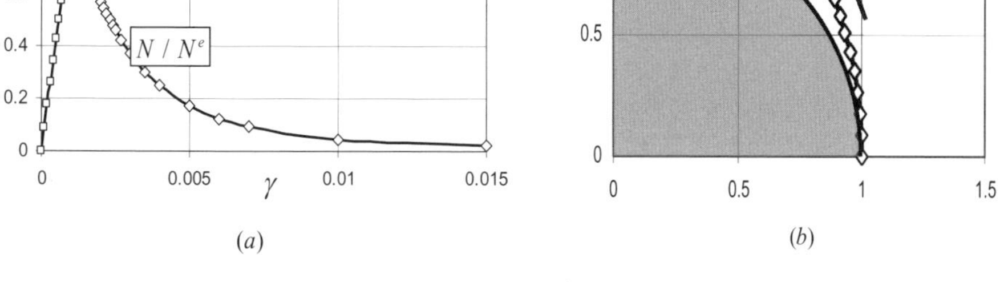

(*a*) (*b*)

Figure 35.

Les fonctions n et g on été tracées numériquement en fonction de γ sur la figure 35a, pour les valeurs particulières suivantes : $E = 3\mu = 2 \times 10^5$ MPa et $k = 150$ MPa, d'où $2\mu/k = 900$. On observe bien, en conformité avec l'expérience, que l'effort de traction diminue au fur et à mesure que la paramètre γ et donc l'angle de rotation α augmente jusqu'à s'annuler, tandis que la couple de torsion augmente jusqu'à atteindre la valeur $\Gamma^l = 1{,}33\,\Gamma^e$, qui n'est autre que la *charge limite* en torsion pure (voir le problème précédent de la torsion). Ceci est confirmé par le tracé de la trajectoire du point représentatif de trajet de chargement dans le plan (N / N^e, Γ/Γ^e) : figure 35b, où l'on a également tracé le domaine d'élasticité initial dans ce même plan.

10. STRUCTURE SOUS CHARGEMENT THERMIQUE

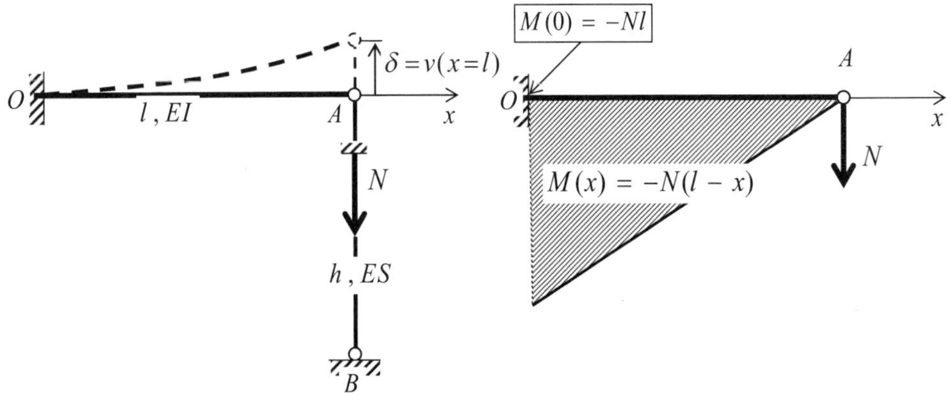

Figure 36.

La structure représentée sur la figure 36 est constituée d'une poutre-console horizontale OA de longueur l, encastrée à son extrémité O et reliée à son extrémité A à un poteau vertical AB de hauteur h par une articulation *sans frottement*, l'extrémité inférieure B de ce poteau étant elle-même reliée à un point fixe par une articulation *sans frottement*. La structure n'est soumise à aucun autre effort extérieur.

Partant d'un *état initial naturel* (efforts intérieurs nuls), la structure est soumise à un *chargement thermique* consistant à augmenter progressivement la température du poteau AB de T_0 à $T_0+\tau$, sa loi de comportement étant supposée *thermoélastique*, c'est-à-dire que son allongement total δ est donné par la relation :

$$\delta = N\frac{h}{ES} + \alpha\, h\tau \qquad (4.298)$$

où S la section, E le module d'Young du matériau constitutif, et $\alpha > 0$ le coefficient de dilatation thermique. La poutre-console OA, dont la température est maintenue constante, est supposée obéir à une loi de comportement de type « moment-courbure », *élastique* (rigidité à la flexion EI) *parfaitement plastique standard* ; on désigne par m le moment de plastification en flexion positive ou négative.

10.1. Phase de comportement élastique

Désignant par N l'intensité, comptée positivement en traction, de l'effort normal dans la poteau vertical AB, la distribution de moments fléchissants dans la poutre-console OA est donnée par (figure 36, où N est pris comme *inconnue hyperstatique* du problème) :

$$M(x) = -N(l - x) \tag{4.299}$$

Le comportement élastique de la poutre en flexion donne :

$$\chi = \chi^e = v'' = \frac{M(x)}{EI} = -\frac{N(l - x)}{EI} \tag{4.300}$$

d'où par double intégration, en tenant compte des conditions d'*encastrement* en O ($v'(0) = v(0) = 0$) :

$$v(x) = -\frac{N}{EI}\left(\frac{lx^2}{3} - \frac{x^3}{6}\right) \Rightarrow v(l) = -\frac{Nl^3}{3EI} \tag{4.301}$$

D'où par identification de la flèche à l'extrémité A de la poutre-console avec l'allongement du poteau donné par la loi de comportement thermoélastique (4.298) :

$$\delta = N\frac{h}{ES} + \alpha\, h\tau = v(l) = -\frac{Nl^3}{EI} \tag{4.302}$$

et donc :

$$\boxed{N = -\frac{ES\alpha\tau}{1 + \lambda} \leq 0 \;\;,\;\; \delta = \frac{\lambda}{1 + \lambda}\alpha\tau\, h \quad \text{avec} \quad \lambda = \frac{Sl^3}{3hI}} \tag{4.303}$$

La limite d'élasticité correspond à la *plastification en flexion positive de la poutre à l'encastrement A*, soit :

$$M(0) = -Nl = +m \quad \Rightarrow \boxed{\tau^e = (1 + \lambda)\frac{m}{ES\alpha l}} \tag{4.304}$$

10.2. Phase élastoplastique ($\tau \geq \tau^e$)

On fait l'hypothèse que pour un échauffement se poursuivant au-delà de la limite d'élasticité, la section de la poutre-console située à l'encastrement demeure plastifiée :

$$M(0) = -Nl = +m \Rightarrow \dot{M} = \dot{N} = 0 \tag{4.305}$$

de sorte que les efforts intérieurs (diagramme des moments fléchissants dans la poutre-console, effort ce compression dans le poteau) n'*évoluent plus.* L'équation de comportement (4.298) du poteau, écrite en vitesse, devient alors :

$$\dot{\delta} = \underbrace{\dot{N}\frac{h}{ES}}_{=0} + \alpha\, h\dot{\tau} = \alpha\, h\dot{\tau} \tag{4.306}$$

d'où par intégration entre τ^e et τ :

$$\delta - \delta^e = \alpha h\left(\tau - \tau^e\right) \quad \text{avec} \quad \delta^e = \frac{ml^2}{3EI} \;\;,\; \tau^e = (1 + \lambda)\frac{m}{ES\alpha l} \tag{4.307}$$

On a par ailleurs en tout point de la poutre-console *en dehors de l'encastrement*, où le comportement reste purement élastique :

$$x > 0: \; v''(x,\tau) = v''(x,\tau^e) + \underbrace{\frac{\Delta M}{EI}}_{=0} \tag{4.308}$$

d'où en intégrant deux fois et en tenant compte de ce que $v(0,\tau) = v(0,\tau^e) = 0$:

$$x > 0: \; v(x,\tau) = v(x,\tau^e) + Ax \tag{4.309}$$

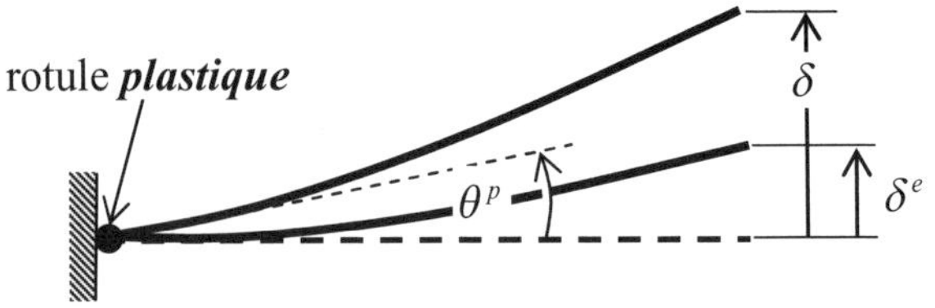

Figure 37.

et par conséquent :

$$A = v'(\tau,0^+) - \underbrace{v'(\tau^e,0^+)}_{=0} = v'(\tau,0^+) - \underbrace{v'(\tau,0^-)}_{=0} = [v'](\tau,0) = \theta^p \tag{4.310}$$

La constante d'intégration n'est autre que la *discontinuité de rotation purement plastique* à l'origine, due à la formation d'une rotule plastique à l'encastrement (figure 37), et qui se calcule comme suit :

$$\boxed{\theta^p} = \frac{v(\tau,l) - v(\tau^e,l)}{l} = \frac{\delta - \delta^e}{l} = \boxed{\alpha \frac{h}{l}\left(\tau - \tau^e\right)} \tag{4.311}$$

Ce qui permet de vérifier la *règle d'écoulement plastique* :

$$M = +m, \; \dot{M} = 0 \Rightarrow \dot{\theta}^p = \alpha \frac{h}{l} \dot{\tau} \geq 0 \tag{4.312}$$

10.3. Phase de refroidissement

Ayant poursuivi l'échauffement du poteau jusqu'à une valeur de l'écart de température notée $\tau^* (\geq \tau^e)$, on fait décroître cet écart de température (refroidissement), de sorte que l'on peut poser : $\tau = \tau^* + \Delta\tau , \Delta\tau \leq 0$. Supposant le comportement de la poutre-console *purement élastique*, on a en utilisant les calculs en phase thermoélastique :

$$N(\tau) = N(\tau = \tau^*) - \alpha \frac{ES}{1+\lambda} \Delta\tau = \underbrace{N(\tau = \tau^e)}_{=-m/l} - \alpha \frac{ES}{1+\lambda} \Delta\tau \tag{4.313}$$

ainsi que :

$$\delta(\tau) = \delta(\tau = \tau^*) - \alpha \frac{\lambda}{1+\lambda} h\Delta\tau = \delta^e + \alpha h\left(\tau^* - \tau^e\right) + \alpha \frac{\lambda}{1+\lambda} h\Delta\tau \tag{4.314}$$

On obtient dans le cas du *refroidissement complet* ($\Delta\tau = -\tau^*$), les valeurs résiduelles suivantes :

$$N^r = -\frac{m}{l} + \alpha \frac{ES\tau^*}{1+\lambda} \quad , \quad \delta^r = \frac{\alpha h}{1+\lambda}\left(\tau^* - \tau^e\right) \tag{4.315}$$

Une telle évolution n'est possible que si le critère de plasticité de la poutre-console est vérifié en tout point, c'est-à-dire tant que l'encastrement ne replastifie pas en flexion *négative* :

$$M^r(0) = -N^r l = m - \alpha l \frac{ES\tau^*}{1+\lambda} \geq -m \tag{4.316}$$

soit :

$$\boxed{\tau^* \leq 2(1+\lambda)\frac{m}{ES\alpha l} = 2\tau^e} \tag{4.317}$$

Dans le cas où $\boxed{\tau^* = 2\tau^e}$, on obtient finalement :

$$\boxed{N^r = \frac{m}{l}\ ,\ M^r(x) = m(1 - x/l)\ ,\ \delta^r = \frac{mh}{ESl}} \tag{4.318}$$

Le diagramme (δ,τ) correspondant à l'ensemble du cycle échauffement-refroidissement ($\tau : 0 \rightarrow \tau^{\max} \rightarrow 0$) et représenté sur la figure 38.

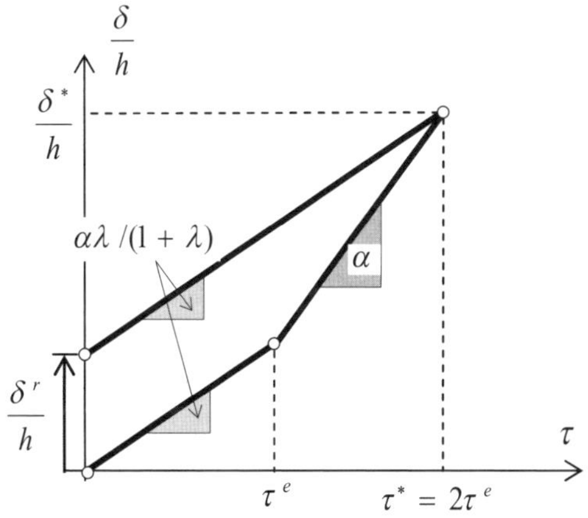

Figure 38.

11. CALCUL D'UN PORTIQUE EN ÉLASTOPLASTICITÉ

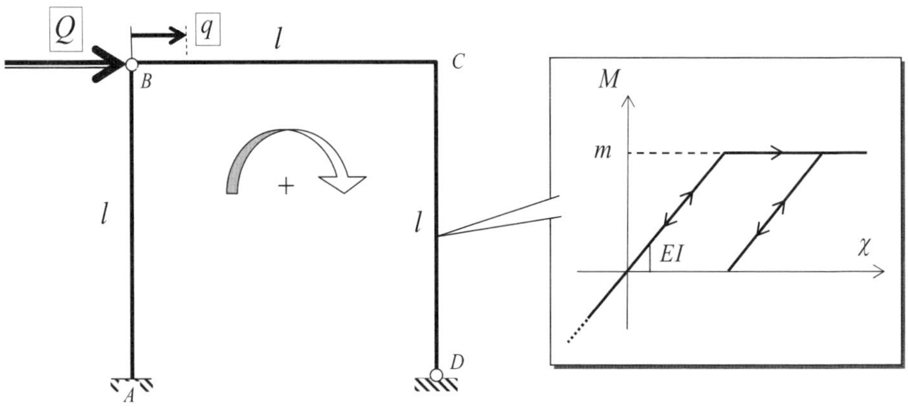

Figure 39.

On considère le portique représenté sur la figure 38, constitué d'une travée horizontale de longueur l en appui sur deux poteaux verticaux de même longueur l. Les liaisons aux points B et D sont des *articulations sans frottement* (moment nul). La loi de comportement des différentes barres est représentée sur la partie droite de la figure 39, sous la forme d'un diagramme « moment-courbure » de type élastique (rigidité à la flexion EI) *parfaitement plastique standard*, de moment limite m en flexion positive ou négative. Une charge horizontale d'intensité Q est appliquée au point B.

11.1. Analyse statique

Le problème étudié est *hyperstatique d'ordre 1* comme indiqué sur la figure 40. On peut ainsi prendre la valeur Y de la réaction d'appui verticale en D comme *inconnue hyperstatique*, la composante horizontale étant égale à $-Y$: il suffit pour montrer cela d'écrire l'équilibre en moment par rapport au point B de la portion BCD du portique, qui exige que la réaction d'appui passe par ce point. Les diagrammes de moments *statiquement admissibles* sont représentés sur la partie droite de cette figure. On obtient dans un repère orthonormé ayant l'appui A pour origine :

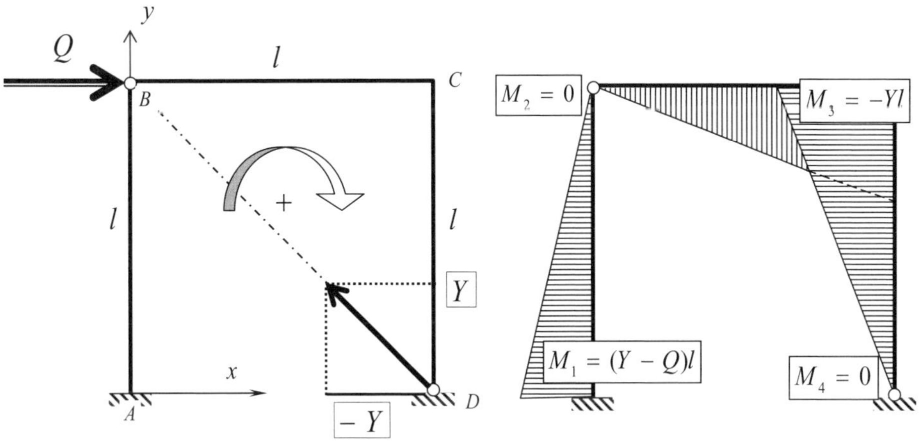

Figure 40.

- Poteau AB :

$$M(y) = (Y - Q)(l - y) \text{ avec } M_1 = (Y - Q)l \tag{4.319}$$

- Travée BC : :

$$M(x) = -Yx \quad M_2 = 0 \text{ et } M_3 = -Yl \tag{4.320}$$

- Poteau CD :

$$M(y) = -yY \text{ avec } M_4 = 0 \tag{4.321}$$

11.2. Calcul élastique

L'état initial étant supposé *naturel* (diagramme des moments nuls pour $Q = 0$), *l'énergie complémentaire* de la structure s'écrit :

$$W^*[M(s)] = \int_A^D \frac{M^2(s)}{2EI} \mathrm{d}s \tag{4.322}$$

soit, en tenant compte des équations (4.319) à (4.321) :

$$W^*(Y, Q) = \frac{1}{2EI}\left\{\int_0^l (Y - Q)^2 (l - y)^2 \mathrm{d}y + 2\int_0^l (-Yx)^2 \mathrm{d}x\right\} = \frac{l^3}{6EI}[(Y - Q)^2 + 2Y^2] \tag{4.323}$$

Le *théorème du potentiel minimum* nous permet alors de calculer l'inconnue hyperstatique :

$$\frac{\partial W^*}{\partial Y} = \frac{l^3}{3EI}(3Y - Q) = 0 \quad \text{d'où} \quad \boxed{Y = \frac{Q}{3}} \tag{4.324}$$

tandis que le *théorème de Castigliano* nous permet de calculer le *déplacement horizontal q* du point d'application du chargement :

$$\boxed{q} = \frac{\mathrm{d}}{\mathrm{d}Q} W^*\left[Y = \frac{Q}{3}; Q\right] = \boxed{\frac{2Ql^3}{9EI}} \tag{4.325}$$

Le point le plus sollicité étant l'encastrement A, où $M_1 = -2Ql/3$, la limite d'élasticité vaut :

$$M_1 = -2Q^e l/3 = -m \quad \text{soit} \quad \boxed{Q^e = \frac{3m}{2l}} \tag{4.326}$$

tandis que la valeur correspondante du déplacement est :

$$\boxed{q^e} = \frac{2Q^e l^3}{9EI} = \boxed{\frac{ml^2}{3EI}} \tag{4.327}$$

Le diagramme des moments correspondant est représenté sur la figure 41a.

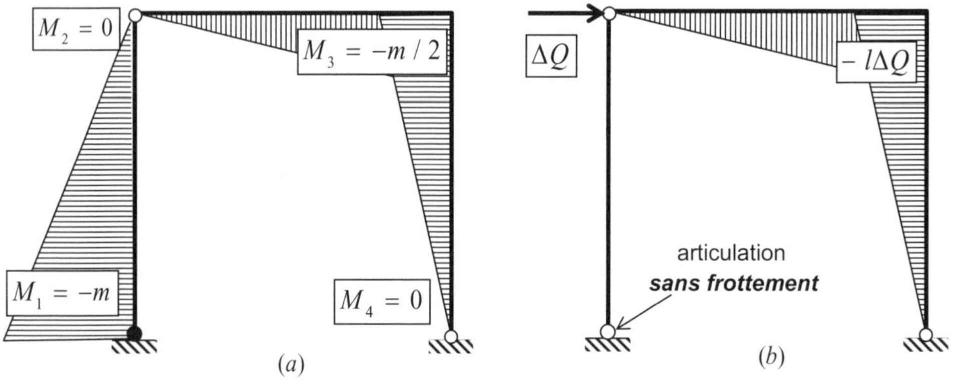

Figure 41.

11.3. Évolution élastoplastique

Poursuivant le chargement au-delà de la limite d'élasticité ($Q = Q^e + \Delta Q, \Delta Q \geq 0$), on fait l'hypothèse de *formation d'une rotule plastique* en A, de sorte que :

$$M_1 = -m\,,\ \Delta M_1 = 0 \tag{4.328}$$

La solution du problème d'évolution dans cette phase élastoplastique se fait classiquement en superposant à la solution correspondant à la limite d'élasticité (figure 41a) celle du *problème isostatique associé* (figure 41b) : celui-ci correspond à un portique pour lequel l'encastrement de l'appui A est remplacé par une articulation sans frottement, tandis que le chargement appliqué est égal à l'incrément de charge ΔQ au-delà de la limite d'élasticité. Le *théorème de Castigliano* appliquée à ce problème isostatique permet de calculer l'incrément de déplacement Δq pendant cette phase élastoplastique :

$$W^*(\Delta Q) = 2\frac{1}{2EI}\int_0^l (\Delta Q x)^2 \mathrm{d}x = \frac{\Delta Q^2 l^3}{3EI} \tag{4.329}$$

d'où :

$$\boxed{\Delta q = \frac{\mathrm{d}W^*}{\mathrm{d}(\Delta Q)} = \frac{2\Delta Q l^3}{3EI}} \tag{4.330}$$

Il reste à vérifier la règle d'écoulement plastique au point A, où s'est formée la *rotule plastique*. Or la *discontinuité de rotation plastique*, notée θ^p, n'est autre que la discontinuité de rotation à l'endroit de l'articulation sans frottement en A pour le problème isostatique associé. Dans ce problème, le diagramme des moments dans le poteau AB étant nul, il n'y a aucune variation de courbure, de sorte que ce poteau est animé d'un mouvement de corps rigide autour de l'articulation sans frottement A, comme indiqué sur le schéma ci-dessous. Compte tenu de la relation (4.330), il vient alors :

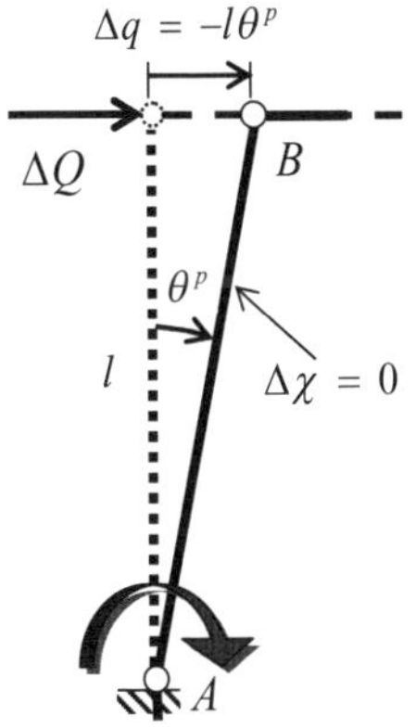

$$\Delta q = \frac{2\Delta Q l^3}{3EI} = -l\theta^p \qquad (4.331)$$

d'où : $$\theta^p = -\frac{2\Delta Q l^2}{3EI} \qquad (4.332)$$

soit: $$\boxed{\dot{\theta}^p = -\frac{2\dot{Q}l^2}{3EI} \leq 0} \qquad (4.333)$$

Le signe négatif de la vitesse de discontinuité de rotation plastique est bien en cohérence avec le fait que $M_1 = -m$.

11.4. Charge limite et mécanisme de ruine plastique

La solution précédente est valable tant que le moment M_3 au point C reste supérieur au moment limite de plastification négative, soit :

$$M_3 = -\frac{m}{2} - l\Delta Q \geq -m \;\Rightarrow\; \Delta Q \leq \frac{m}{2l} \qquad (4.334)$$

d'où la *charge limite* de la structure :

$$\boxed{Q \leq Q^l = Q^e + \frac{m}{2l} = \frac{2m}{l}} \qquad (4.335)$$

le déplacement correspondant étant égal à :

$$\boxed{q^l = q^e + \Delta q = \frac{2ml^2}{3EI}} \qquad (4.336)$$

et le diagramme des moments fléchissants associé est représenté sur la figure 42a.

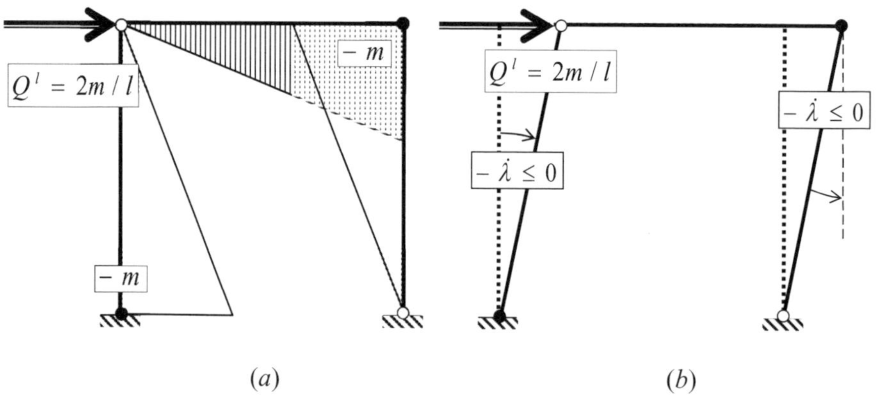

Figure 42.

L'apparition d'une seconde rotule plastique au point C correspond à la formation d'un *mécanisme d'écoulement plastique libre* sous charge maintenue constante (figure 42b), le signe négatif des rotules plastiques étant compatible avec la règle d'écoulement. Le mécanisme correspondant est appelé *« mécanisme de panneau »* (voir le cours de *Calcul à la rupture*).

11.5. Décharge et état résiduel de la structure

Ayant tout juste atteint la charge limite de la structure et sans que le mécanisme de ruine ne se développe, on procède à une *décharge* de la structure : $Q = Q^l + \Delta Q$, $\Delta Q \leq 0$. Supposant qu'une telle décharge demeure *élastique* jusqu'à la décharge *totale* ($\Delta Q = -2m / l$), les *moments résiduels* aux points A et C sont :

$$M_1^r = -m - \frac{2(-2m / l)}{3} = \frac{m}{3} \quad , \quad M_3^r = -m - \frac{(-2m / l)}{3} = -\frac{m}{3} \tag{4.337}$$

le diagramme des moments résiduels *autoéquilibré*, c'est-à-dire en équilibre avec un chargement nul, est représenté sur la figure 43.

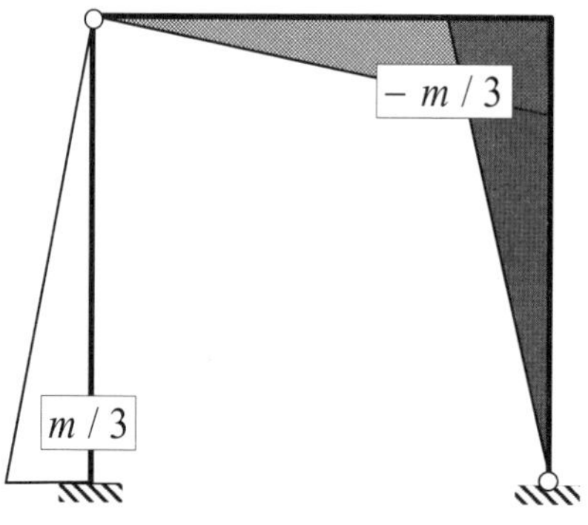

Figure 43.

Le *déplacement résiduel* du point d'application de la charge se calcule comme suit :

$$\boxed{q^r = q^l + \frac{2l^3(-2m/l)}{9EI} = \frac{2ml^2}{9EI}} \tag{4.338}$$

Le diagramme charge-déplacement correspondant au cycle complet de charge-décharge, ainsi que l'évolution correspondante des moments fléchissants aux points A et C, sont représentés sur la figure 44.

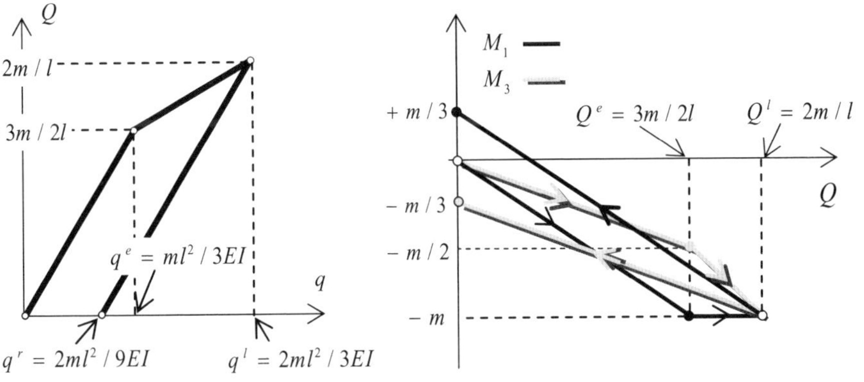

Figure 44.

11.6. Interprétation de l'état résiduel

La discontinuité de rotation plastique au point A accumulée pendant la phase élastoplastique jusqu'au moment où la charge limite est atteinte, vaut d'après (4.333) :

$$\theta^{p,\max} = -\frac{2l^2}{3EI}\left(Q^l - Q^e\right) = -\frac{ml}{3EI} \tag{4.339}$$

Le champ de déformation plastique correspondant, localisé en ce seul point, est manifestement *géométriquement incompatible* comme l'illustre la figure 45, où son intégration à partir de l'appui A le long de la structure aboutit par exemple à une position de l'extrémité inférieure droite du portique décalée d'une distance égale $l\theta^{p,\max}$ par rapport à l'appui fixe D.

Afin de *rétablir cette compatibilité géométrique*, c'est-à-dire de déplacer l'extrémité inférieure droite du portique afin de l'amener au point C, il convient d'exercer un effort d'intensité R, incliné à 45° comme indiqué sur la figure 45, de manière à respecter l'équilibre. La valeur de cet effort résulte d'un calcul élastique sur la structure isostatique obtenue en libérant la liaison en C. Il suffit pour cela de calculer l'énergie élastique de contrainte correspondant à l'application de cet effort, soit avec le diagramme de moments fléchissants engendré par cet effort (figure 45) :

$$W^*(R) = 3\frac{1}{2EI}\int_0^l R^2x^2\mathrm{d}x = \frac{R^2l^3}{2EI} \tag{4.340}$$

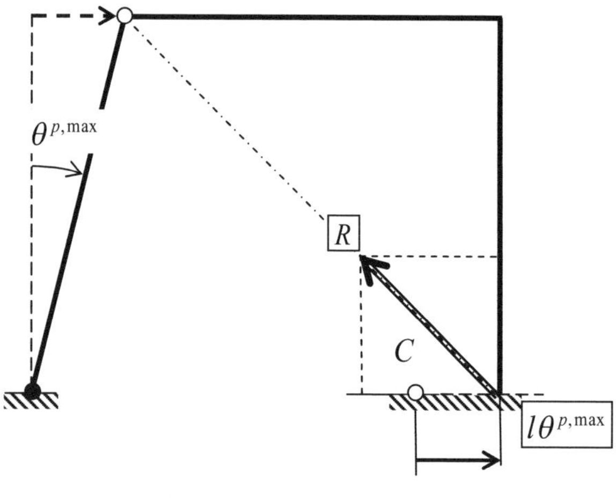

Figure 45.

et donc par application du théorème de Castigliano :

$$\frac{\mathrm{d}W^*}{\mathrm{d}R} = \frac{Rl^3}{EI} = -l\theta^{p,\max} = \frac{ml^2}{3EI} \Rightarrow \boxed{R = \frac{m}{3l}} \tag{4.341}$$

Il en résulte que les moments fléchissants aux points A et C valent :

$$M_1 = \frac{m}{3}\ ,\ M_3 = -\frac{m}{3} \tag{4.342}$$

ce qui correspond bien aux valeurs des moments résiduels. Ce sont donc bien ces efforts résiduels qui par le biais des déformations élastiques qu'elles engendrent permettent de rétablir la compatibilité géométrique de la structure.

CALCUL À LA RUPTURE

Chapitre V

DE L'ÉLASTOPLASTICITÉ AU CALCUL À LA RUPTURE : L'EXEMPLE DES SYSTÈMES DE POUTRES EN FLEXION

1. CHARGE LIMITE D'UNE STRUCTURE SIMPLE

On reprend l'exemple du calcul de l'évolution élastoplastique d'une poutre console de longueur $2l$, encastrée en O ($x = 0$) et simplement appuyée à son extrémité B ($x = 2l$), soumise en son milieu A ($x = l$) à une charge ponctuelle verticale d'intensité Q, comptée positivement vers le bas (figure 1a), et croissant progressivement en fonction du temps à partir d'une valeur nulle (voir chapitre III du cours d'*Élastoplasticité*). Cette poutre obéit en chacun de ses points à une loi de comportement de type ***moment-courbure***, élastique parfaitement plastique, schématisée par le diagramme de la figure 1b.

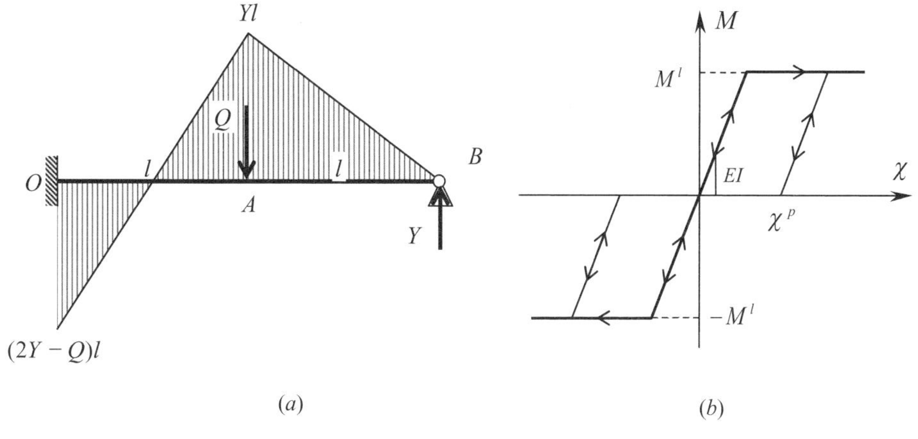

Figure 1. Analyse élastoplastique d'une poutre console.

Le schéma de la figure 2 récapitule, sous la forme d'une courbe donnant la valeur Q du chargement en fonction du déplacement q du point d'application de la charge, les différentes étapes de l'évolution élastoplastique de la structure supposée être dans un état initial *naturel* (moment nul en tout point pour $Q = 0$) :

– ***phase élastique*** jusqu'à la valeur $Q = 8M^l/3l$, ***limite d'élasticité*** du système correspondant à la plastification à l'encastrement ;

– ***phase élastoplastique*** associée à la formation d'une rotule négative à l'encastrement ($M(x=0)=-M^l$) ;
– ***ruine de la structure*** par apparition d'un mécanisme d'écoulement plastique libre mettant en jeu une rotule négative à l'encastrement et une rotule positive au point d'application de la charge. La valeur correspondante du chargement est la ***charge limite*** du système égale à $Q=3M^l/l$.

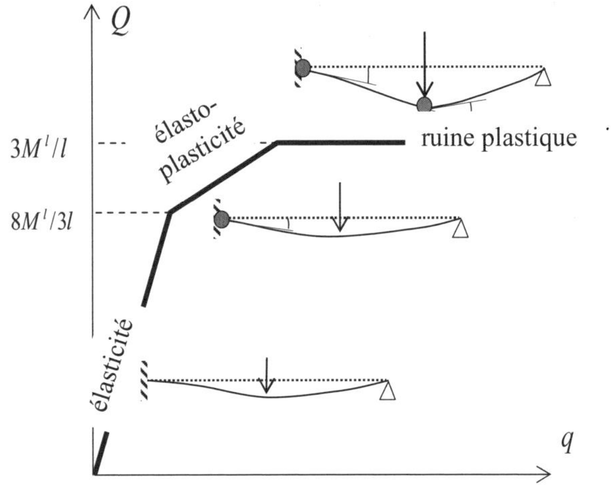

Figure 2. Diagramme charge-déplacement relatif à la structure de la figure 1.

Comme nous avons déjà eu l'occasion de l'indiquer, le calcul de la charge limite peut être effectué directement à partir d'un raisonnement de compatibilité entre les conditions d'*équilibre* de la structure et la vérification du ***critère de plasticité*** en tout point de cette dernière. Plus précisément, l'ensemble des diagrammes de moments fléchissants ***statiquement admissibles*** avec la valeur Q du chargement, dont l'allure est donnée sur la figure 1(a), est de la forme :

$$M(x)=\begin{cases} Y(2l-x)-Q(l-x) & 0\leq x\leq l \\ Y(2l-x) & l\leq x\leq 2l \end{cases} \tag{5.1}$$

où Y désigne la ***réaction d'appui*** en B, prise comme ***inconnue hyperstatique*** du problème.

Par ailleurs le ***critère de plasticité*** s'écrit en tout point :

$$-M^l\leq M(x)\leq +M^l \qquad 0\leq x\leq 2l \tag{5.2}$$

Le diagramme des moments étant en vertu de (5.1) ***affine par morceaux***, il en résulte que la condition (5.2) équivaut à vérifier le critère de plasticité aux points où le moment est extrémal, c'est-à-dire aux points O et A :

$$\begin{aligned} -M^l &\leq M(x=0)=2Yl-Ql\leq +M^l \\ -M^l &\leq M(x=l)=Yl\leq +M^l \end{aligned} \tag{5.3}$$

ce qui peut encore s'écrire sous la forme de deux doubles inégalités portant sur l'inconnue hyperstatique Y :

$$-\frac{M^l}{2l}+\frac{Q}{2}\leq Y\leq +\frac{M^l}{2l}+\frac{Q}{2} \quad , \quad -\frac{M^l}{l}\leq Y\leq +\frac{M^l}{l} \tag{5.4}$$

Les conditions d'existence d'une valeur de l'inconnue hyperstatique pour laquelle les inégalités (5.4) sont satisfaites, et donc l'existence d'un diagramme des moments fléchissants vérifiant simultanément les équations d'équilibre et le critère de plasticité en tout point est assurée, s'obtiennent en exprimant que les bornes supérieures des intervalles ci-dessus sont supérieures aux bornes inférieures, soit :

$$-\frac{M^l}{l}\leq +\frac{M^l}{2l}+\frac{Q}{2} \quad , \quad -\frac{M^l}{2l}+\frac{Q}{2}\leq +\frac{M^l}{l} \tag{5.5}$$

ou bien encore :

$$-3\frac{M^l}{l}\leq Q\leq +3\frac{M^l}{l} \tag{5.6}$$

La double inégalité (5.6) constitue donc la ***condition nécessaire et suffisante***, portant sur le paramètre de chargement Q, qui permet d'assurer la compatibilité entre les équations d'équilibre et le respect en tout point du critère de plasticité. L'intervalle correspondant représente **le *domaine K des chargements supportés*** par la structure, tandis que les bornes de cet intervalle ne sont autres que les ***chargements limites*** :

$$K=\left[-3\frac{M^p}{l}, +3\frac{M^p}{l}\right] \tag{5.7}$$

Il importe de souligner (voir chapitre II) que le domaine K ainsi déterminé est indépendant :
– de ***l'état initial de la structure*** (la charge limite demeurerait inchangée si l'on partait par exemple de l'état de contrainte résiduel obtenu après décharge complète) ;
– des ***caractéristiques élastiques*** (rigidité en flexion EI) ;
– du ***trajet de chargement*** suivi.

On peut dès lors définir entièrement ce domaine par un ***raisonnement de compatibilité « équilibre-critère »*** : K s'identifie à l'ensemble des chargements Q pour lesquels il est possible de mettre en évidence un diagramme de moments fléchissants en ***équilibre*** (statiquement admissible : S.A.) avec le chargement Q, et qui respecte en tout point le ***critère de plasticité*** :

$$K=\left\{Q \ ; \ \exists M(x) \ S.A. \ Q, \ |M(x)|\leq M^l \ \ 0\leq x\leq 2l\right\} \tag{5.8}$$

2. DE L'ANALYSE LIMITE AU CALCUL À LA RUPTURE

La détermination par un raisonnement de compatibilité équilibre-critère des chargements limites, et plus généralement du domaine K, dans l'hypothèse où la loi de comportement de la poutre en flexion est du type ***élastique parfaitement plastique standard***, constitue le principe de ***l'analyse limite***. Il est alors possible de généraliser ce raisonnement au cas où l'on ne dispose d'aucune autre information sur le comportement de la poutre que la donnée du critère (1.2), que nous appellerons désormais ***critère de résistance***. Le raisonnement précédent devient un raisonnement de

calcul à la rupture, les charges limites étant appelées les *charges extrêmes*, situées aux bornes (sur la frontière) du domaine K. Ce dernier prend alors la dénomination de ***domaine des chargements potentiellement supportables***. L'adverbe « ***potentiellement*** » vise à signifier que, hormis dans le cas particulier où le critère de résistance est un critère de plasticité parfaite standard, on n'est nullement assuré que le chargement extrême déterminé par le raisonnement de calcul à la rupture est effectivement atteint. Un exemple simple permet d'illustrer ce dernier point.

Imaginons la situation extrême où le comportement de la poutre est de type « élastique-***fragile*** », illustré par le diagramme moment-courbure de la figure 3 : la valeur du moment s'annule brutalement lorsque le moment limite, que nous noterons désormais m, est atteint. Reprenant le calcul pas à pas de la structure effectué dans le cas élastoplastique, il apparaît que la phase élastique de comportement est inchangée, la limite d'élasticité de la structure étant toujours égale à $8m/3l$. En revanche, cette valeur ne peut être dépassée, c'est-à-dire que la limite d'élasticité de la structure coïncide avec la charge de ruine.

En effet, nous avons vu que la limite d'élasticité correspond au fait le moment atteint la valeur $M(x = 0) = - m$ à l'encastrement. En raison du caractère fragile du comportement de la poutre, la valeur du moment à l'encastrement s'annule brutalement, de sorte que l'encastrement se transforme en appui simple, et il est facile de vérifier que la structure correspondante (poutre isostatique sur appuis simples) ne peut supporter la valeur du chargement atteinte ($8m/3l$), supérieure à sa valeur de ruine propre ($2m/l$). Le diagramme effort-déplacement de la figure 3 illustre ce mode de rupture « catastrophique », qui se traduit en particulier par le fait que la valeur du chargement extrême ne peut être atteinte. Il apparaît donc dans ce cas que le raisonnement du calcul à la rupture conduit à surestimer considérablement la valeur du chargement limite effectivement supporté par la structure.

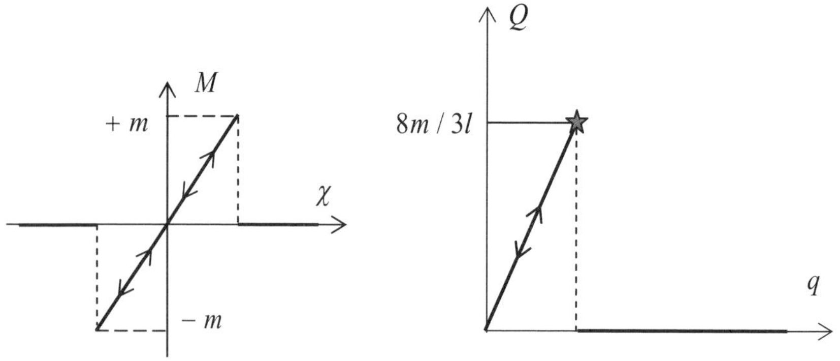

Figure 3. Comportement de la poutre console de la figure 1 dans l'hypothèse d'un comportement élastique-fragile.

Sur un plan général, on peut donc en conclure que la pertinence des résultats issus du calcul à la rupture est d'autant meilleure que le comportement local des éléments constituant la structure se rapproche de la situation idéale de l'élastoplasticité parfaite. En pratique, on accordera une confiance d'autant plus grande aux résultats d'un tel calcul que le comportement de ces éléments est *ductile*, c'est-à-dire susceptible de subir des déformations importantes sous sollicitation constante. On se gardera *a contrario* de procéder à un tel calcul dans le cas où les éléments constitutifs manifestent un comportement par trop ***fragile***.

S'il apparaît donc que les chargements extrêmes déterminés par le calcul à la rupture ne sont que *potentiellement* accessibles au terme d'un trajet de chargement, il est clair en revanche qu'aucun chargement situé *à l'extérieur* du domaine K ne peut être atteint, car la compatibilité équilibre-résistance qu'exprime le raisonnement du calcul à la rupture, et qui constitue une condition *nécessaire* de stabilité de la structure, n'est alors même pas satisfaite.

3. CALCUL À LA RUPTURE DES STRUCTURES PLANES CHARGÉES DANS LEUR PLAN : APPROCHE STATIQUE

On s'attachera dans ce qui suit à développer l'approche calcul à la rupture pour des structures planes formées de poutres droites chargées dans leur plan, comme illustré sur la figure 4, qui représente un portique à deux étages soumis à des charges ponctuelles ($Q_1, Q_2,...$) et réparties ($p_1, p_2,...$). On désigne par $\underline{Q}$ le vecteur formé par l'ensemble des paramètres de chargement du système :

$$\underline{Q} = (Q_1, Q_2, ..., p_1, p_2, ...) \tag{5.9}$$

L'explicitation du raisonnement du calcul à la rupture pour une telle structure consiste à généraliser la définition du domaine K donnée en (5.8) pour la poutre console de la figure 1.

$$K = \{\underline{Q}\ ;\ \exists M(s)\ S.A.\ \underline{Q},\ \ -m'(s) \leq M(s) \leq +m(s)\ \ \forall s\} \tag{5.10}$$

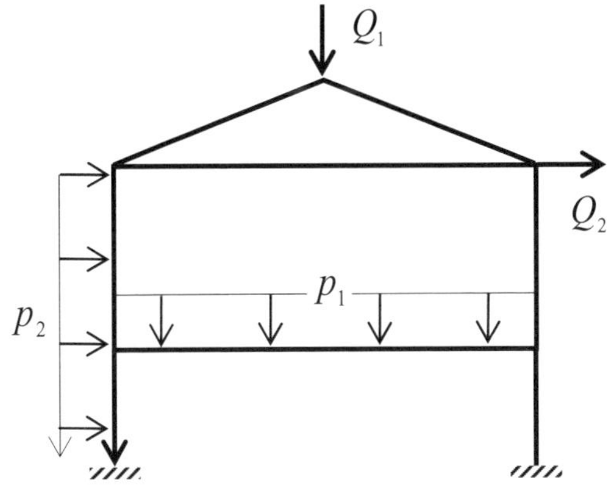

Figure 4. Exemple de structure plane chargée dans son plan.

où $M(s)$ désigne le moment fléchissant au point d'abscisse s de la structure, tandis que $m(s)$ (resp. $m'(s)$) représente la valeur limite de ce moment en flexion positive (resp. négative) en ce même point.

L'***approche statique*** (ou par les contraintes) ***du calcul à la rupture*** consiste tout simplement à mettre en œuvre la définition (5.10) afin de déterminer le domaine K des chargements potentiellement supportables relatif à la structure étudiée. Il s'agit donc de généraliser le raisonnement effectué pour la poutre console de la figure 1, en écrivant d'une part les équations d'équilibre du problème, par la mise en évidence par exemple d'un jeu d'inconnues hyperstatiques, puis en exprimant les conditions de résistance à vérifier en tout point de la structure. Sans chercher pour l'instant à expliciter plus en détail cette approche, nous allons maintenant donner le ***principe de l'approche cinématique*** qui utilise la méthode des puissances virtuelles.

4. EXPRESSION DU PRINCIPE DES PUISSANCES VIRTUELLES POUR UN SYSTÈME DE POUTRES DROITES EN FLEXION

Rappelons tout d'abord qu'en tout point d'une poutre droite chargée dans son plan, les efforts intérieurs (contraintes généralisées) sont caractérisés par le triplet : N effort ***normal***, V effort ***tranchant***, M moment ***fléchissant*** (figure 5a), c'est-à-dire les éléments de réduction calculés au point considéré du torseur des actions exercées par la partie «aval» de la poutre sur la partie «amont». La description des ***mouvements virtuels*** d'une telle poutre, est quant à elle caractérisée par la donnée en tout point d'un vecteur ***vitesse*** de composantes $\left(\hat{U}_t, \hat{U}_n\right)$[1] et d'un vecteur ***taux de rotation*** comportant une seule composante $\hat{\Omega}$ perpendiculaire au plan de la figure (figure 5b).

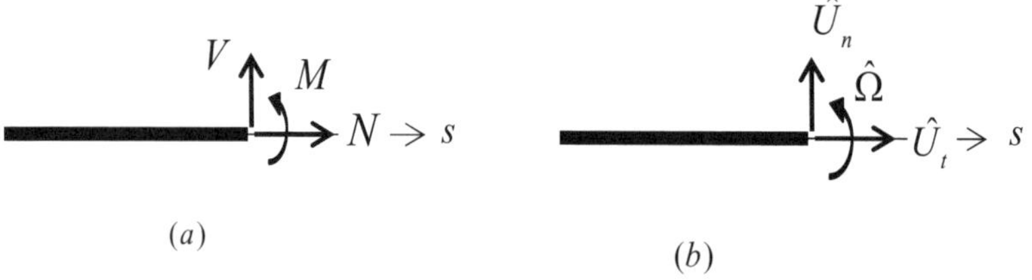

Figure 5. Efforts intérieurs et vitesses virtuelles en tout point d'une poutre droite chargée dans son plan.

Se restreignant aux mouvements virtuels respectant la ***condition de Navier-Bernoulli***, c'est-à-dire ceux pour lesquels la section transversale demeure orthogonale à la fibre moyenne de la poutre :

$$\hat{\Omega} = \frac{d\hat{U}_n}{ds} \tag{5.11}$$

la puissance virtuelle des efforts intérieurs se réduit à l'expression suivante :

$$P_i\left(\underline{\hat{U}}\right) = -\int_L M(s)\hat{\chi}(s)ds \tag{5.12}$$

où $\hat{\chi}(s) = d\hat{\Omega}/ds = d^2\hat{U}_n/ds^2$ désigne le ***taux de courbure virtuel*** de la poutre, égal à la dérivée seconde par rapport à l'abscisse de la vitesse de flèche, et L représente l'ensemble des poutres formant la structure.

Il en résulte dans ce cas que l'expression du ***principe des puissances virtuelles*** s'écrit :

$$M(s)\ S.A.\ \underline{Q} \Leftrightarrow \forall \underline{\hat{U}}\quad \underline{Q}\cdot\underline{\dot{q}}\left(\underline{\hat{U}}\right) = \int_L M(s)\hat{\chi}(s)ds \tag{5.13}$$

[1] La notation avec chapeau.(^) est là pour rappeler le caractère virtuel des champs de vitesse.

où $\underline{Q}.\underline{\dot{q}}(\underline{\hat{U}})$ représente l'expression de la ***puissance virtuelle des efforts extérieurs*** définis par le vecteur des paramètres de chargement $\underline{Q}$.

5. APPROCHE CINÉMATIQUE: NOTION DE PUISSANCE RÉSISTANTE MAXIMALE

La définition (5.10) du domaine K peut s'écrire compte tenu du principe des puissances virtuelles (5.13) :

$$\underline{Q} \in K \Leftrightarrow \exists\, M(s) \; ; \begin{Bmatrix} \forall \underline{\hat{U}} \;\; \underline{Q}.\underline{\dot{q}}\left(\underline{\hat{U}}\right) = \int_L M(s)\hat{\chi}(s)\mathrm{d}s \\ -m'(s) \leq M(s) \leq +m(s) \;\; \forall s \end{Bmatrix} \tag{5.14}$$

On introduit alors la fonctionnelle suivante du champ de vitesse $\underline{\hat{U}}$:

$$\begin{gathered} P_{rm}(\underline{\hat{U}}) = \int_L \pi(\hat{\chi})\mathrm{d}s \\ \text{avec } \pi(\hat{\chi}) = \sup\left\{ M\hat{\chi} \,, -m' \leq M \leq +m \right\} \end{gathered} \tag{5.15}$$

que nous appellerons par la suite ***puissance résistante maximale***, en ce qu'elle représente la ***valeur maximale*** possible de la puissance de déformation (opposée de la puissance des efforts intérieurs) développée dans le champ de vitesse considéré, compte tenu du critère de résistance portant sur les moments fléchissants. Il résulte alors immédiatement de (5.14) et (5.15) que :

$$\underline{Q} \in K \Rightarrow \forall \underline{\hat{U}} \;\; \underline{Q}.\underline{\dot{q}}\left(\underline{\hat{U}}\right) \leq P_{rm}\left(\underline{\hat{U}}\right) \tag{5.16}$$

et donc en prenant la *contraposée* de l'implication précédente :

$$\exists \underline{\hat{U}} \;\; \underline{Q}.\underline{\dot{q}}\left(\underline{\hat{U}}\right) > P_{rm}\left(\underline{\hat{U}}\right) \;\Rightarrow\; \underline{Q} \notin K \tag{5.17}$$

Cette dernière proposition signifie que pour montrer qu'un chargement $\underline{Q}$ est ***extérieur au domaine K***, il suffit de mettre en évidence un champ de vitesse dans lequel la puissance des efforts extérieurs excède la puissance résistance maximale. La proposition (5.17) peut encore s'écrire :

$$\forall \underline{\hat{U}} \;\; K \subseteq \left\{ \underline{Q} \,;\, \underline{Q}.\underline{\dot{q}}(\underline{\hat{U}}) \leq P_{rm}(\underline{\hat{U}}) \right\} \tag{5.18}$$

Une interprétation géométrique simple de ce résultat est donnée sur la figure 6. Dans l'espace des paramètres de chargement (limité ici à deux dimensions pour des raisons de simplicité), le domaine K est inclus dans le demi-espace contenant l'origine et délimité par l'(hyper)plan (droite sur la figure) d'équation :

$$\underline{Q}.\underline{\dot{q}}(\underline{\hat{U}}) = P_{rm}(\underline{\hat{U}}) \tag{5.19}$$

ayant $\underline{\dot{q}}\left(\underline{\hat{U}}\right)$ pour normale.

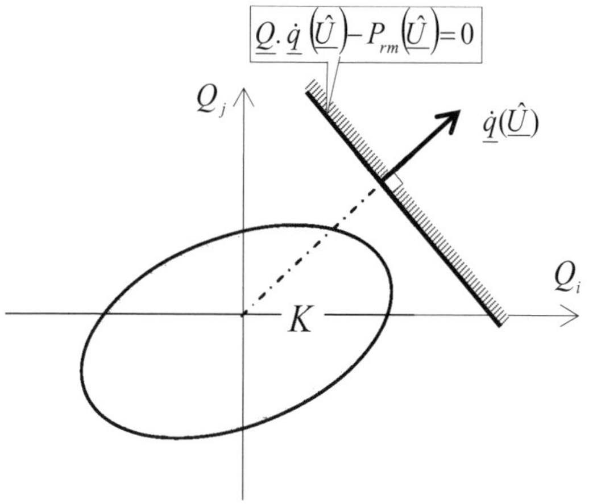

Figure 6. Interprétation géométrique de la relation (5.18).

Le calcul de la fonction π définie en (5.15), et donc de la puissance résistante maximale, est immédiat :

$$P_{rm}(\underline{\hat{U}})=\int_L \sup\left\{-m'\hat{\chi},+m\hat{\chi}\right\}\mathrm{d}s \qquad (5.19)$$

qui est donc toujours une ***quantité positive ou nulle***, puisque m et m' sont eux mêmes positifs ou nuls.

On peut étendre l'application de l'approche cinématique de K au cas où le champ de vitesse virtuel considéré comporte des ***discontinuités du taux de rotation*** en un certain nombre de points. Désignant par s_i l'abscisse d'un tel point de discontinuité (appelé ***« rotule »*** par extension de la notion de rotule plastique introduite dans le cours d'*Élastoplasticité*), la valeur de la discontinuité du taux de rotation en ce point est définie par (figure 7):

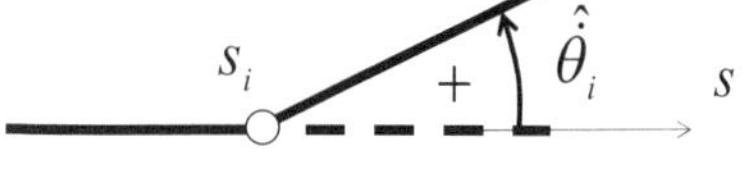

Figure 7. Discontinuité du taux de rotation à la traversée d'une rotule.

$$\hat{\dot{\theta}}_i=\frac{\mathrm{d}\hat{U}_n}{\mathrm{d}s}(s_i^+)-\frac{\mathrm{d}\hat{U}_n}{\mathrm{d}s}(s_i^-) \qquad (5.20)$$

L'expression (5.12) de la puissance des efforts intérieurs doit alors être modifiée en conséquence :

$$P_i(\underline{\hat{U}})=-\int_L M(s)\hat{\chi}(s)\mathrm{d}s-\sum_i M(s_i)\hat{\dot{\theta}}_i \qquad (5.21)$$

et donc en suivant exactement le même raisonnement que précédemment, l'expression correspondante de la puissance résistante maximale devient :

$$P_{rm}(\underline{\hat{U}})=\int_L \pi(\hat{\chi})\mathrm{d}s+\sum_i \pi(\hat{\theta}_i)$$
$$\text{avec } \pi(\hat{\theta}_i)=\sup\left\{-m'\hat{\theta}_i,+m\hat{\theta}_i\right\} \tag{5.22}$$

soit dans le cas particulier où $m=m'$:

$$P_{rm}(\underline{\hat{U}})=\int_L m\left|\hat{\chi}\right|\mathrm{d}s+\sum_i m\left|\hat{\theta}_i\right| \tag{5.22-bis}$$

6. RETOUR SUR L'EXEMPLE DE LA POUTRE-CONSOLE

On choisit le mouvement virtuel défini comme suit (mécanisme dit ***« de poutre »*** : figure 8) :

$$\hat{U}_t=0 \quad , \quad \hat{U}_n=\begin{cases}-\hat{q}\dfrac{x}{l} & 0\leq x\leq l\\[2mm] -\hat{q}\left(2-\dfrac{x}{l}\right) & l\leq x\leq 2l\end{cases} \tag{5.23}$$

où $\hat{q}$ représente la ***vitesse de flèche virtuelle*** du point A, comptée positivement vers le bas. Ce champ de vitesse correspond à un ***mouvement rigidifiant*** séparément les deux moitiés de la structure, faisant apparaître deux rotules respectivement aux points O (encastrement) et A (point d'application de la charge). Il vient alors immédiatement :

$$\hat{\chi}=\frac{\mathrm{d}^2\hat{U}_n}{\mathrm{d}x^2}=0 \quad \forall x\neq 0,l$$
$$\hat{\theta}_O=-\hat{q}/l\,,\quad \hat{\theta}_A=2\hat{q}/l \tag{5.24}$$

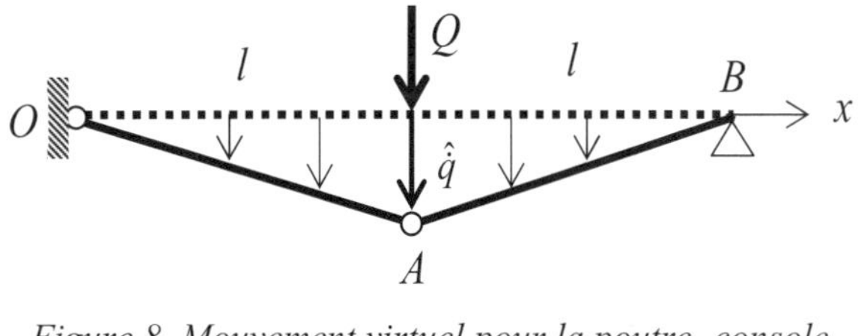

Figure 8. Mouvement virtuel pour la poutre- console.

et donc en vertu de (5.22-bis), en supposant que $m=m'$:

$$P_{rm}(\underline{\hat{U}})=3\frac{m}{l}\left|\,\hat{q}\,\right| \tag{5.25}$$

La puissance virtuelle des efforts extérieurs s'écrivant simplement ici :

$$\underline{Q}.\underline{\dot{q}}\left(\underline{\hat{U}}\right)=Q\hat{q} \tag{5.26}$$

l'application de l'approche cinématique (5.16) conduit à l'inégalité :

$$Q\in K=\left[Q^-,Q^+\right] \quad \Rightarrow \quad Q\hat{q}\leq 3\frac{m}{l}\left|\hat{q}\right| \tag{5.27}$$

soit en se limitant aux valeurs positives de Q et en choisissant alors $\hat{q}>0$:

$$Q^+\leq 3\frac{m}{l} \tag{5.28}$$

On obtient en définitive ***une majoration*** du chargement extrême de la poutre, d'où la dénomination ***d'approche « par l'extérieur »*** donnée à l'approche cinématique du calcul à la rupture ainsi mise en œuvre. Rien n'indique à ce stade que $3m/l$ représente la valeur extrême du chargement. Il est nécessaire pour cela de montrer qu'il est possible d'équilibrer un tel chargement par une distribution de moments fléchissants qui respecte le critère de résistance en tout point. Il est facile de voir que la distribution suivante de moments fléchissants :

$$M(x)=\begin{cases} m(2x/l-1) & 0\leq x\leq l \\ m(2\text{-}x/l) & l\leq x\leq 2l \end{cases} \tag{5.29}$$

répond bien à cette double exigence, car elle est bien de la forme (5.1) avec $Q=3m/l$ et $Y=m/l$. On observe au passage que les champs de vitesse (5.23) et de moments fléchissants (5.29) sont tels que le critère de résistance est atteint en tout point où la poutre se « déforme » (virtuellement), c'est-à-dire aux points O et A, et que de plus les signes des moments limites correspondants ($-m$ en O et $+m$ en A) sont identiques à ceux des discontinuités de taux de rotation. Comme nous allons le voir maintenant, une telle propriété revêt un caractère général, dès lors que l'on se place dans le cas particulier de charges concentrées.

7. APPLICATION AU CAS DES SYSTÈMES PLANS SOUMIS À DES CHARGES CONCENTRÉES

La figure 9 montre l'exemple d'un portique à deux étages soumis à l'action de trois charges concentrées. Les diagrammes de moments fléchissants statiquement admissibles, c'est-à-dire équilibrant un tel chargement, sont schématisés sur cette même figure. Ils sont ***affines « par morceaux »***, le moment limite étant susceptible d'être atteint en un nombre fini de sections correspondant aux extremums du diagramme. Ces sections sont appelées ***sections potentiellement critiques*** ; elles sont au nombre de 13 dans l'exemple de la figure.

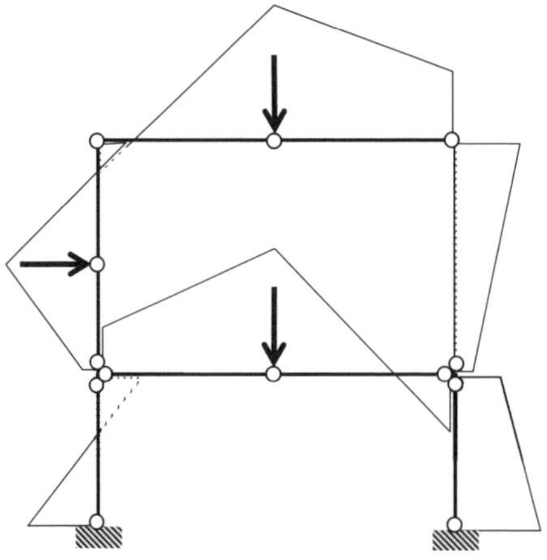

Figure 9. n = 13 sections potentiellement critiques dans un portique soumis à des charges concentrées.

Désignons par $\underline{M}=\{M_j=M(s_j);\ j=1,n\}$ le vecteur à n composantes formé par les valeurs des moments fléchissants aux sections potentiellement critiques. La donnée d'un tel vecteur suffit à définir entièrement un diagramme de moments statiquement admissible. Soit alors un chargement $\underline{Q}$ tel que :

a) il existe une distribution de moments fléchissants, caractérisée par le vecteur $\underline{M}$, en équilibre avec le chargement $\underline{Q}$ et vérifiant le critère de résistance en tout point de la structure ;

b) il existe un champ de vitesse virtuel $\hat{\underline{U}}$ cinématiquement admissible pour le problème, tel que :

$$\underline{Q}.\underline{\dot{q}}(\hat{\underline{U}})=P_{rm}(\hat{\underline{U}}) \tag{5.30}$$

Il résulte tout d'abord immédiatement de a) et b), que $\underline{Q}$ est un ***chargement extrême***, c'est-à-dire qu'il est situé sur la frontière du domaine K, avec $\underline{\dot{q}}(\hat{\underline{U}})$ comme ***normale extérieure*** (figure 10).

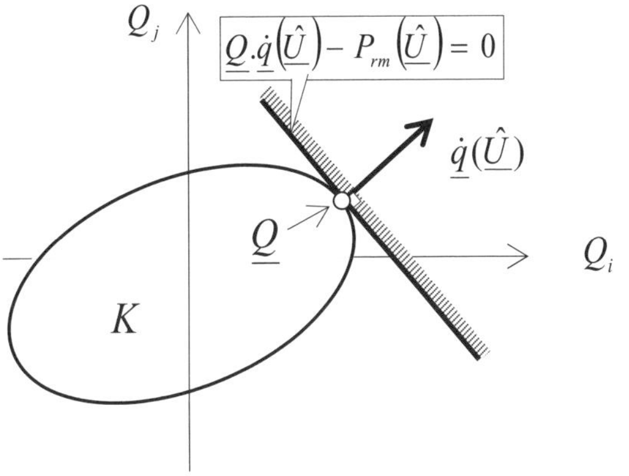

Figure 10. Caractérisation d'un chargement extrême par utilisation combinée des approches statique et cinématique.

On peut alors écrire en tenant compte de (5.21) et (5.22) :

$$P_{rm}(\hat{\underline{U}})-\underline{Q}.\underline{\dot{q}}(\hat{\underline{U}})=\int_L \underbrace{\{\pi(\hat{\chi})-M\hat{\chi}\}}_{\geq 0}ds+\sum_i \underbrace{\{\pi(\hat{\theta}_i)-M_i\hat{\theta}_i\}}_{\geq 0}=0 \tag{5.31}$$

où M_i désigne la valeur prise par la distribution de moments fléchissants au point d'abscisse s_i siège d'une discontinuité du taux de rotation $\hat{\theta}_i$ du champ de vitesse $\hat{\underline{U}}$. Les termes entre accolades étant positifs ou nuls, en vertu de la définition même des fonctions $\pi(.)$, il résulte de (5.31) qu'ils ne peuvent être qu'identiquement nuls. Il ne peut donc y avoir de «déformation» en dehors des sections potentiellement critiques, où le critère n'est pas atteint, soit :

$$\hat{\chi}(s\neq s_j)=0 \text{ et } \hat{\theta}_i=0 \text{ si } s_i\neq s_j \qquad (5.32).$$

On vient ainsi d'établir le résultat suivant.

Les champs de vitesses, qui dans le cadre de l'approche cinématique, conduisent à la détermination des chargements extrêmes de la structure, sont ceux ne mettant en jeu que des « rotules » aux sections potentiellement critiques de cette dernière, chaque tronçon situé entre deux telles sections étant animé d'un mouvement rigidifiant.

De tels champs de vitesse appelés « mécanismes » sont dès lors caractérisés par un vecteur $\underline{\hat{\dot{\Theta}}}$ formé des n discontinuités de taux de rotation en ces sections potentiellement critiques :

$$\underline{\hat{\dot{\Theta}}} = \left\{ \hat{\dot{\theta}}_j ;\ j = 1, n \right\} \tag{5.33}$$

Il est en outre facile de vérifier que le signe de la discontinuité du taux de rotation est le même que celui du moment fléchissant au point correspondant. On dit que les « champs » $\underline{M}$ et $\underline{\hat{\dot{\Theta}}}$ sont ***associés.***

L'ensemble des mécanismes constitue un *espace vectoriel* dont nous allons préciser la dimension. $\underline{M}$ désignant une distribution quelconque de moments en équilibre avec la valeur nulle du chargement (distribution ***autoéquilibrée***), le principe des puissances (5.13) exprimé pour un mécanisme quelconque $\underline{\hat{\dot{\Theta}}}$, s'écrit :

$$\sum_j M_j \hat{\dot{\theta}}_j = \underline{M} . \underline{\hat{\dot{\Theta}}} = 0 \tag{5.34}$$

en sorte que si l'on désigne par k la dimension de l'espace des champs $\underline{M}$ autoéquilibrés (***degré d'hyperstaticité*** de la structure du point de vue des moments), la dimension r de l'espace vectoriel des mécanismes $\underline{\hat{\dot{\Theta}}}$ n'est autre que :

$$r = \dim \left\{ \underline{\hat{\dot{\Theta}}} \right\} = n - k \tag{5.35}$$

Dans l'exemple de la figure 9, la structure étant hyperstatique d'ordre 6, on a $r = 13 - 6 = 7$, c'est-à-dire qu'il y a ***7 mécanismes indépendants***, qui sont les suivants :

- ***3 mécanismes de poutre*** (figure 11) ;
- ***2 mécanismes de panneau*** (figure 12) ;
- ***2 mécanismes de nœud*** (figure 13).

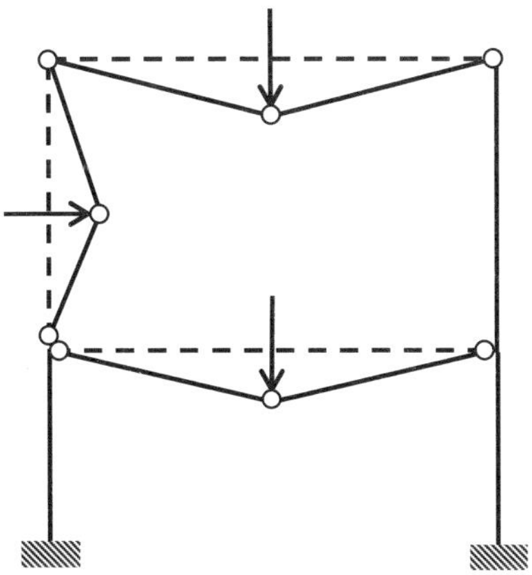

Figure 11. Mécanismes de poutre indépendants relatifs au portique de la figure 9.

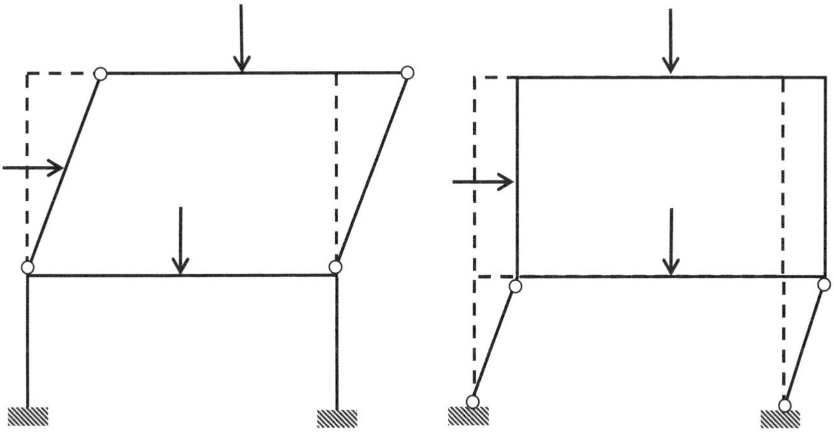

Figure 12. Mécanismes de panneau.

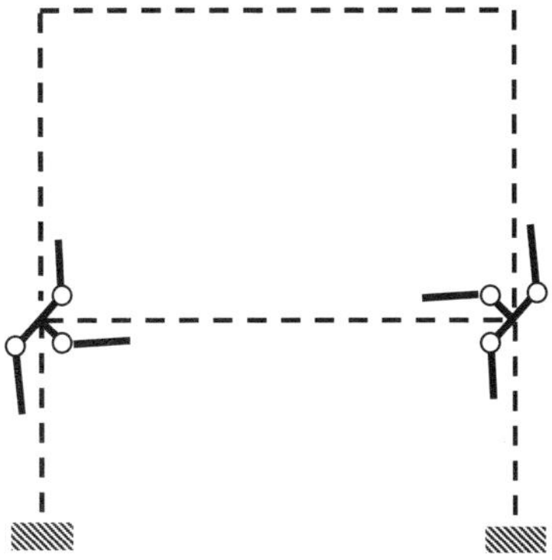

Figure 13. Mécanismes de nœud.

8. UN EXEMPLE DE CALCUL DE LA CHARGE DE RUINE D'UN PORTIQUE

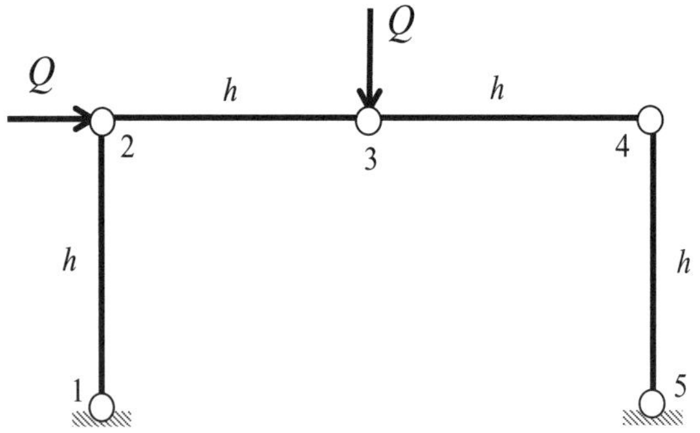

Figure 14. Portique soumis à deux charges concentrées.

On se propose d'évaluer par la méthode cinématique du calcul à la rupture la charge de ruine du portique représenté sur la figure 14, soumis à deux charges ponctuelles d'égale intensité Q, et constitué de tronçons homogènes de même critère de résistance ($-m \le M \le +m$). On peut dénombrer n = 5 sections potentiellement critiques, notées de 1 à 5, d'où, puisque la structure est hyperstatique d'ordre k = 3, le nombre r de mécanismes indépendants est égal à 2 : soit un mécanisme de poutre mettant en jeu des rotules aux sections 2, 3 et 4 (figure 15a), ainsi qu'un un mécanisme de panneau faisant intervenir les sections 1, 2, 4 et 5 (figure 15b).

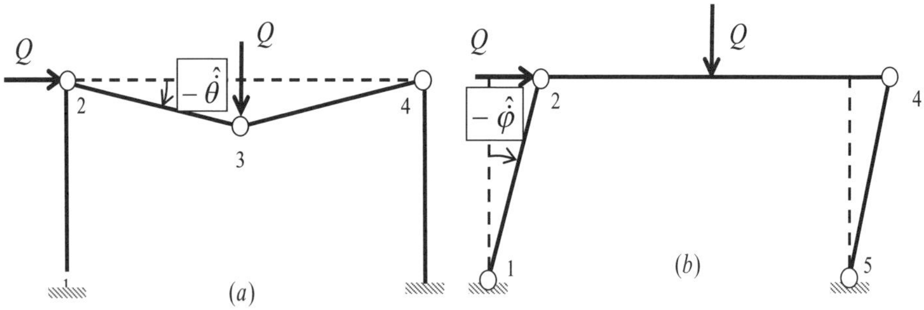

Figure 15. Mécanismes indépendants relatifs au portique de la figure 14.

On désigne par $-\hat{\dot{\theta}}$ (resp.) le taux de rotation virtuel de la poutre 23 (resp. 12) dans le mécanisme (a) (resp. (b)). Les différentes discontinuités de taux de rotation sont calculées conformément à la définition (5.20), en orientant de portique dans le sens 12345. Le tableau ci-dessous récapitule alors, pour chacun des mécanismes de base, ainsi que pour toute combinaison linéaire de ces mécanismes, la valeur des discontinuités de taux de rotation aux différentes sections potentiellement critiques (1 à 5), celle de la puissance virtuelle des efforts extérieurs $Q\dot{q}$, ainsi que celle de la puissance résistante maximale P_{rm}.

	1	2	3	4	5	$Q\dot{q}$	P_{rm}
(a)	0	$-\hat{\dot{\theta}}$	$2\hat{\dot{\theta}}$	$-\hat{\dot{\theta}}$	0	$Qh\hat{\dot{\theta}}$	$4m\lvert\hat{\dot{\theta}}\rvert$
(b)	$-\hat{\dot{\varphi}}$	$+\hat{\dot{\varphi}}$	0	$-\hat{\dot{\varphi}}$	$+\hat{\dot{\varphi}}$	$Qh\hat{\dot{\varphi}}$	$4m\lvert\hat{\dot{\varphi}}\rvert$
(a)+(b)	$-\hat{\dot{\varphi}}$	$-\hat{\dot{\theta}}$	$2\hat{\dot{\theta}}$	$-\hat{\dot{\theta}}-\hat{\dot{\varphi}}$	$+\hat{\dot{\varphi}}$	$Qh(\hat{\dot{\theta}}+\hat{\dot{\varphi}})$	$2m(\lvert\hat{\dot{\theta}}\rvert+\lvert\hat{\dot{\varphi}}\rvert)$ $+m\lvert\hat{\dot{\theta}}+\hat{\dot{\varphi}}\rvert+m\lvert\hat{\dot{\varphi}}-\hat{\dot{\theta}}\rvert$

L'application de l'approche cinématique pour un mécanisme quelconque caractérisé par le couple de paramètres $(\hat{\dot{\theta}},\hat{\dot{\varphi}})$ conduit à l'inégalité suivante ***valable pour toutes les valeurs potentiellement supportables du chargement Q.***

$$Qh(\hat{\dot{\theta}}+\hat{\dot{\varphi}}) \leq m\left[2\lvert\hat{\dot{\theta}}\rvert + 2\lvert\hat{\dot{\varphi}}\rvert + \lvert\hat{\dot{\theta}}+\hat{\dot{\varphi}}\rvert + \lvert\hat{\dot{\varphi}}-\hat{\dot{\theta}}\rvert\right] \tag{5.36}$$

Nous restreignant aux valeurs positives du chargement Q, il convient alors de choisir les paramètres $(\hat{\dot{\theta}},\hat{\dot{\varphi}})$ de sorte que $\hat{\dot{\theta}}+\hat{\dot{\varphi}}$ demeure strictement positif, de façon à obtenir un *majorant* de la charge de ruine Q^+. La majoration correspondante demeurant inchangée si l'on multiplie les paramètres $(\hat{\dot{\theta}},\hat{\dot{\varphi}})$ par un même facteur positif quelconque, il est alors toujours possible de choisir ces paramètres tels que $\hat{\dot{\theta}}+\hat{\dot{\varphi}}=1$, de sorte que :

$$\forall\hat{\dot{\theta}},\quad Q^+ \leq \frac{m}{h}\left[2\lvert\hat{\dot{\theta}}\rvert+2\lvert 1-\hat{\dot{\theta}}\rvert+1+\lvert 1-2\hat{\dot{\theta}}\rvert\right] \tag{5.37}$$

Il reste à rechercher le minimum de l'expression du second membre de (5.37) afin d'obtenir le meilleur majorant possible de la charge de ruine. Ce second membre étant une fonction continue et affine par morceaux en $\hat{\dot{\theta}}$, il suffit de prendre le minimum des valeurs calculées aux points où les valeurs absolues changent de signe, soit :

$$\begin{aligned} \hat{\dot{\theta}}&=0 &&\rightarrow\quad Q^+\leq 4\frac{m}{h} \\ \hat{\dot{\theta}}&=1 &&\rightarrow\quad Q^+\leq 4\frac{m}{h} \\ \hat{\dot{\theta}}&=1/2 &&\rightarrow\quad Q^+\leq 3\frac{m}{h} \end{aligned} \tag{5.38}$$

La meilleure majoration possible de Q^+ est obtenue pour $\hat{\dot{\theta}}=\hat{\dot{\varphi}}=1/2$. En vertu du résultat établi au paragraphe 7, la valeur correspondante du majorant n'est autre que la valeur ***exacte*** de la charge de ruine :

$$Q^+=3\frac{m}{h} \tag{5.39}$$

Il est d'ailleurs possible de confirmer directement qu'il s'agit bien d'une égalité grâce au raisonnement de l'approche statique par l'intérieur. Le mécanisme « optimal » étant représenté sur la figure 16a, on peut aisément lui associer une distribution de moments fléchissants caractérisé par le vecteur $\underline{M}=(M_i, i=1,\ldots,5)$ qui soit statiquement admissible avec la valeur $Q=3m/h$ du chargement, tout en respectant le critère de résistance en tout point du portique. Cette distribution de moments est telle que le critère de résistance est atteint dans les sections potentiellement critiques qui sont le siège d'une discontinuité de rotation dans le mécanisme optimal, avec le signe correspondant, soit :

$$M_1=M_4=-m\,,\quad M_3=M_5=+m \tag{5.40}$$

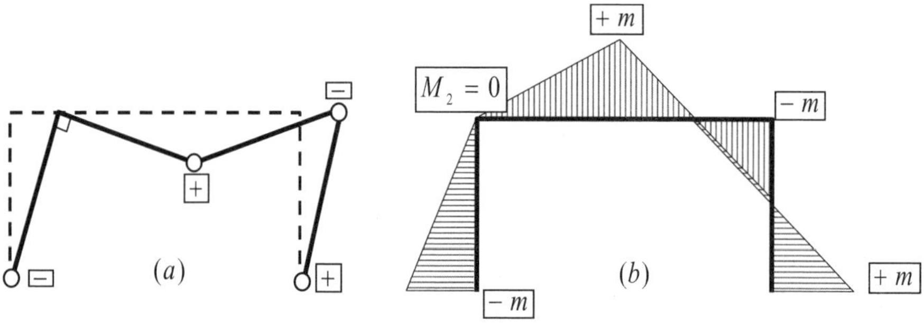

Figure 16. Mécanisme optimal et distribution de moments fléchissants associée.

Il est alors possible de calculer la valeur du moment fléchissant en 2 en utilisant les deux équations d'équilibre reliant entre eux les moments M_i [2] :

$$\begin{aligned} 2M_3-M_2-M_4&=Qh=3m \\ -M_1+M_2-M_4+M_5&=Qh=3m \end{aligned} \tag{5.41}$$

On obtient alors immédiatement, compte tenu de (5.38), $M_2=0$. Le diagramme correspondant des moments fléchissants est représenté sur la figure 16b.

[2] Ces relations peuvent d'ailleurs être établies en appliquant le principe des puissances virtuelles aux deux mécanismes indépendants de la figure 15.

Chapitre VI

CALCUL À LA RUPTURE DES SYSTÈMES EN MILIEU CONTINU 3D

1. DOMAINE *K* DES CHARGEMENTS POTENTIELLEMENT SUPPORTABLES

Comme nous l'avons vu sur le cas des structures à barres fléchies, la définition des chargements potentiellement supportables repose sur un raisonnement de ***compatibilité « équilibre-résistance »*** que nous nous proposons maintenant d'expliciter dans le cadre du formalisme de la mécanique des milieux continus 3D.

Considérons un système Ω décrit dans ce formalisme, soumis à un chargement dépendant de n paramètres $\underline{Q}=(Q_i, i=1,\ldots,n)$, et dont le critère de résistance du matériau constitutif au point $\underline{x}$ est défini par :

$$f(\underline{x};\underline{\underline{\sigma}}(\underline{x}))\leq 0 \Leftrightarrow \underline{\underline{\sigma}}(\underline{x})\in G(\underline{x}) \qquad (6.1)$$

où $G(\underline{x})$ représente le ***domaine de résistance*** en ce point, constitué de l'ensemble des états de contrainte $\underline{\underline{\sigma}}(\underline{x})$ admissibles. Nous admettrons que ce domaine contient l'origine :

$$\underline{\underline{\sigma}}(\underline{x})=0\in G(\underline{x}) \qquad (6.2)$$

et possède la propriété de ***convexité*** :

$$\underline{\underline{\sigma}}^1(\underline{x}),\ \underline{\underline{\sigma}}^2(\underline{x})\in G(\underline{x}) \Rightarrow (1-\lambda)\underline{\underline{\sigma}}^1(\underline{x})+\lambda\,\underline{\underline{\sigma}}^2(\underline{x})\in G(\underline{x}),\quad \lambda\in[0,1] \qquad (6.3)$$

qui est géométriquement illustrée sur la figure 1.

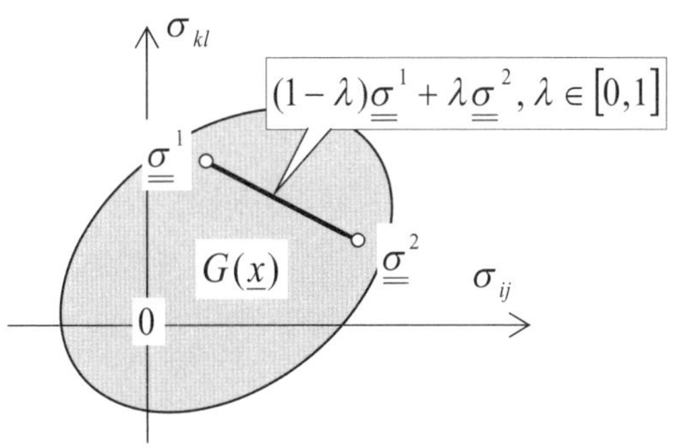

Figure 1. Convexité du domaine de résistance $G(\underline{x})$.

Tout comme dans le cas des structures à barres, nous définirons le *domaine K des chargements potentiellement supportables* par le système en milieu continu 3D, comme l'ensemble des chargements $\underline{Q}$ tels qu'il existe un champ de contrainte $\underline{\underline{\sigma}}$ en équilibre (***statiquement admissible*** : S.A.) avec $\underline{Q}$ et vérifiant en tout point le critère de résistance (6.1) du matériau constitutif :

$$\underline{Q} \in K \Leftrightarrow \begin{cases} \exists \underline{\underline{\sigma}} \text{ S.A. avec } \underline{Q} & \textbf{\textit{EQUILIBRE}} \\ \underline{\underline{\sigma}}(\underline{x}) \in G(\underline{x}) \ \forall \underline{x} \in \Omega & \textbf{\textit{RESISTANCE}} \end{cases} \tag{6.4}$$

Il convient de noter, qu'à la différence des structures à barres où les champs de contrainte (distributions de moments fléchissants) ne dépendent que d'un nombre fini d'inconnues hyperstatiques, les champs de contrainte $\underline{\underline{\sigma}}$ en équilibre forment un espace de dimension infinie non dénombrable. Ils doivent vérifier, outre les ***conditions aux limites en efforts*** prescrites sur le contour $\partial\Omega$ de Ω, les ***équations d'équilibre***, soit :

$$\forall \underline{x} \in \Omega, \quad \operatorname{div}\underline{\underline{\sigma}}(\underline{x}) + \rho \underline{F}(\underline{x}) = 0 \tag{6.5}$$

en tout point où le champ $\underline{\underline{\sigma}}$ est continu et différentiable, $\rho\underline{F}$ désignant la densité volumique d'efforts à distance, ainsi que ***l'équation aux discontinuités*** :

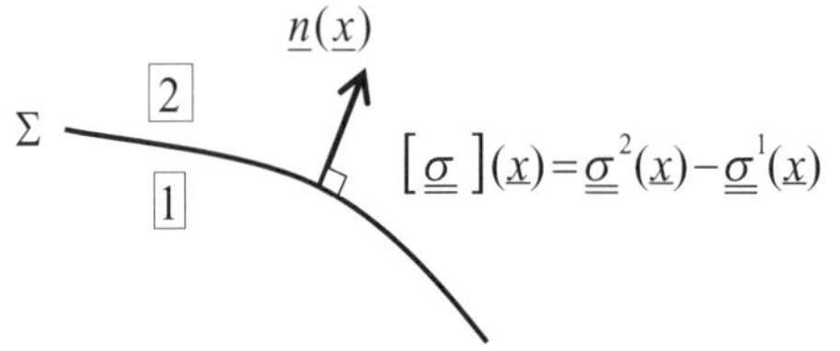

Figure 2. Surface de discontinuité du champ de contrainte.

$$\forall \underline{x} \in \Sigma, \ [\underline{\underline{\sigma}}(\underline{x})].\underline{n}(\underline{x}) = 0 \tag{6.5 bis}$$

valable en tout point d'une ***surface de discontinuité*** Σ du champ de contrainte. Cette dernière équation exprime la ***continuité du vecteur-contrainte*** agissant sur la facette tangente à la surface, de normale $\underline{n}(\underline{x})$, à la traversée de cette surface (figure 2).

Il est facile de montrer à partir de la définition (6.4), que les propriétés (6.2) et (6.3) supposées valables pour tout $G(\underline{x})$, sont transposables au domaine *K*, qui contient donc le chargement $\underline{Q}=0$ et vérifie la propriété de convexité.

2. APPROCHE STATIQUE PAR L'INTÉRIEUR DE *K*

Cette approche revient tout simplement à appliquer la définition (2.4) du domaine *K*, en s'attachant pour une valeur donnée du chargement à mettre en évidence un champ de contrainte équilibrant ce chargement tout en respectant le critère de résistance en tout point du matériau constitutif. Étant donné dans l'espace des paramètres de chargement $\underline{Q}$ un ensemble de points représentatifs de tels chargements appartenant à *K*, la propriété de convexité de ce dernier permet d'affirmer que ***l'enveloppe convexe*** de ces points (définie comme le plus petit ensemble convexe les contenant) est incluse dans le domaine K : d'où la dénomination d'***approche « par l'intérieur »***.

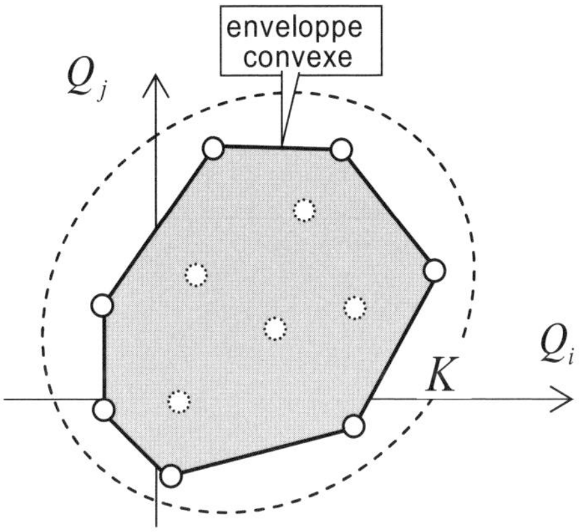

Figure 3. Construction d'un approche statique par l'intérieur du domaine K.

Une méthode possible consiste à procéder par ***trajets de chargements radiaux*** comme indiqué sur la figure 4. Étant donnée une valeur quelconque du chargement, notée $\underline{Q}^*$, on définit λ^+ par :

$$\lambda^+ = \sup\{\lambda ; \lambda \underline{Q}^* \in K\} \tag{6.6}$$

Désignant alors par $\underline{\underline{\sigma}}^*$ un champ de contrainte quelconque statiquement admissible avec $\underline{Q}^*$, il est clair que la valeur λ^s définie par :

$$\lambda^s = \sup\{\lambda ; \lambda \underline{\underline{\sigma}}^*(\underline{x}) \in G(\underline{x}),\ \forall \underline{x} \in \Omega\} \tag{6.7}$$

constitue un ***minorant*** de la valeur extrême λ^+ :

$$\lambda^s \leq \lambda^+ \tag{6.8}$$

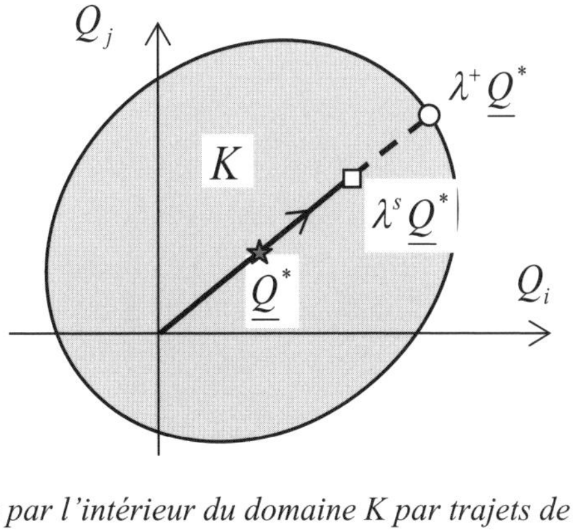

Figure 4. Approche par l'intérieur du domaine K par trajets de chargement radial.

puisque nous n'avons exploré qu'une *classe particulière* de champs de contrainte, de la forme $\lambda\underline{\underline{\sigma}}^*$. Les relations (6.7) et (6.8) montrent que l'approche statique par l'intérieur se traduit par un problème de recherche de maximum sous contraintes.

3. UN EXEMPLE ILLUSTRATIF : L'ESSAI DE COMPRESSION D'UNE ÉPROUVETTE

On se propose d'illustrer la mise en œuvre de l'approche statique par l'intérieur sur l'exemple de la compression d'une éprouvette cylindrique de hauteur h et de section S (figure 5). Les conditions aux limites sont les suivantes :

- surface latérale S_l libre de contrainte :

$$\underline{T}=0 \qquad (6.9a)$$

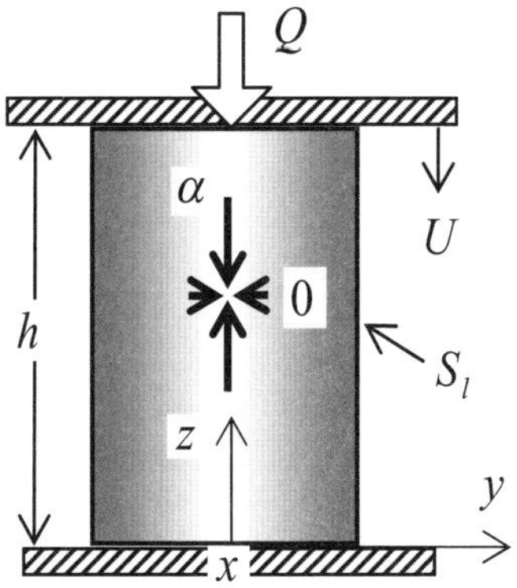

Figure 5. Compression simple d'une éprouvette homogène : approche statique par l'intérieur.

- face inférieure de l'éprouvette ($z = 0$) en contact *sans frottement* avec un plateau rigide immobile :

$$T_x=T_y=0\,,\quad U_z=0 \qquad (6.9b)$$

- face supérieure de l'éprouvette ($z = h$) en contact sans frottement avec un plateau indéformable en translation verticale vers le bas :

$$T_x=T_y=0\,,\quad U_z=-U,\;\; U>0 \qquad (6.9c)$$

- on néglige par ailleurs les forces de volume.

Cette éprouvette est constituée d'un matériau homogène obéissant à un critère de résistance caractérisé par le domaine G, indépendant de $\underline{x}$. Le paramètre de chargement étant la force de compression Q, comptée positivement vers le bas, exercée par le plateau supérieur sur l'éprouvette :

$$Q=-\int_{S(z=h)}\sigma_{zz}\mathrm{d}x\mathrm{d}y \qquad (6.10)$$

on s'intéresse à la détermination de ***sa valeur extrême*** Q^+, définie en vertu de (6.4) par :

$$Q^+ = \sup\{Q\,;\ \exists\, \underline{\underline{\sigma}}\ \text{S.A.}\ Q,\ \underline{\underline{\sigma}}(\underline{x}) \in G\ \forall \underline{x}\} \qquad (6.11)$$

On considère alors l'ensemble des champs de contrainte ***uniaxiaux homogènes*** de la forme :

$$\underline{\underline{\sigma}}^* = \alpha\, \underline{e}_z \otimes \underline{e}_z \quad , \quad \alpha = \text{cte}. \qquad (6.12)$$

dont on vérifie immédiatement qu'ils sont statiquement admissibles avec la valeur $Q^* = -\alpha S$ du chargement, puisque l'équation d'équilibre ainsi que les conditions aux limites en contrainte apparaissant dans (6.9) sont automatiquement satisfaites. Il reste à exprimer que la condition de résistance doit être vérifiée par le champ (6.12).

a) Pour un ***critère de Tresca*** :

$$\underline{\underline{\sigma}} \in G \Leftrightarrow \sigma_1 - \sigma_3 - \sigma_0 \leq 0 \qquad (6.13)$$

où $\sigma_1 \geq \sigma_3$ désignent les contraintes principales extrêmes, cette condition s'écrit :

$$-\sigma_0 \leq \alpha \leq +\sigma_0 \qquad (6.13\text{bis})$$

b) tandis que pour un ***critère de von Mises*** :

$$\underline{\underline{\sigma}} \in G \Leftrightarrow \left(1/2\,\text{tr}\underline{\underline{s}}^2\right)^{1/2} - k \leq 0 \qquad (6.14)$$

($\underline{\underline{s}}$ est le déviateur de contrainte), on obtient :

$$-k\sqrt{3} \leq \alpha \leq +k\sqrt{3}\,. \qquad (6.14\text{bis})$$

Une telle approche statique conduit au calcul d'un ***minorant*** de la charge extrême :

$$Q^+ \geq \begin{cases} \sup\{-\alpha S; -\sigma_0 \leq \alpha \leq +\sigma_0\} = \sigma_0 S & \text{(Tresca)} \\ \sup\{-\alpha S; -k\sqrt{3} \leq \alpha \leq +k\sqrt{3}\} = k\sqrt{3}S & \text{(von Mises)} \end{cases} \qquad (6.15)$$

Rien n'indique à ce stade du raisonnement que les valeurs ainsi calculées constituent les valeurs exactes de la charge extrême, puisque nous avons choisi une classe très particulière de champs de contrainte statiquement admissibles (champs uniaxiaux homogènes de la forme (6.12)), et il n'est pas interdit de penser que l'utilisation d'autres champs permettrait d'améliorer la minoration précédente.

4. APPROCHE STATIQUE PAR L'EXTÉRIEUR

Nous allons maintenant montrer, par un raisonnement qualifié de ***« statique par l'extérieur »***, que ***dans le cas d'un matériau de Tresca*** la charge extrême est bien égale au minorant précédemment calculé, soit $\sigma_0 S$. Rappelons tout d'abord que le critère de Tresca (6.13) peut s'exprimer de manière équivalente en écrivant que le module de la contrainte de cisaillement s'exerçant sur une facette d'orientation quelconque demeure inférieur à la cohésion du matériau, égale à la moitié de σ_0 :

$$(6.13) \Leftrightarrow \forall \underline{n}\ , |\underline{\tau}(\underline{n})| \leq C = \sigma_0 / 2 \qquad (6.16)$$

Il est souvent commode de représenter un tel critère sous la forme d'une courbe intrinsèque dans le ***plan de Mohr*** (σ,τ), formée de deux droites d'équations $\tau=\pm C$, délimitant le domaine des vecteurs-contrainte admissibles pour une facette d'orientation quelconque (figure 6). La définition (2.11) de la valeur extrême du chargement Q^+ devient alors :

$$Q\leq Q^+ \Leftrightarrow \begin{cases} \exists \underline{\underline{\sigma}} \text{ S.A.} Q \\ \forall \underline{x}, \forall \underline{n} \quad |\underline{\tau}(\underline{n})|\leq C \end{cases} \tag{6.17}$$

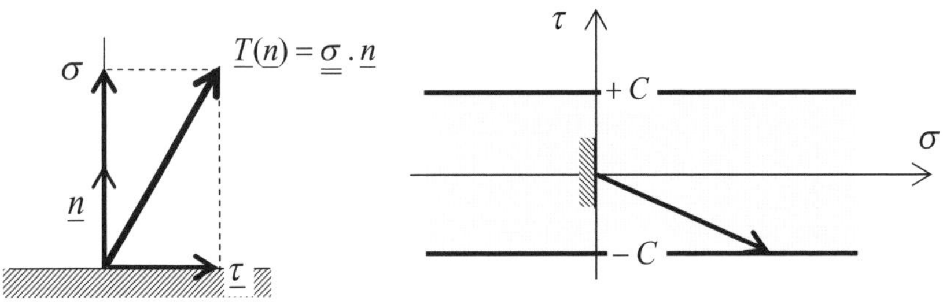

Figure 6. Critère de résistance de Tresca exprimé sur une facette du matériau et courbe intrinsèque dans le plan de Mohr.

Considérant alors une partition de l'éprouvette en deux blocs, notés respectivement 1 et 2, séparés par un plan imaginaire P incliné d'un angle α par rapport à l'horizontale, on s'intéresse à ***l'équilibre du bloc 1 en résultante projeté sur la direction de vecteur unitaire*** $\underline{t}$ orienté selon la ligne de plus grande pente du plan P, comme indiqué sur la figure 7.

Il apparaît alors clairement qu'une *condition nécessaire* (mais non suffisante !) pour qu'un chargement Q soit potentiellement supportable, c'est-à-dire inférieur à Q^+, est que l'équilibre du bloc 1 en résultante selon $\underline{t}$ soit réalisé sous l'action du chargement Q, d'une part, de la distribution des contraintes exercées par le bloc 2, d'autre part, ces dernières étant astreintes à respecter le critère de Tresca, formulé en terme de contrainte de cisaillement maximale :

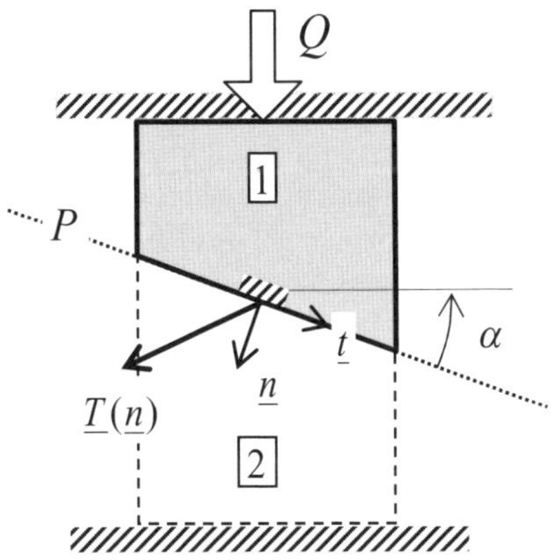

Figure 7. Équilibre du bloc 1 en résultante selon la direction t.

$$Q \leq Q^+ \;\Rightarrow\; \begin{cases} \text{EQUILIBRE de } \boxed{1} \text{ selon } \underline{t} \text{ sous l'action} \\ \text{de } Q \text{ et } \underline{T}(\underline{n}), \text{ avec } |\underline{\tau}(\underline{n})| \leq C \end{cases} \tag{6.18}$$

Il vient alors immédiatement :

$$Q \leq Q^+ \;\Rightarrow\; Q\sin\alpha = \int_\Sigma \underline{\tau}(\underline{n}).\underline{t}\, \mathrm{d}\Sigma \;,\; |\underline{\tau}(\underline{n})| \leq C \tag{6.19}$$

où Σ désigne la surface d'intersection du plan P avec l'éprouvette, et donc en majorant l'intégrale ci-dessus :

$$Q \leq Q^+ \;\Rightarrow\; Q\sin\alpha \leq \frac{SC}{\cos\alpha} \tag{6.20}$$

soit :

$$Q^+ \leq \frac{\sigma_0 S}{\sin 2\alpha} \tag{6.21}$$

On obtient en définitive, par le biais de ce raisonnement « statique par l'extérieur », un ***majorant du chargement extrême***, dépendant de l'angle α, et dont le minimum est obtenu pour $\alpha = \pi/4$:

$$Q^+ \leq \sigma_0 S \tag{6.22}$$

de sorte que la comparaison avec (6.15) permet maintenant d'affirmer que :

$$Q^+ = \sigma_0 S \tag{6.23}$$

ce qui est cohérent avec le fait que l'on mesure bien expérimentalement la résistance en compression uniaxiale σ_0 du matériau en divisant la charge de ruine Q^+ de l'éprouvette par sa section.

5. DUALISATION PAR LES PUISSANCES VIRTUELLES : LE PRINCIPE DE L'APPROCHE CINÉMATIQUE PAR L'EXTÉRIEUR

Le raisonnement auquel nous allons maintenant procéder est, dans son principe général, strictement identique à celui que nous avons suivi dans la cas des structures à barres fléchies. Il repose ainsi que l'avons vu sur la ***dualisation des équations d'équilibre*** par le biais de l'écriture du ***principe des puissances virtuelles***. Désignant par $\underline{\hat{U}}$ un champ de vitesses ***virtuel*** cinématiquement admissible pour le problème considéré, c'est-à-dire vérifiant les conditions aux limites en vitesse, et que nous supposerons provisoirement continûment différentiable, ce principe s'écrit :

$$\underline{\underline{\sigma}} \text{ S.A.} \underline{Q} \quad \Leftrightarrow \quad \forall \underline{\hat{U}} \text{ C.A.} \quad \underline{Q} \cdot \underline{\dot{q}}(\underline{\hat{U}}) = \int_{\Omega} (\underline{\underline{\sigma}} : \underline{\underline{\hat{d}}}) \, d\Omega \qquad (6.24)$$

où $\underline{\dot{q}}(\underline{\hat{U}})$ représente le vecteur des ***paramètres cinématiques*** apparaissant en dualité des ***paramètres de chargement*** $\underline{Q}$ dans l'expression de la puissance virtuelle des efforts extérieurs, mise sous forme d'un produit scalaire, tandis que $\underline{\underline{\hat{d}}}$ désigne le ***taux de déformation virtuel*** associé en tout point au champ $\underline{\hat{U}}$ par :

$$\underline{\underline{\hat{d}}}(\underline{x}) = 1/2 \left(\underline{\underline{\operatorname{grad} \hat{U}}} + {}^{T}\underline{\underline{\operatorname{grad} \hat{U}}} \right)(\underline{x}) \qquad (6.25)$$

L'intégrale de volume de (2.24) représente la ***puissance virtuelle de déformation***, opposée de la ***puissance virtuelle des efforts intérieurs***. Il en résulte que la définition (6.4) du domaine K des chargements potentiellement supportables peut être réécrite sous la forme :

$$\underline{Q} \in K \Leftrightarrow \begin{cases} \exists \underline{\underline{\sigma}} \ ; \ \forall \underline{\hat{U}} \text{ C.A.} \quad \underline{Q} \cdot \underline{\dot{q}}(\underline{\hat{U}}) = \int_{\Omega} (\underline{\underline{\sigma}} : \underline{\underline{\hat{d}}}) \, d\Omega & \textit{EQUILIBRE (P.P.V.)} \\ \\ \underline{\underline{\sigma}}(\underline{x}) \in G(\underline{x}) \quad \forall \underline{x} \in \Omega & \textit{RESISTANCE} \end{cases} \qquad (6.26)$$

Introduisant alors la fonctionnelle ***puissance résistante maximale***, définie par :

$$\begin{gathered} P_{rm}(\underline{\hat{U}}) = \int_{\Omega} \pi \left(\underline{\underline{\hat{d}}} \right) d\Omega \\ \text{avec } \pi \left(\underline{\underline{\hat{d}}} \right) = \sup \left\{ \underline{\underline{\sigma}} : \underline{\underline{\hat{d}}} \ ; \ \underline{\underline{\sigma}} \in G(\underline{x}) \right\} \end{gathered} \qquad (6.27)$$

il découle immédiatement de (2.26) et (2.27) que :

$$\underline{Q} \in K \Rightarrow \forall \underline{\hat{U}} \quad \underline{Q} \cdot \underline{\dot{q}}(\underline{\hat{U}}) \leq P_{rm}(\underline{\hat{U}}) \qquad (6.28)$$

ou de manière équivalente :

$$\exists \underline{\hat{U}} \quad \underline{Q} \cdot \underline{\dot{q}}(\underline{\hat{U}}) > P_{rm}(\underline{\hat{U}}) \Rightarrow \underline{Q} \notin K \qquad (6.29)$$

Cette dernière inégalité donne lieu à la même interprétation géométrique que dans le cas des structures à barres fléchies (voir chapitre I): le domaine K est inclus dans le demi-espace contenant l'origine et délimité par le plan d'équation (figure 8) :

$$\underline{Q} \cdot \underline{\dot{q}}(\underline{\hat{U}}) = P_{rm}(\underline{\hat{U}}) \qquad (6.30)$$

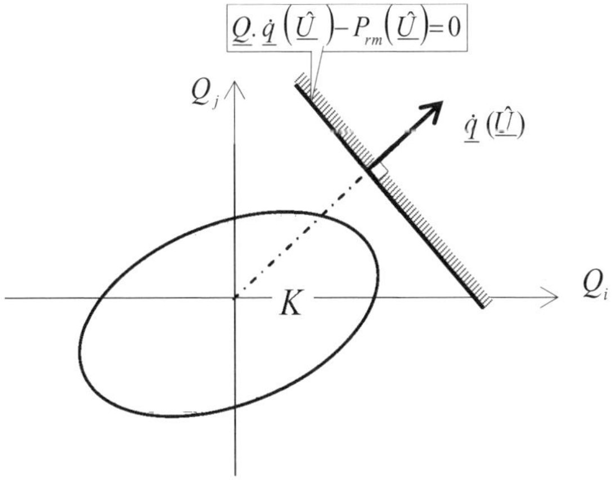

Figure 8. Interprétation géométrique de (6.29) dans l'espace des paramètres de chargement.

L'approche cinématique peut être facilement généralisée au cas où le champ de vitesse comporte des ***discontinuités*** à la traversée de surfaces (homologues des «rotules» pour les structures fléchies). L'expression de la puissance virtuelle de déformation donnée en (6.24) dans la formulation du principe des puissances virtuelles, doit être modifiée en conséquence :

$$\underline{\underline{\sigma}} \text{ S.A.}\underline{Q} \quad \Leftrightarrow \quad \forall \underline{\hat{U}} \text{ C.A. } \underline{Q}.\underline{\dot{q}}(\underline{\hat{U}}) = \int_{\Omega} (\underline{\underline{\sigma}} : \underline{\underline{\hat{d}}})\, d\Omega + \int_{\Sigma} (\underline{\underline{\sigma}} . \underline{n}).[\underline{\hat{U}}]\, d\Sigma \tag{6.31}$$

où $[\underline{\hat{U}}]$ désigne la discontinuité de vitesse à la traversée de la surface Σ selon la normale unitaire $\underline{n}$ (figure 9).

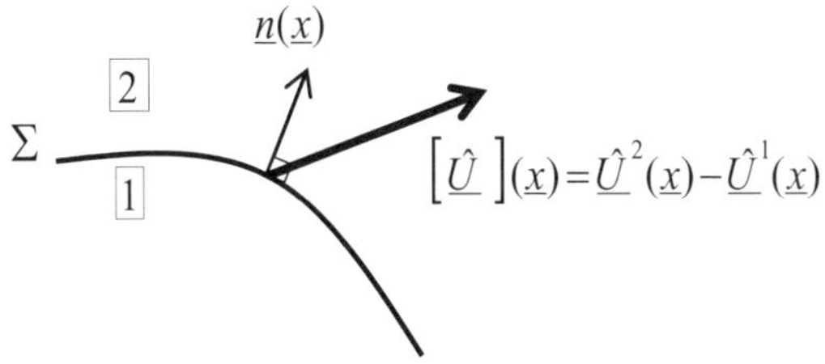

Figure 9. Saut de vitesse à la traversée d'une surface discontinuité du champ $\underline{\hat{U}}$.

L'expression de la puissance résistante maximale devient alors dans ce cas :

$$P_{rm}(\underline{\hat{U}}) = \int_{\Omega} \pi(\underline{\underline{\hat{d}}})\, d\Omega + \int_{\Sigma} \pi(\underline{n}; [\underline{\hat{U}}])\, d\Sigma$$

$$\text{avec } \pi(\underline{\underline{\hat{d}}}) = \sup\{\underline{\underline{\sigma}} : \underline{\underline{\hat{d}}} \,;\, \underline{\underline{\sigma}} \in G(\underline{x})\} \quad \text{et} \quad \pi(\underline{n}; [\underline{\hat{U}}]) = \sup\{(\underline{\underline{\sigma}}\underline{n}).[\underline{\hat{U}}] \,;\, \underline{\underline{\sigma}} \in G(\underline{x})\} \tag{6.32}$$

6. CALCUL DES FONCTIONS « π » : CONDITION DE PERTINENCE DES CHAMPS DE VITESSE

La mise en œuvre effective de l'approche cinématique du calcul à la rupture, c'est-à-dire l'obtention de majorants des chargements extrêmes qui ne soit pas infinis suppose remplies deux conditions relatives aux champs de vitesses :

– la puissance des efforts extérieurs dans de tels champs de vitesse doit être non nulle ;

– la puissance résistante maximale (et donc les fonctions π) doit prendre des valeurs finies. Cette dernière condition est appelée ***condition de pertinence***. Nous allons l'expliciter dans le cas d'une discontinuité de vitesse pour un matériau de Tresca, puis pour un matériau de Coulomb.

6.1. Matériau de Tresca

La définition de la fonction π relative à une discontinuité de vitesse donne, compte tenu de la définition (6.16) du critère de Tresca exprimée en termes de cission limite une facette quelconque du matériau :

$$\pi(\underline{n};[\underline{\hat{U}}]) = \sup[\underbrace{(\underline{\underline{\sigma}}.\underline{n})}_{\underline{T}(n)}.[\underline{\hat{U}}];\underline{\underline{\sigma}} \in G(\underline{x})] = \sup[(\sigma\underline{n}+\underline{\tau}(n)).[\underline{\hat{U}}];|\underline{\tau}(n)| \le C] \tag{6.33}$$

Deux cas de figure se présentent alors :

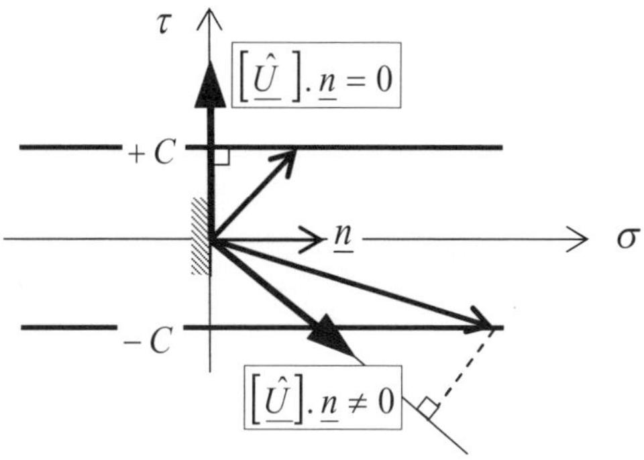

Figure 10. Discontinuités de vitesse pertinentes pour un matériau de Tresca.

a) La composante normale de la discontinuité de vitesse est non nulle. Il en résulte que, la composante normale σ du vecteur contrainte n'étant pas limitée par le critère de Tresca, la valeur correspondante de la ***fonction π est infinie*** :

$$\pi(\underline{n};[\underline{\hat{U}}]) = +\infty \quad \text{si} \quad [\underline{\hat{U}}].\underline{n} \neq 0 \tag{6.34}$$

b) La discontinuité de vitesse est ***purement tangentielle***. La fonction π se calcule alors immédiatement comme suit :

$$\pi(\underline{n};[\underline{\hat{U}}]) = C\left|[\underline{\hat{U}}]\right| \quad \text{si} \quad [\underline{\hat{U}}].\underline{n} = 0 \tag{6.35}$$

Ces deux cas sont illustrés sur la figure 10. Pour un ***matériau de Tresca,*** les champs de vitesse pertinents doivent comporter des discontinuités de vitesse ***purement tangentielles.***

6.2. Matériau de Coulomb

Le critère s'écrit dans ce cas :

$$\underline{\underline{\sigma}} \in G \Leftrightarrow \sigma_1(1+\sin\varphi) - \sigma_3(1-\sin\varphi) - 2C\cos\varphi \leq 0 \quad (6.36)$$

où φ désigne *l'angle de frottement interne.* Le domaine de résistance correspondant dans le plan de Mohr est défini par (figure 11) :

$$|\underline{\tau}| \leq C - \sigma \tan\varphi \quad (6.37)$$

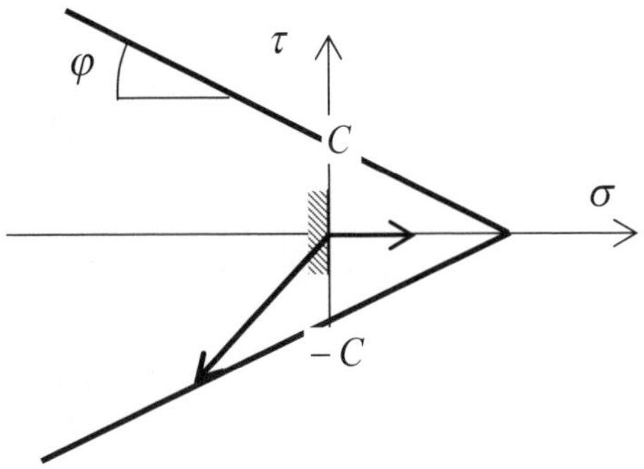

Figure 11. Domaine de résistance dans le plan de Mohr pour un critère de Coulomb.

L'expression (2.33) de la fonction π relative à une discontinuité de vitesse devient dans ce cas :

$$\pi(\underline{n};[\underline{\hat{U}}]) = \sup[\underbrace{(\underline{\underline{\sigma}}.\underline{n})}_{\underline{T}(n)}.[\underline{\hat{U}}];\underline{\underline{\sigma}} \in G(\underline{x})] = \sup[(\sigma\underline{n} + \underline{\tau}(\underline{n})).[\underline{\hat{U}}];|\underline{\tau}(\underline{n})| \leq C - \sigma\tan\varphi] \quad (6.38)$$

Deux situations sont alors possibles, illustrées sur la figure 12 :

a) La discontinuité de vitesse est telle que : $[\underline{\hat{U}}].\underline{n} < \|[\underline{\hat{U}}]\|\sin\varphi$. La valeur correspondante de la fonction π est infinie.

b) Cette discontinuité vérifie la condition $[\underline{\hat{U}}].\underline{n} \geq \|[\underline{\hat{U}}]\|\sin\varphi$. La fonction π prend alors la valeur suivante :

$$\pi(\underline{n};[\underline{\hat{U}}]) = \frac{C}{\tan\varphi}[\underline{\hat{U}}].\underline{n} \quad \text{si } [\underline{\hat{U}}].\underline{n} \geq \|[\underline{\hat{U}}]\|\sin\varphi \quad (6.39)$$

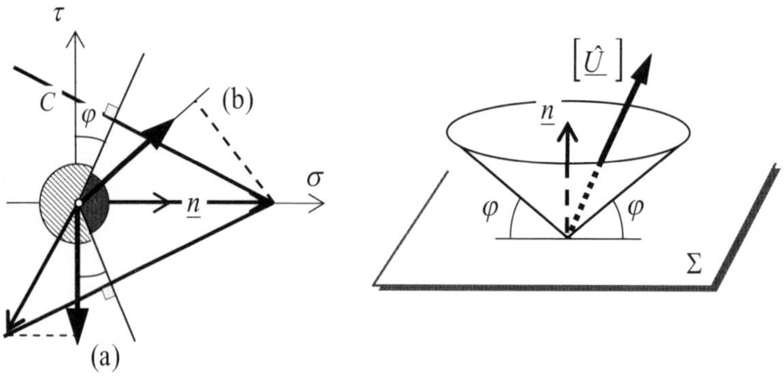

Figure 12. Discontinuités de vitesse pertinentes pour un matériau de Coulomb.

Ainsi, pour ***un matériau de Coulomb,*** les champs de vitesse pertinents doivent comporter des discontinuités de vitesse ***« décollant » d'un angle au moins égal à φ par rapport à la surface de discontinuité.***

Il importe de remarquer que les conditions de pertinence précédentes ne sont en toute rigueur que des *conditions mathématiques* portant sur les champs de vitesse, liées à la possibilité ou non de pouvoir calculer les fonctions π, et donc la puissance résistante maximale. Elles n'ont en particulier rien à voir avec le caractère plus ou moins « physiquement réaliste » de ces champs de vitesses ***virtuels***, dont il convient de rappeler qu'ils n'ont rien à connaître des limitations imposées aux mouvements ***réels*** (liaisons internes,...).

7. FONCTIONS « π » POUR LES CRITÈRES USUELS

Le tableau qui suit récapitule les conditions de pertinence pour un certain nombre de critères usuels, et donne les expressions correspondantes des fonctions $\pi(\underline{\underline{\hat{d}}})$ et $\pi(\underline{n}\,;[\![\underline{\hat{U}}]\!])$. On adopte la notation $[\![\underline{\hat{U}}]\!]=\underline{\hat{V}}$.

	Critère	$\pi(\underline{\underline{\hat{d}}})$	$\pi(\underline{n};\underline{\hat{V}})$
Tresca	$\sigma_1-\sigma_3-2C\le 0$ $(C=\sigma_0/2)$	$C\left(\lvert\hat{d}_1\rvert+\lvert\hat{d}_2\rvert+\lvert\hat{d}_3\rvert\right)$ si $tr\underline{\underline{\hat{d}}}=0$ $+\infty$ sinon	$C\lvert\underline{\hat{V}}\rvert$ si $\underline{\hat{V}}.\underline{n}=0$ $+\infty$ sinon
von Mises	$\left[1/2tr\underline{\underline{s}}^2\right]^{1/2}-k\le 0$	$k(2tr\underline{\underline{\hat{d}}}^2)^{1/2}$ si $tr\underline{\underline{\hat{d}}}=0$ $+\infty$ sinon	$k\lvert\underline{\hat{V}}\rvert$ si $\underline{\hat{V}}.\underline{n}=0$ $+\infty$ sinon
Coulomb	$\sigma_1(1+\sin\varphi)$ $-\sigma_3(1-\sin\varphi)$ $-2C\cos\varphi\le 0$	$\dfrac{C}{\tan\varphi}tr\underline{\underline{\hat{d}}}$ si $tr\underline{\underline{\hat{d}}}\ge$ $\left(\lvert\hat{d}_1\rvert+\lvert\hat{d}_2\rvert+\lvert\hat{d}_3\rvert\right)\sin\varphi$ $+\infty$ sinon	$\dfrac{C}{\tan\varphi}\underline{\hat{V}}.\underline{n}$ si $\underline{\hat{V}}.\underline{n}\ge\lvert\underline{\hat{V}}\rvert\sin\varphi$ $+\infty$ sinon

8. RETOUR SUR L'EXEMPLE DE LA COMPRESSION SIMPLE D'UNE ÉPROUVETTE

8.1. Approche cinématique par champs de déformation homogènes

On considère le champ de vitesse défini comme suit :

$$\underline{\hat{U}} = -U\frac{z}{h}\underline{e}_z + \alpha U\left(\frac{x}{h}\underline{e}_x + \frac{y}{h}\underline{e}_y\right) \tag{6.40}$$

qui est bien évidemment cinématiquement admissible pour le problème de la figure 5, et dont le champ de taux de déformation associé s'écrit :

$$\underline{\underline{\hat{d}}} = \frac{U}{h}\left(-\underline{e}_z \otimes \underline{e}_z + \alpha\underline{e}_x \otimes \underline{e}_x + \alpha\underline{e}_y \otimes \underline{e}_y\right) \tag{6.41}$$

La condition de pertinence d'un tel champ de vitesse pour les critères de Tresca et de von Mises s'écrit :

$$tr\underline{\underline{\hat{d}}} = \frac{U}{h}(2\alpha - 1) = 0 \quad \Rightarrow \quad \alpha = 1/2 \tag{6.42}$$

et le calcul de la puissance résistante maximale donne après calculs :

$$P_{rm}\left(\underline{\hat{U}}\right) = \int_\Omega \pi(\underline{\underline{\hat{d}}})\,\mathrm{d}\Omega = \begin{cases} (Sh)2C\dfrac{U}{h} = 2CSU & \text{Tresca} \\ (Sh)\sqrt{3}k\dfrac{U}{h} = 2kSU & \text{von Mises} \end{cases} \tag{6.43}$$

L'application de *l'approche cinématique* conduit alors à l'inégalité :

$$Q \leq Q^+ \quad \Rightarrow \quad QU \leq P_{rm}(\underline{\hat{U}}) \tag{6.44}$$

c'est-à-dire à l'obtention d'un *majorant de la charge extrême* :

$$Q^+ \leq \begin{cases} 2CS & \text{Tresca} \\ \sqrt{3}kS & \text{von Mises} \end{cases} \tag{6.45}$$

Ce résultat permet, par comparaison avec l'approche statique (2.15), de déterminer la *valeur exacte du chargement extrême* :

$$Q^+ = \begin{cases} 2CS & \text{Tresca} \\ \sqrt{3}kS & \text{von Mises} \end{cases} \tag{6.46}$$

8.2. Approche cinématique par champs de vitesse « par blocs »

Un tel champ de vitesse est représenté sur la figure 13 : l'éprouvette est « découpée » en deux blocs, respectivement notés 1 et 2. La vitesse virtuelle du bloc 1 est prise égale à zéro, tandis que le bloc 2 est animé d'un mouvement de translation de vitesse $\underline{\hat{W}}$. Le taux de déformation virtuel est donc nul en tout point, et seule une discontinuité de vitesse ***tangentielle*** égale à $\underline{\hat{V}} = -\underline{\hat{W}}$ apparaît au passage du bloc 1 vers le bloc 2. Le calcul de la puissance résistante maximale donne :

$$P_{rm}(\underline{\hat{U}}) = \begin{cases} \dfrac{S}{\cos\alpha} C|\underline{\hat{W}}| & \text{Tresca} \\ \\ \dfrac{S}{\cos\alpha} k|\underline{\hat{W}}| & \text{von Mises} \end{cases} \quad \text{avec } |\underline{\hat{W}}| = \frac{U}{\sin\alpha} \tag{6.47}$$

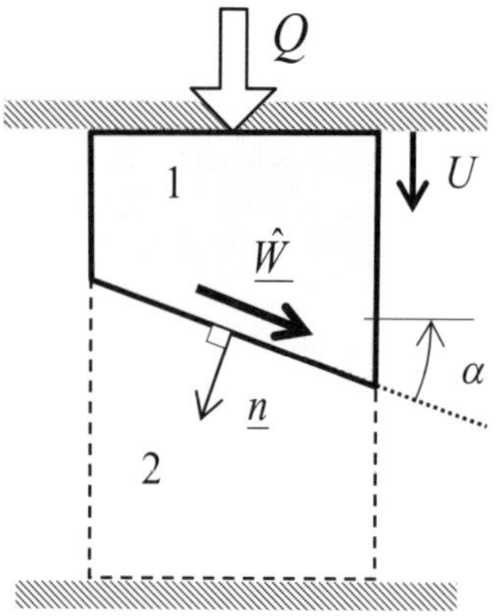

Figure 13. Champ de vitesse avec discontinuité pour un milieu de Tresca.

D'où la majoration suivante de la charge extrême :

$$Q^+ \leq \begin{cases} 2CS & \text{Tresca} \\ 2kS & \text{von Mises} \end{cases} \tag{6.48}$$

Commentaires

- La majoration obtenue dans le cas d'un matériau de Tresca est identique à celle résultant le l'utilisation d'un champ de taux déformation homogène (§ 8.1). Elle ne coïncide par contre pas avec cette dernière dans le cas d'un milieu de von Mises, puisque l'on obtient la valeur $2kS$ au lieu de $k\sqrt{3}S$.
- Dans le cas d'un matériau de Tresca, le majorant est identique à celui découlant de l'approche ***statique par l'extérieur*** conduite à la section 4. Cela ne doit nullement surprendre dans la mesure où écrire le principe des puissances virtuelles pour un mécanisme de bloc en translation tel que celui représenté sur la figure 13, est strictement équivalent à exprimer l'équilibre global du bloc 2 en projection sur la direction donnée à la vitesse $\underline{\hat{W}}$ de ce bloc.

8.3. Cas d'un matériau de Coulomb

L'expression du critère de résistance étant donnée par (6.36), l'approche statique par l'intérieur utilisant un champ de contrainte uniaxial homogène de la forme (6.12), conduit à la condition suivante sur le paramètre α :

$$-2C\frac{\cos\varphi}{1-\sin\varphi} \leq \alpha \leq +2C\frac{\cos\varphi}{1+\sin\varphi} \tag{6.49}$$

d'où la minoration suivante de la valeur extrême de l'effort de *compression* :

$$Q^{+} \geq 2CS\frac{\cos\varphi}{1-\sin\varphi} = 2CS\tan\left(\frac{\pi}{4}+\frac{\varphi}{2}\right) \tag{6.50}$$

Par ailleurs la mise en œuvre de l'approche cinématique par l'extérieur utilisant un champ de la forme (6.40), avec $\alpha \geq 1/2(1+\sin\varphi)/(1-\sin\varphi)$ de manière à respecter la condition de pertinence, conduit au calcul de la puissance résistante maximale :

$$P_{rm}(\underline{\hat{U}}) = \int_{\Omega}\pi(\underline{\underline{\hat{d}}})\,\mathrm{d}\Omega = Sh\frac{C}{\tan\varphi}\frac{U}{h}(2\alpha-1) \quad , \quad \alpha \geq 1/2\frac{1+\sin\varphi}{1-\sin\varphi} \tag{6.51}$$

d'où la majoration suivante de Q^{+} :

$$Q^{+} \leq CS\frac{2\alpha-1}{\tan\varphi} \tag{6.52}$$

dont l'optimum est obtenu pour $\alpha = 1/2(1+\sin\varphi)/(1-\sin\varphi)$:

$$Q^{+} \leq 2CS\frac{\cos\varphi}{1-\sin\varphi} \tag{6.53}$$

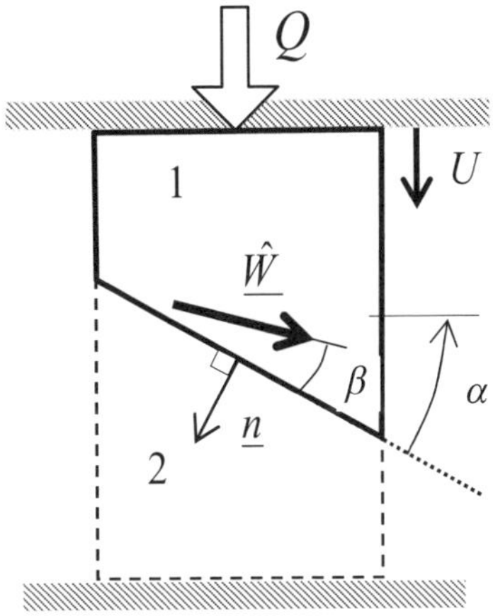

Figure 14. Champ de vitesse avec discontinuité pour un milieu de Coulomb.

D'où par comparaison avec (6.50) :

$$Q^{+} = 2CS\tan\left(\frac{\pi}{4}+\frac{\varphi}{2}\right) \tag{6.54}$$

Examinons enfin ce que donne l'approche cinématique fondée sur l'utilisation d'un champ de vitesse « par bloc en translation» représenté sur la figure 14. Désignant par β l'inclinaison de la vitesse $\underline{W}$ du bloc 1 par rapport à la surface de discontinuité, la condition de pertinence impose :

$$\varphi \leq \beta \leq \pi - \varphi \tag{6.55}$$

On obtient alors l'expression suivante de la puissance résistante maximale :

$$P_{rm}(\underline{\hat{U}}) = \frac{S}{\cos\alpha}\frac{C}{\tan\varphi}\left|\underline{\hat{W}}\right|\sin\beta \quad , \quad \varphi \leq \beta \leq \pi - \varphi \tag{6.56}$$

et donc l'inégalité :

$$Q^+U \leq \frac{S}{\cos\alpha}\frac{C}{\tan\varphi}|\underline{\hat{W}}|\sin\beta\,,\quad \varphi \leq \beta \leq \pi - \varphi\,,\quad U = |\underline{\hat{W}}|\sin(\alpha-\beta) > 0 \tag{6.57}$$

soit :

$$Q^+ \leq CS\frac{\sin\beta}{\cos\alpha\tan\varphi\sin(\alpha-\beta)}\,,\quad \varphi \leq \beta \leq \pi - \varphi\,,\quad \alpha > \beta \tag{6.58}$$

La majoration optimale est obtenue pour $\beta = \varphi$ et $\alpha = \pi/4 + \varphi/2$:

$$Q^+ \leq 2CS\tan\left(\frac{\pi}{4}+\frac{\varphi}{2}\right) \tag{6.59}$$

c'est-à-dire la même valeur que (6.53).

Nous pouvons encore une fois constater que le résultat précédent peut être obtenu par un raisonnement de type « statique par l'extérieur », illustré sur la figure 15. L'équilibre en résultante du bloc 1, projeté sur la direction de vecteur unitaire $\underline{v}$ inclinée d'un angle φ par rapport au plan de séparation du bloc 1, sous l'action de l'effort Q d'une part, de la distribution des contraintes $\underline{T}(\underline{n})$ exercées par le reste de l'éprouvette d'autre part, s'écrit :

$$(-Q\underline{e}_z).\underline{v} = \int_\Sigma \underline{T}(\underline{n}).(-\underline{v})\mathrm{d}\Sigma \tag{6.60}$$

Il en résulte que :

$$Q \leq Q^+ \Rightarrow \begin{cases} (-Q\underline{e}_z).\underline{v} = \int_\Sigma \underline{T}(\underline{n}).(-\underline{v})\mathrm{d}\Sigma \\ |\underline{\tau}(\underline{n})| \leq C - \sigma\tan\varphi \end{cases} \tag{6.61}$$

d'où la majoration suivante de Q^+ :

$$(-Q^+\underline{e}_z).\underline{v} = \int_\Sigma \underline{T}(\underline{n}).(-\underline{v})\mathrm{d}\Sigma \leq \int_\Sigma \sup\left\{\underline{T}(\underline{n}).(-\underline{v});\, |\underline{\tau}(\underline{n})| \leq C - \sigma\tan\varphi\right\}\mathrm{d}\Sigma \tag{6.62}$$

On constate alors immédiatement que l'inégalité précédente n'est autre que l'expression de l'inégalité générale de l'approche cinématique par l'extérieur ($\underline{Q}.\underline{\dot{q}}(\underline{\hat{U}}) \leq P_{rm}(\underline{\hat{U}})$), pour un champ de vitesse « par bloc » représenté sur la figure 14, avec $\underline{\hat{W}} = \underline{v}$! On identifie notamment :

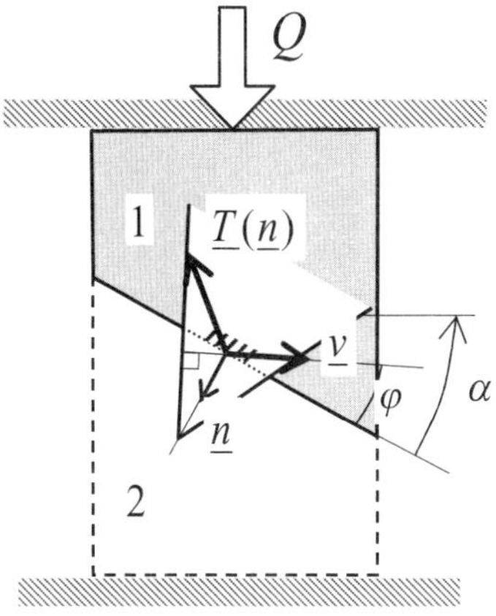

Figure 15. Approche statique par l'extérieur pour l'éprouvette en matériau de Coulomb.

$$\sup\left\{ \underline{T}(\underline{n}).\left(-\underline{v}\right); \left|\underline{\tau}(\underline{n})\right| \leq C - \sigma \tan\varphi \right\} = \pi\left(\underline{n}\ ; \underline{\hat{V}} = -\underline{v}\right) \tag{6.63}$$

Cela confirme que la mise en œuvre de l'approche cinématique avec un mécanisme « par bloc » en translation revient à dualiser le raisonnement correspondant à l'approche statique par l'extérieur.

Chapitre VII

CALCUL À LA RUPTURE DES PLAQUES ET DALLES MINCES EN FLEXION

1. LE MODÈLE « PLAQUE » : EFFORTS INTÉRIEURS ET EXTÉRIEURS ; ÉQUATIONS DE LA STATIQUE

La définition d'un problème de calcul à la rupture pour des structures de type plaque ou dalle mince nécessite de définir au préalable la nature des ***efforts intérieurs et extérieurs***, ainsi que les équations régissant leur ***équilibre***. Nous adoptons ici un point de vue qui consiste à considérer que les plaques sont des milieux continus généralisant à ***deux dimensions d'espace*** les notions attachées au modèle ***unidimensionnel*** de la poutre droite (voir chapitre I). Nous ferons donc systématiquement le parallèle entre les deux modèles.

La figure 1a décrit la géométrie d'une poutre droite, comme occupant un segment L placé sur un axe Ox, ainsi que son chargement est caractérisé par la densité ***linéique*** $p(x)$ d'effort vertical. Dans le cas d'un plaque, sa géométrie est définie par un domaine S, de bord ∂S, du plan Oxy, le chargement étant décrit par une densité ***surfacique*** d'effort vertical, notée $p(x, y)$.

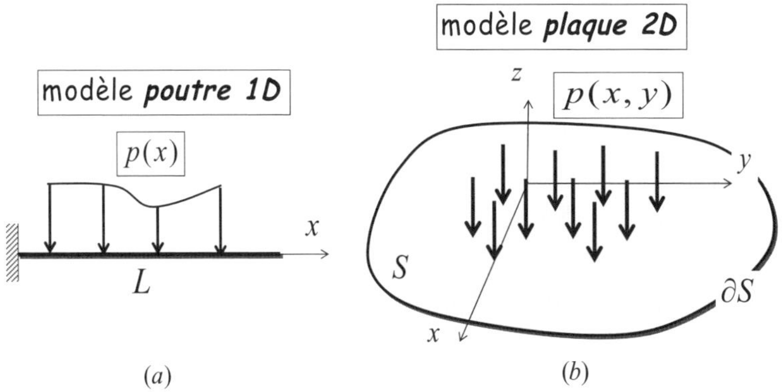

Figure 1. Modélisation de la géométrie et du chargement d'une poutre droite : (a) et d'une plaque (b).

Les ***efforts intérieurs***, définis en tout point (x, y) sont de trois types :

- Les ***efforts membranaires*** (figure 2b) qui sont les homologues de l'effort ***normal*** ou ***axial*** pour une poutre droite (figure 2a). Ceux-ci sont représentés par un tenseur symétrique, dit des efforts membranaires dont la matrice des composantes dans le repère Oxy s'écrit :

$$\underline{\underline{N}} = \begin{pmatrix} N_{xx} & N_{xy} \\ N_{yx} & N_{yy} \end{pmatrix} \tag{7.1}$$

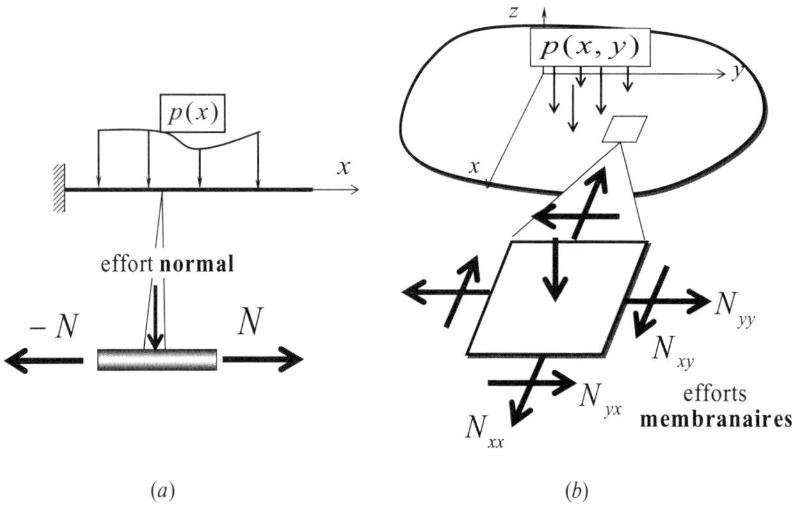

Figure 2. Effort normal dans une poutre et tenseur des efforts membranaires dans une plaque.

N_{ij} s'interprète comme *la composante selon la direction i de la densité linéique d'effort qui s'exerce sur une facette de normale j tracée localement dans le plan de la plaque.* Son unité est donc le N/m. Ces efforts membranaires doivent vérifier l'équation d'équilibre suivante (en l'absence de composantes du chargement dans le plan de la plaque) :

$$\operatorname{div}\underline{\underline{N}} = 0 \quad \Leftrightarrow \quad \begin{cases} \dfrac{\partial N_{xx}}{\partial x} + \dfrac{\partial N_{xy}}{\partial y} = 0 \\[2ex] \dfrac{\partial N_{yx}}{\partial x} + \dfrac{\partial N_{yy}}{\partial y} = 0 \end{cases} \tag{7.2}$$

qui peut être établie à partir de l'écriture de l'équilibre en résultante dans le plan Oxy d'un élément de plaque tel que celui représenté sur la figure 2b.

- Les ***efforts tranchants*** (figure 3b) homologues de l'effort ***tranchant*** pour une poutre droite (figure 3a). Ce dernier est décrit par un vecteur $\underline{V}$, dont la composante V_i représente la résultante comptée selon l'axe Oz de la densité linéique d'efforts appliqués sur la facette de normale i. L'équation d'équilibre correspondante s'écrit très simplement en exprimant l'équilibre en résultante selon Oz d'un élément de plaque (figure 3b) :

$$\mathrm{div}\underline{V} = p \quad \Leftrightarrow \quad \frac{\partial V_x}{\partial x} + \frac{\partial V_y}{\partial y} = p \tag{7.3}$$

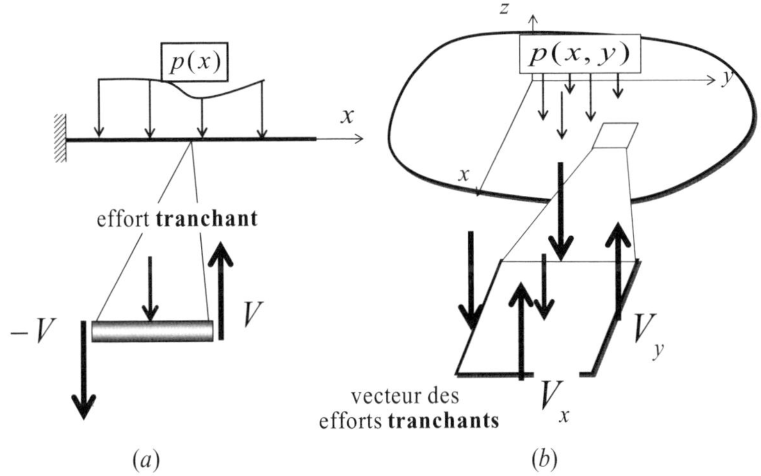

Figure 3. Efforts tranchants dans une poutre et dans une plaque.

♦ La troisième catégorie d'efforts intérieurs est constituée des ***moments de flexion*** (figure 4b) équivalent du moment fléchissant dans une poutre droite (figure 4a). Ces efforts sont représentés par un tenseur symétrique :

$$\underline{\underline{M}} = \begin{pmatrix} M_{xx} & M_{xy} \\ M_{yx} & M_{yy} \end{pmatrix} \tag{7.4}$$

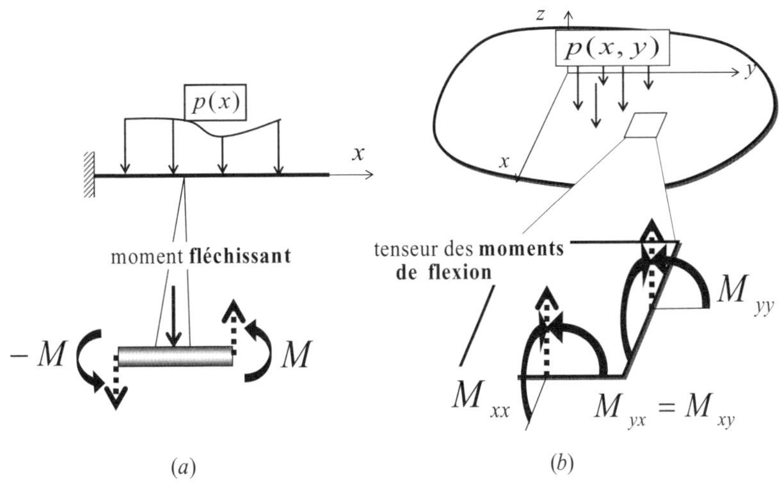

Figure 4. Efforts de flexion dans une poutre et dans une plaque.

la dimension des composantes M_{ij}, dont l'interprétation est donnée sur la figure 4b, étant celle d'un *moment par unité de longueur*, c'est-à-dire d'une force. L'équation d'équilibre correspondante, obtenue par exemple en écrivant l'équilibre en moment par rapports aux axes *Ox* et *Oy* d'un élément de plaque, s'écrit :

$$\mathrm{div}\underline{\underline{M}} + \underline{V} = 0 \quad \Leftrightarrow \quad \begin{cases} \dfrac{\partial M_{xx}}{\partial x} + \dfrac{\partial M_{xy}}{\partial y} + V_x = 0 \\ \\ \dfrac{\partial M_{yx}}{\partial x} + \dfrac{\partial M_{yy}}{\partial y} + V_y = 0 \end{cases} \tag{7.5}$$

qui combinée à (7.3) donne :

$$\mathrm{div}(\mathrm{div}\underline{\underline{M}}) + p = 0 \quad \Leftrightarrow \quad \frac{\partial^2 M_{xx}}{\partial x^2} + \frac{\partial^2 M_{yy}}{\partial y^2} + 2\frac{\partial^2 M_{xy}}{\partial x \partial y} + p = 0 \tag{7.6}$$

2. CRITÈRES DE RÉSISTANCE ET POSITION D'UN PROBLÈME DE CALCUL À LA RUPTURE

Rappelons que, dans le cas d'une poutre ou d'un système de poutres droites ***en flexion***, le critère de résistance ne porte que sur le moment fléchissant, supposant ainsi implicitement que ces poutres sont infiniment résistantes vis-à-vis de l'effort normal et de l'effort tranchant, de sorte que la condition de résistance se réduit à (voir chapitre V) :

$$f(\not{N}, \not{V}, M) \leq 0 \quad \Leftrightarrow \quad -m' \leq M \leq +m \tag{7.7}$$

où m (resp. $-m'$désigne le moment limite en flexion positive (resp. négative). Dans le cas des plaques et dalles minces, le critère de résistance apparaît comme une condition portant sur l'ensemble des efforts intérieurs introduits au paragraphe précédent, soit :

$$f\left(\underline{\underline{N}}, \underline{V}, \underline{\underline{M}}\right) \leq 0 \tag{7.8}$$

Faisant la même hypothèse que dans le cas des poutres, on admettra qu'un tel critère ne porte que sur le tenseur des moments de flexion :

$$f\left(\underline{\underline{M}}\right) \leq 0 \tag{7.9}$$

Nous adopterons dans toute la suite le ***critère de résistance de Johansen***, particulièrement bien adapté pour décrire la résistance de dalles minces en béton armé. Ce critère s'écrit :

$$-m' \leq M_1, M_2 \leq +m \tag{7.10}$$

où M_1 et M_2 désignent les valeurs principales du tenseur des moments de flexion. Le domaine correspondant dans le plan des moments principaux est tracé sur la figure 5.

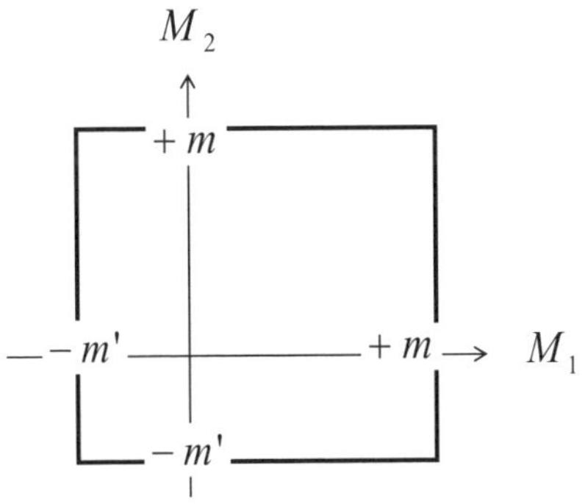

Figure 5. Critère de résistance de Johansen.

Dans ces conditions, le chargement de la plaque/dalle mince dépendant d'un ***nombre fini de paramètres de chargement*** regroupé dans le vecteur $\underline{Q}$, le domaine K des chargements potentiellement supportables au sens du calcul à la rupture par cette plaque/dalle est défini comme l'ensemble des chargements pour lesquels il est possible de mettre en évidence un champ $\underline{\underline{M}}$ de moments de flexion dans la structure statiquement admissible avec le chargement (c'est-à-dire vérifiant les équations d'équilibre précédentes ainsi que les conditions en efforts sur le contour ∂S de la plaque) et vérifiant en tout point le critère de résistance (7.10). Ce que l'on peut écrire :

$$\underline{Q} \in K \quad \Leftrightarrow \quad \begin{cases} \exists \underline{\underline{M}} \text{ S.A. } \underline{Q} \\ \\ \text{t.q. } \forall (x,y) \in S \\ -m' \leq M_1, M_2 \leq +m \end{cases} \tag{7.11}$$

La mise en œuvre de cette définition constitue l'***approche statique par l'intérieur*** du calcul à la rupture, qui aboutit notamment à l'obtention de minorants des chargements extrêmes, ou chargement de ruine de la structure.

3. L'APPROCHE CINÉMATIQUE PAR L'EXTÉRIEUR

3.1. Principe des puissances virtuelles

Tout comme dans le cas des poutres en flexion (voir chapitre I), on définit un ***mouvement virtuel*** de la plaque par un champ de ***vitesse de flèche***, notée $\hat{w}$, fonction du point (x,y) : figure 6. Dans ces conditions, et en supposant que les seules données en effort non nulles concernent la densité surfacique de chargement $p(x,y)$, comptée positivement vers le bas, tandis que la vitesse de flèche est comptée positivement vers le haut, la puissance des efforts extérieurs s'écrit dans le cas d'un mode de chargement à n paramètres :

$$P_e(\hat{w}) = \int_S -p(x,y)\hat{w}(x,y)\,\mathrm{d}S = \underline{Q}\,.\,\underline{\dot{q}}(\hat{w}) \tag{7.12}$$

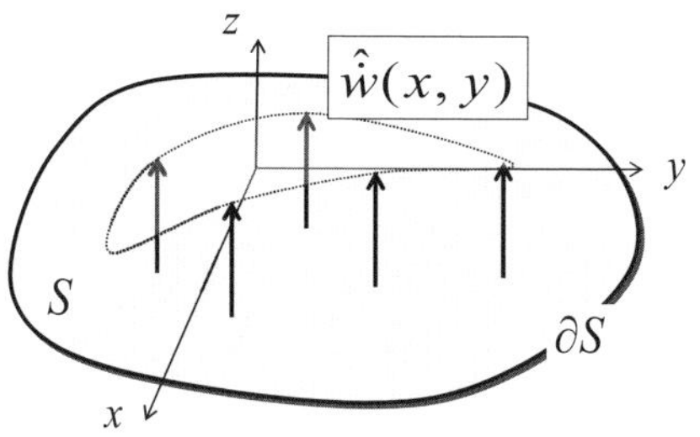

Figure 6. Mouvement virtuel d'une plaque/dalle.

On se place pour simplifier dans le cas où les conditions au bord de la plaque sont celles d'un ***appui simple***, c'est-à-dire que la vitesse de flèche y est nulle :

$$\forall\,(x,y)\in\partial S:\ \hat{w}=0 \tag{7.13}$$

tandis que la composante normale du tenseur des moments de flexion y est nulle :

$$\forall\,(x,y)\in\partial S:\ M_{nn}=\underline{n}\,.\,\underline{\underline{M}}\,.\,\underline{n}=0 \tag{7.14}$$

où $\underline{n}$ désigne la normale extérieure au bord (figure 7).

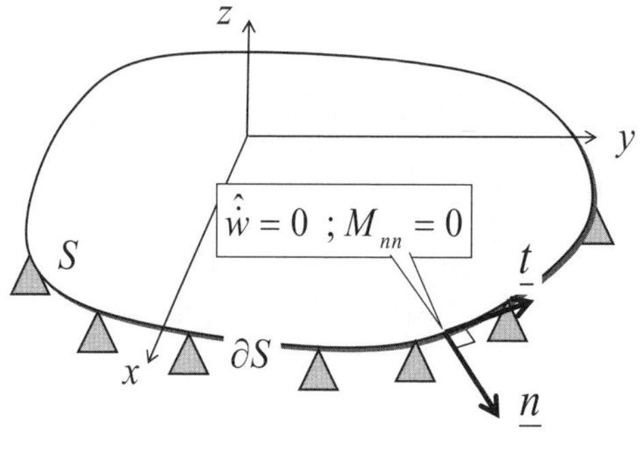

Figure 7. Condition d'appui simple sur le bord de la plaque

Étant donné un mouvement virtuel $\hat{w}$ quelconque ***cinématiquement admissible***, c'est-à-dire respectant la condition d'appui (7.13), l'équation d'équilibre (7.6) peut être réécrite comme suit sous forme dualisée :

$$\forall\hat{w}\ \text{c.a.},\quad \int_S\left(\operatorname{div}(\operatorname{div}\underline{\underline{M}})+p\right)\hat{w}\,\mathrm{d}S=0 \tag{7.15}$$

d'où l'expression de la puissance virtuelle des efforts extérieurs dans un tel champ :

$$\forall\hat{w}\ \text{c.a.},\quad P_e(\hat{w})=-\int_S p\,\hat{w}\,\mathrm{d}S=\int_S\left(\operatorname{div}(\operatorname{div}\underline{\underline{M}})\right)\hat{w}\,\mathrm{d}S \tag{7.16}$$

Tenant compte de l'identité :

$$\operatorname{div}(\operatorname{div}\underline{\underline{M}})\,\hat{w} = \operatorname{div}(\hat{w}\,\operatorname{div}\underline{\underline{M}}) - (\underline{\nabla}\hat{w}).\operatorname{div}\underline{\underline{M}} \tag{7.17}$$

où $\underline{\nabla}\hat{w}$ désigne le gradient du champ $\hat{w}$ par rapport aux coordonnées (x,y), et en appliquant le théorème de la divergence, il vient :

$$\forall \hat{w}\ \text{c.a.},\ P_e(\hat{w}) = \int_{\partial S} \underbrace{\hat{w}}_{=0}\ (\operatorname{div}\underline{\underline{M}}).\underline{n}\,\mathrm{d}s - \int_S (\underline{\nabla}\hat{w}).\operatorname{div}\underline{\underline{M}}\,\mathrm{d}S = -\int_S (\underline{\nabla}\hat{w}).\operatorname{div}\underline{\underline{M}}\,\mathrm{d}S \tag{7.18}$$

Utilisant alors la relation :

$$\operatorname{div}\left(\underline{\nabla}\hat{w}.\underline{\underline{M}}\right) = (\underline{\nabla}\hat{w}).\operatorname{div}\underline{\underline{M}} + \underline{\underline{M}} : \underline{\underline{\nabla}}(\underline{\nabla}\hat{w}) \tag{7.19}$$

et appliquant une seconde fois le théorème de la divergence, on obtient :

$$\forall \hat{w}\ \text{c.a.},\ P_e(\hat{w}) = \int_S \underline{\underline{M}} : \underline{\underline{\nabla}}(\underline{\nabla}\hat{w})\,\mathrm{d}S - \int_{\partial S} (\underline{\nabla}\hat{w}).\underline{\underline{M}}.\underline{n}\,\mathrm{d}s \tag{7.20}$$

Or la condition d'appui (7.13) impliquant que $\underline{\nabla}\hat{w}.\underline{t} = \partial\hat{w}/\partial\underline{t} = 0$ et donc $\underline{\nabla}\hat{w} = \hat{\theta}\underline{n}$, on peut écrire en tenant compte de (7.14) :

$$(\underline{\nabla}\hat{w}).\underline{\underline{M}}.\underline{n} = \hat{\theta}\,M_{nn} = 0 \tag{7.21}$$

D'où finalement :

$$\forall \hat{w}\ \text{c.a.},\ P_e(\hat{w}) = \int_S \underline{\underline{M}} : \hat{\underline{\underline{\chi}}}\,\mathrm{d}S \tag{7.22}$$

où $\hat{\underline{\underline{\chi}}}$ représente le ***tenseur des taux de courbure virtuels*** défini par :

$$\hat{\underline{\underline{\chi}}} = \underline{\underline{\nabla}}(\underline{\nabla}\hat{w}) \quad \text{ou} \quad \hat{\chi}_{ij} = \frac{\partial^2 \hat{w}}{\partial x_i \partial x_j} \tag{7.23}$$

L'équation (7.22) constitue l'expression du ***principe des puissances virtuelles*** (PPV) pour les plaques ou dalles minces en flexion, le second membre de cette équation représentant la puissance virtuelle de déformation (égale à l'opposée de la puissance virtuelle des efforts intérieurs) analogue de $\int_L M\hat{\chi}\,\mathrm{d}s$ pour les poutres droites en flexion (voir chapitre V).

3.2. Approche cinématique par l'extérieur

Le raisonnement est identique à celui suivi dans le cas des systèmes de barres fléchies (chapitre V) ou des systèmes en milieu continu 3D (chapitre VI). Il consiste à reprendre la définition (7.11) du domaine des chargements potentiellement supportables en dualisant les conditions d'équilibre par le biais du PPV. Soit :

$$\underline{Q} \in K \iff \begin{cases} \exists\, \underline{\underline{M}}\ ;\ \forall \hat{w}\ \text{c.a.}\,\underline{\dot{q}},\ \underline{Q}.\underline{\dot{q}} = \int_S \underline{\underline{M}} : \hat{\underline{\underline{\chi}}}\,\mathrm{d}S \\ \forall (x,y) \in S,\ m' \le M_1, M_2 \le +m \end{cases} \tag{7.24}$$

Introduisant la ***puissance résistante maximale*** définie par :

$$P_{rm}(\hat{w}) = \int_S \pi\left(\hat{\underline{\underline{\chi}}}\right)\mathrm{d}S \tag{7.25}$$

avec :

$$\pi\left(\underline{\underline{\hat{\dot{\chi}}}}\right)=\sup_{\underline{\underline{M}}}\left\{\underline{\underline{M}}:\underline{\underline{\hat{\dot{\chi}}}}\,;-m'\leq M_1,M_2\leq +m\right\} \tag{7.26}$$

il vient alors immédiatement :

$$\underline{Q}\in K \;\Rightarrow\; \forall\hat{w}\text{ c.a.}\,\underline{\dot{q}}\,,\;\underline{Q}.\underline{\dot{q}}\leq \boldsymbol{P}_{rm}(\hat{w}) \tag{7.27}$$

ou encore :

$$\forall\hat{w}\text{ c.a.}\,\underline{\dot{q}}\;,\;K\subseteq\left\{\underline{Q}\;;\;\underline{Q}.\underline{\dot{q}}\leq \boldsymbol{P}_{rm}(\hat{w})\right\} \tag{7.28}$$

dont l'interprétation géométrique est la suivante (figure 8) : dans l'espace des paramètres de chargement, le domaine K est inclus dans le demi-espace délimité par le plan d'équation :

$$\underline{Q}.\underline{\dot{q}}=\boldsymbol{P}_{rm}(\hat{w}) \tag{7.29}$$

et qui contient l'origine.

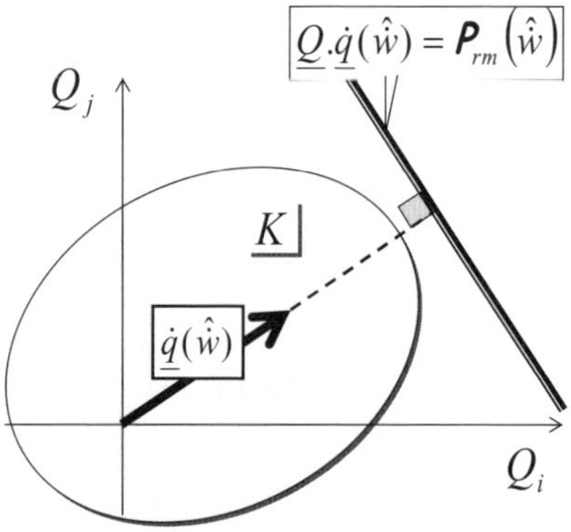

Figure 8. Interprétation géométrique de l'approche cinématique par l'extérieur.

Posant alors :

$$\underline{\underline{\hat{\dot{\chi}}}}=\hat{\dot{\chi}}_1\underline{e}_1\otimes\underline{e}_1+\hat{\dot{\chi}}_2\underline{e}_2\otimes\underline{e}_2 \quad\text{et}\quad \underline{\underline{M}}=M_1\underline{u}_1\otimes\underline{u}_1+M_2\underline{u}_2\otimes\underline{u}_2 \tag{7.30}$$

où $\hat{\dot{\chi}}_1$ et $\hat{\dot{\chi}}_2$ (resp. $M_1\geq M_2$ désignent les *valeurs principales* du taux de courbure virtuel (resp. le moments de flexion principaux), il vient alors :

$$\underline{\underline{M}}:\underline{\underline{\hat{\dot{\chi}}}}=(\underline{e}_1.\underline{\underline{M}}.\underline{e}_1)\hat{\dot{\chi}}_1+(\underline{e}_2.\underline{\underline{M}}.\underline{e}_2)\hat{\dot{\chi}}_2 \tag{7.31}$$

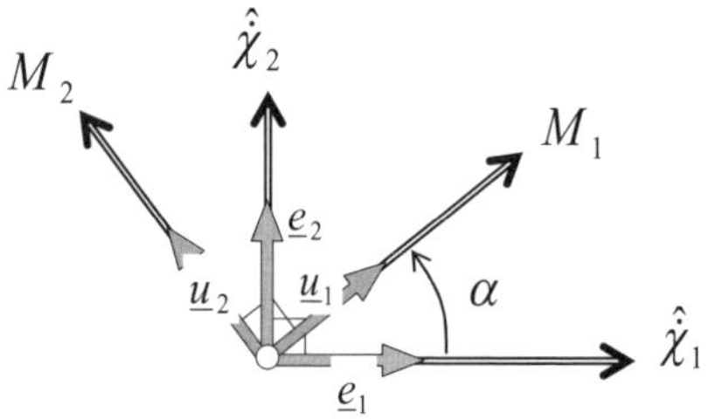

Figure 9. Directions et valeurs principales de $\underline{\underline{M}}$ et $\underline{\underline{\hat{\dot{\chi}}}}$.

avec :

$$\underline{e}_1.\underline{\underline{M}}.\underline{e}_1 = M_1\underbrace{(\underline{e}_1.\underline{u}_1)^2}_{\cos^2\alpha} + M_2\underbrace{(\underline{e}_1.\underline{u}_2)^2}_{\sin^2\alpha} \tag{7.32}$$

ainsi que :

$$\underline{e}_2.\underline{\underline{M}}.\underline{e}_2 = M_1\underbrace{(\underline{e}_2.\underline{u}_1)^2}_{\sin^2\alpha} + M_2\underbrace{(\underline{e}_2.\underline{u}_2)^2}_{\cos^2\alpha} \tag{7.33}$$

où l'angle α est représenté sur la figure 8. On obtient alors :

$$\underline{\underline{M}} : \hat{\dot{\underline{\underline{\chi}}}} = (M_1\cos^2\alpha + M_2\sin^2\alpha)\hat{\dot{\chi}}_1 + (M_1\sin^2\alpha + M_2\cos^2\alpha)\hat{\dot{\chi}}_2 \tag{7.34}$$

et, par conséquent :

$$\begin{aligned}\pi\left(\hat{\dot{\underline{\underline{\chi}}}}\right) &= \sup_{(M_1,M_2,\alpha)}\left\{\underline{\underline{M}} : \hat{\dot{\underline{\underline{\chi}}}} \,;\, -m' \leq M_1, M_2 \leq +m\right\} \\ &= \sup_{(M_1,M_2,\alpha)}\left\{(M_1\cos^2\alpha + M_2\sin^2\alpha)\hat{\dot{\chi}}_1 \,;\, -m' \leq M_1, M_2 \leq +m\right\} \\ &+ \sup_{(M_1,M_2,\alpha)}\left\{(M_1\sin^2\alpha + M_2\cos^2\alpha)\hat{\dot{\chi}}_2 \,;\, -m' \leq M_1, M_2 \leq +m\right\}\end{aligned} \tag{7.35}$$

avec :

$$\begin{aligned}&\sup_{(M_1,M_2,\alpha)}\left\{(M_1\cos^2\alpha + M_2\sin^2\alpha)\hat{\dot{\chi}}_1 \,;\, -m' \leq M_1, M_2 \leq +m\right\} \\ &= \begin{cases} +m\hat{\dot{\chi}}_1, & \text{si } \hat{\dot{\chi}}_1 \geq 0 \\ -m'\hat{\dot{\chi}}_1, & \text{si } \hat{\dot{\chi}}_1 \geq 0 \end{cases} = \sup\left\{+m\hat{\dot{\chi}}_1 \,;\, -m'\hat{\dot{\chi}}_1\right\}\end{aligned} \tag{7.36}$$

soit en définitive :

$$\pi\left(\hat{\dot{\underline{\underline{\chi}}}}\right) = \sup\left\{+m\hat{\dot{\chi}}_1 \,;\, -m'\hat{\dot{\chi}}_1\right\} + \sup\left\{+m\hat{\dot{\chi}}_2 \,;\, -m'\hat{\dot{\chi}}_2\right\} \tag{7.37}$$

avec dans le cas particulier où les moments limites en flexions positive et négative sont égaux ($m = m'$) :

$$\pi\left(\hat{\dot{\underline{\underline{\chi}}}}\right) = m\left(\left|\hat{\dot{\chi}}_1\right| + \left|\hat{\dot{\chi}}_2\right|\right) \tag{7.38}$$

3.3. Prise en compte de « charnières »

Nous avons jusqu'à présent admis que le champ de vitesse $\hat{w}$ était deux fois dérivable par rapport aux coordonnées (x, y), de sorte que le taux de courbure virtuel pouvait être calculé en tout point de S. Mais il est possible, et même le plus souvent indispensable, tout comme pour les poutres à travers la notion de rotule, ou pour le milieu continu à travers l'existence de surfaces de discontinuité de vitesse, de considérer que le champ $\hat{w}$ est continu, mais que ***son premier gradient est discontinu à la traversée de lignes de discontinuité***, appelées ***« charnières »*** et notées Γ (voir figure 10).

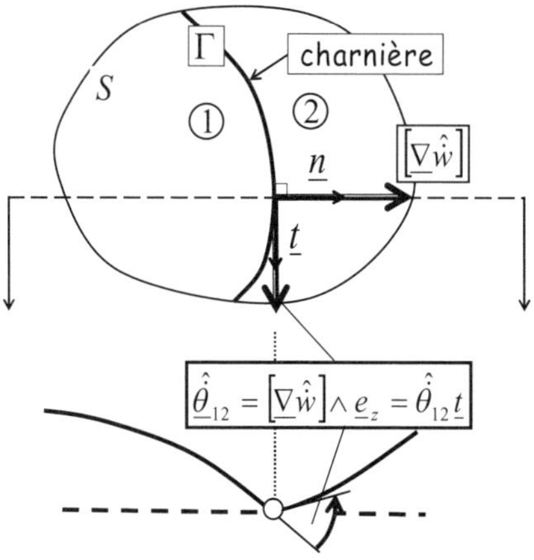

Figure 10. Champ de vitesse avec « charnière ».

Considérant une telle charnière Γ séparant la plaque en deux parties, notées 1 et 2, on désigne par $[\underline{\nabla}\hat{w}]$ la discontinuité du gradient de la vitesse de flèche à la traversée de cette charnière, définie par :

$$[\underline{\nabla}\hat{w}] = (\underline{\nabla}\hat{w})_2 - (\underline{\nabla}\hat{w})_1 \tag{7.39}$$

On peut montrer que, puisque $\hat{w}$ est continu, la discontinuité de son premier gradient est nécessairement parallèle à la normale $\underline{n}$ à la charnière (Lemme d'Hadamard):

$$[\underline{\nabla}\hat{w}] = \hat{\dot{\theta}}_{12}\, \underline{n} \tag{7.40}$$

En d'autres termes, le morceau de plaque n°2 est animé localement d'une rotation égale à :

$$\underline{\hat{\dot{\theta}}} = \hat{\dot{\theta}}_{12}\, \underline{t} \tag{7.41}$$

autour de l'axe orienté par la tangente $\underline{t}$, relativement au morceau de plaque n°1, le trièdre formé par les vecteurs ($\underline{t}$, $\underline{n}$, $\underline{e}_z$) étant de sens direct (figure 10). Dans ces conditions, l'expression du principe des puissances virtuelles devient :

$$\forall \hat{w}\ \text{c.a.},\ P_e(\hat{w}) = \int_S \underline{\underline{M}} : \underline{\underline{\hat{\chi}}}\, \mathrm{d}S + \int_\Gamma \left(\underline{\underline{M}}.\underline{n}\right).[\underline{\nabla}\hat{w}]\, \mathrm{d}\Gamma \tag{7.42}$$

et donc en vertu de (3.38) :

$$\forall \hat{w}\ \text{c.a.},\ P_e(\hat{w}) = \int_S \underline{\underline{M}} : \underline{\underline{\hat{\chi}}}\, \mathrm{d}S + \int_\Gamma \left(\underline{n}.\underline{\underline{M}}.\underline{n}\right)\hat{\dot{\theta}}_{12}\, \mathrm{d}\Gamma \tag{7.43}$$

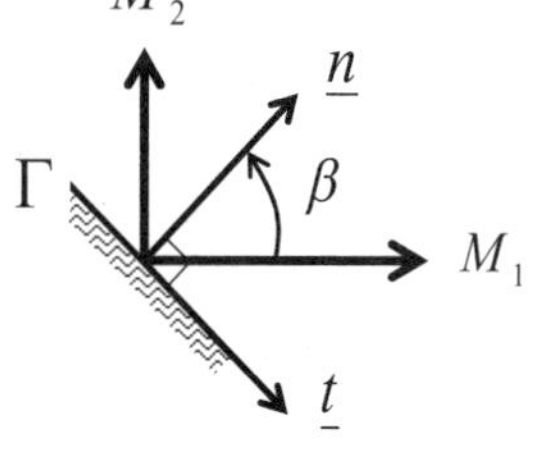

Figure 11.

Or, désignant par β l'angle formé par la normale $\underline{n}$ à la charnière avec la direction associée à la valeur principale M_1 du moment (figure 11), on peut écrire :

$$\underline{n}.\underline{\underline{M}}.\underline{n} = M_{nn} = M_1 \cos^2 \beta + M_2 \sin^2 \beta \tag{7.44}$$

et, par conséquent :

$$\pi(\hat{\dot{\theta}}_{12}) = \sup_{(M_1, M_2, \beta)} \left\{ \left(\underline{n}.\underline{\underline{M}}.\underline{n}\right) \hat{\dot{\theta}}_{12} \,; -m' \leq M_1, M_2 \leq +m \right\}$$

$$= \begin{cases} +m\hat{\dot{\theta}}_{12} \ \text{ si } \hat{\dot{\theta}}_{12} \geq 0 \\ -m'\hat{\dot{\theta}}_{12} \ \text{ si } \hat{\dot{\theta}}_{12} \leq 0 \end{cases} = \sup\left\{ +m\hat{\dot{\theta}}_{12} \,; -m'\hat{\dot{\theta}}_{12} \right\} \tag{7.45}$$

l'expression correspondante de la puissance résistante maximale étant :

$$P_{rm}(\hat{w}) = \int_S \pi\left(\hat{\underline{\underline{\dot{\chi}}}}\right) \mathrm{d}S + \int_\Gamma \pi\left(\hat{\dot{\theta}}_{12}\right) \mathrm{d}\Gamma \tag{7.46}$$

avec dans le cas où la plaque/dalle mince possède la même résistance en flexions positive et négative :

$$P_{rm}(\hat{w}) = \int_S m\left(\left|\hat{\dot{\chi}}_1\right| + \left|\hat{\dot{\chi}}_2\right|\right) \mathrm{d}S + \int_\Gamma m \left|\hat{\dot{\theta}}_{12}\right| \mathrm{d}\Gamma \tag{7.47}$$

4. UN EXEMPLE DE MISE EN ŒUVRE

Nous nous proposons d'appliquer l'approche cinématique par l'extérieur du calcul à la rupture à l'évaluation de la charge de ruine d'une dalle mince ayant la forme d'un triangle équilatéral de côté égal à $2a$ en ***appui simple*** le long de ses bords, soumise à l'action d'une charge concentrée verticale, d'intensité Q, appliquée en son centre O (figure 12). On désigne par m la résistance en flexion (positive ou négative) de la dalle.

On considère alors un mécanisme de ruine dans lequel, la dalle étant « découpée » en trois morceaux triangulaires, respectivement notés de 1 à 3 (figure 13), chacun de ces morceaux est animé d'un mouvement de rotation autour du bord sur lequel il s'appuie.

Désignant par $\hat{\dot{f}}$ la vitesse, comptée positivement vers le bas du point O où la force est appliquée, la puissance virtuelle des efforts extérieurs s'écrit:

$$P_e(\hat{w}) = Q\,\hat{\dot{f}} \tag{7.48}$$

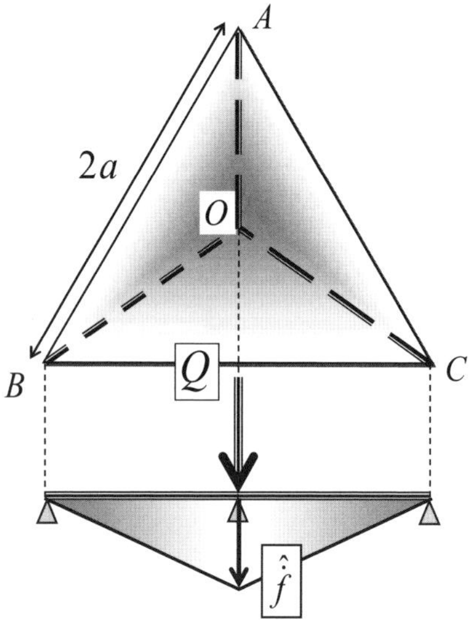

Figure 12. Dalle triangulaire sous charge concentrée.

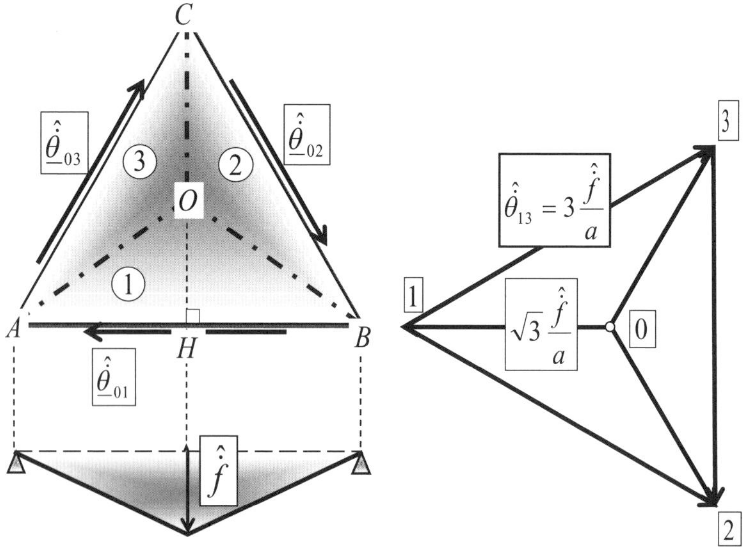

Figure 13. Mécanisme de ruine et cinème associé.

Par ailleurs chacun des morceaux de dalle étant animé d'un mouvement de rotation virtuel, le taux de courbure y est nul en tout point, de sorte que dans l'équation (3.44) l'intégrale de surface de la puissance résistante maximale est nulle. Il reste donc à calculer le second terme relatif aux charnières apparaissant entre les différents morceaux : $\Gamma = OA \cup OB \cup OC$.

Considérons par exemple le cas de la charnière OA séparant les morceaux 1 et 2 de la dalle. La vitesse de rotation du triangle n° 1 (par rapport à un plan de référence fixe que nous noterons 0 par convention) a pour module :

$$\left|\underline{\hat{\dot{\theta}}}_{01}\right| = \frac{\left|\hat{\dot{f}}\right|}{OH} = \frac{\left|\hat{\dot{f}}\right|}{(AC\sqrt{3}/2)/3} = \frac{\sqrt{3}}{a}\left|\hat{\dot{f}}\right| = \frac{\sqrt{3}}{a}\hat{\dot{f}} \quad (\hat{\dot{f}} > 0) \tag{7.49}$$

Le vecteur correspondant est orienté de B vers A, comme indiqué sur la figure 13. Le vecteur rotation du triangle n° 3, qui a même module, est orienté de A vers C. Ces deux vecteurs sont représentés sur la partie droite de la figure 12, sous la forme d'un ***cinème***, qui permet de construire géométriquement le vecteur discontinuité de rotation entre les triangles 1 et 3 le long de la charnière OA à partir de la règle de composition des vitesses de rotation suivante :

$$\underline{\hat{\dot{\theta}}}_{13} = \underline{\hat{\dot{\theta}}}_{03} - \underline{\hat{\dot{\theta}}}_{01} \quad \rightarrow \quad \underline{13} = \underline{03} - \underline{01} \tag{7.50}$$

Il en ressort ainsi que le vecteur vitesse de rotation du morceau n° 3 par rapport au morceau n°1, est orienté de A vers O, son module étant égal à :

$$\left|\underline{\hat{\dot{\theta}}}_{13}\right| = \sqrt{3}\left|\underline{\hat{\dot{\theta}}}_{01}\right| = 3\frac{\hat{\dot{f}}}{a} \tag{7.51}$$

La contribution de la charnière OA à la puissance résistante maximale vaut alors d'après (7.45) :

$$P_{rm}^{OA}(\hat{\underline{w}}) = \int_{OA} m\left|\underline{\hat{\dot{\theta}}}_{13}\right| \mathrm{d}l = \underbrace{(OA)}_{2a\sqrt{3}/3} \; m\frac{3\hat{\dot{f}}}{a} = 2m\sqrt{3}\hat{\dot{f}} \tag{7.52}$$

Les deux autres charnières étant parfaitement équivalentes à la première, la puissance résistante maximale totale vaut en définitive :

$$P_{rm}(\hat{\underline{w}}) = 3\,P_{rm}^{OA}(\hat{\underline{w}}) = 6m\sqrt{3}\hat{\dot{f}} \tag{7.53}$$

et donc par application de l'approche cinématique par l'extérieur :

$$Q \leq Q^{+} \Rightarrow \forall \hat{\dot{f}} > 0 \quad Q\hat{\dot{f}} \leq 6\sqrt{3}m\hat{\dot{f}} \tag{7.54}$$

qui aboutit à l'obtention d'un ***majorant de la charge de ruine*** :

$$Q^{+} \leq 6\sqrt{3}m \tag{7.55}$$

qui est indépendant de la taille a de la dalle (m étant homogène à un moment par unité de longueur a, tout comme Q, la dimension d'une force). Il convient par ailleurs de noter, que contrairement à ce qui se passe dans le cas des systèmes de poutres en flexion sous charges concentrées (chapitre I), un tel majorant n'est pas égal à la charge de ruine de la structure.

Examinons maintenant ce que devient le calcul précédent lorsque cette même dalle est ***encastrée le long de ses bords***, sa résistance étant égale à *m* (resp. –*m*') en flexion positive (resp. négative). Le même schéma de ruine, et donc le même cinème, peut être utilisé, la différence résidant dans le fait que les bords de la dalle sont des charnières (figure 14), et qu'il est nécessaire de déterminer le signe des différentes charnières en raison des résistances différentes de la dalle en flexion positive et négative.

En ce qui concerne les charnières portées par les bissectrices du triangle telle que *OA*, séparant les morceaux n°1 et 3, la normale $\underline{n}$ étant orientée de 1 vers 3, le vecteur tangent $\underline{t}$ est tel que $(\underline{t}, \underline{n}) = +\pi/2$. Dans le cas présent ce vecteur a la même orientation que le vecteur $\underline{13}$ du cinème de droite représentant le taux de rotation du morceau 3 par rapport au morceau 1 (figure 14), de sorte que la charnière *OA* est ***positive*** et la contribution de cette charnière à la puissance résistante maximale vaut d'après (3.43) :

$$\pi(\hat{\dot{\theta}}_{13}) = m\hat{\dot{\theta}}_{13} = 3m\frac{\hat{\dot{f}}}{a} \quad \Rightarrow \quad P_{rm}^{OA}(\hat{\dot{w}}) = 2m\sqrt{3}\hat{\dot{f}} \tag{7.56}$$

Considérons maintenant le cas d'une charnière de bord telle que *AB*, avec les vecteurs $\underline{n}$ et $\underline{t}$ associés, représentés sur la figure 14. Il apparaît que le vecteur $\underline{01}$ du cinème représentant la vitesse de rotation du morceau de dalle n° 1 est orienté dans le sens contraire au vecteur tangent $\underline{t}$, mettant ainsi en évidence que la charnière *AB*, tout comme les autres charnières *BC* et *CA*, est ***négative***. Sa contribution à la puissance résistante maximale vaut donc cette fois ci :

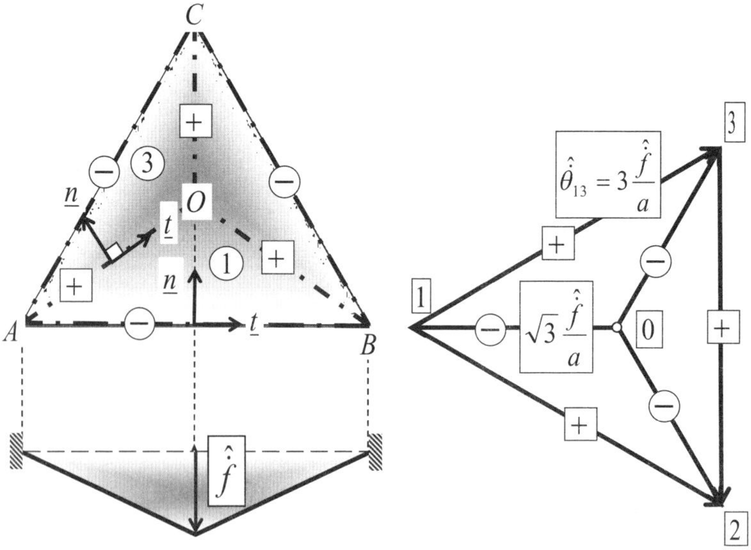

Figure 14. Dalle triangulaire encastrée sur ses bords.

$$\pi(\hat{\dot{\theta}}_{01}) = -m'\hat{\dot{\theta}}_{01} = \sqrt{3}m'\frac{\hat{\dot{f}}}{a} \quad \Rightarrow \quad P_{rm}^{AB}(\hat{\dot{w}}) = 2a\pi(\hat{\dot{\theta}}_{01}) = 2m'\sqrt{3}\hat{\dot{f}} \tag{7.57}$$

On a donc en définitive :

$$P_{rm}(\hat{w}) = 3\,P_{rm}^{OA}(\hat{w}) + 3P_{rm}^{AB}(\hat{w}) = 6(m+m')\sqrt{3}\,\hat{\dot{f}} \qquad (7.58)$$

et le majorant de la charge de ruine de la dalle devient :

$$Q^{+} \leq 6\sqrt{3}(m+m') \qquad (7.59)$$

Chapitre VIII

PROBLÈMES DE CALCUL À LA RUPTURE AVEC SOLUTIONS

1. CHARGE DE RUINE D'UNE STRUCTURE FLÉCHIE

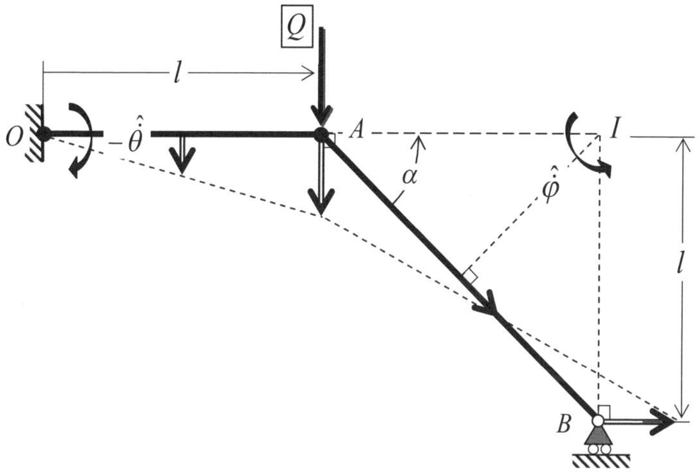

Figure 1.

On se propose de calculer la charge de ruine de la structure ci-dessus, formée d'un tronçon horizontal OA de longueur l, encastré en O, et relié continûment en A à un tronçon AB incliné d'un angle α par rapport à l'horizontale, et dont l'extrémité B est relié à un appui glissant par une articulation sans frottement (figure 1). La distance verticale entre les points A et B est égale à l. Cette structure est soumise à l'action d'une charge verticale concentrée d'intensité Q, comptée positivement vers le bas. On désigne par m la *résistance en flexion* (positive ou négative) en tout point de cette structure.

On peut mettre en évidence $n = 2$ sections potentiellement critiques (localisées en O et A), de sorte que la structure étant hyperstatique de degré $k = 1$, il existe $n - r = 1$ seul *mécanisme indépendant*, représenté sur la figure, dans lequel le tronçon OA subit un mouvement de rotation de vitesse $-\hat{\dot{\theta}}$ ($\hat{\dot{\theta}} > 0$) autour de O, tandis que le tronçon AB est animé d'une rotation de vitesse $\hat{\dot{\varphi}}$ autour du point I, situé à l'intersection du prolongement du tronçon OA avec la verticale passant par l'appui B. Exprimant la continuité de vitesse au point A entre les tronçons OA et AB de la structure, il vient immédiatement :

$$\underbrace{OA}_{l}\times\hat{\dot{\theta}} = \underbrace{IA}_{l\cot\alpha}\times\hat{\dot{\varphi}} \quad \Rightarrow \quad \hat{\dot{\varphi}} = \hat{\dot{\theta}}\tan\alpha \tag{8.1}$$

d'où les discontinuités de vitesse de rotation aux points O et A :

$$\hat{\dot{\theta}}_O = -\hat{\dot{\theta}} \quad , \quad \hat{\dot{\theta}}_A = \hat{\dot{\varphi}} - (-\hat{\dot{\theta}}) = \hat{\dot{\theta}}\,(1+\tan\alpha) \tag{8.2}$$

Le calcul de la *puissance résistante maximale* développée dans un tel mécanisme est alors :

$$P_{rm}(\underline{\hat{U}}) = m\left|\hat{\dot{\theta}}_O\right| + m\left|\hat{\dot{\theta}}_A\right| = m(2+\tan\alpha)\left|\hat{\dot{\theta}}\right| \tag{8.3}$$

tandis que la puissance virtuelle des efforts extérieurs dans ce mécanisme s'écrit tout simplement :

$$P_e(\underline{\hat{U}}) = Ql\hat{\dot{\theta}} \tag{8.4}$$

D'où pour $\hat{\dot{\theta}} > 0$, la majoration suivante de la charge de ruine :

$$Q^+ \leq \frac{m}{l}(2+\tan\alpha) \tag{8.5}$$

et donc en vertu des résultats établis au chapitre V concernant les systèmes plans de poutres droites soumis à des charges concentrées :

$$Q^+ = \frac{m}{l}(2+\tan\alpha) \tag{8.5}$$

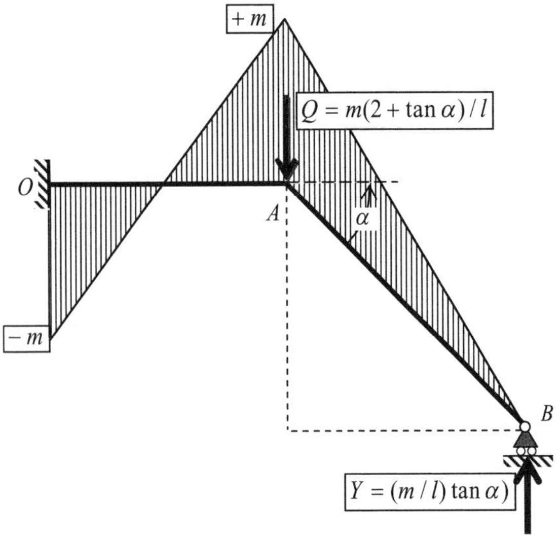

Figure 2.

La figure 2 représente la distribution de moments fléchissants associée à cette charge de ruine.

2. POUTRE-CONSOLE SOUS CHARGE RÉPARTIE

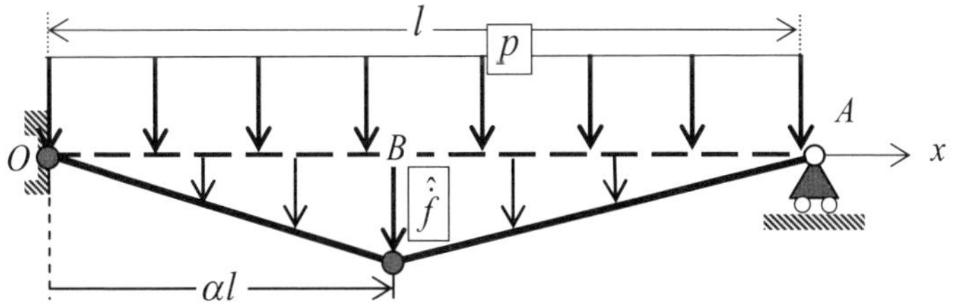

Figure 3.

Une poutre-console OA de longueur l, encastrée à son extrémité O et simplement appuyée en A, est soumise à une charge uniformément répartie d'intensité p, comptée positivement vers le bas. La poutre est homogène, son critère de résistance étant caractérisé par son moment limite m, égal en flexion positive et négative. Dans le but d'évaluer la charge de ruine p^+ de cette structure, on considère le mécanisme de poutre représentée sur la figure 3, mettant en jeu une rotule « mobile » localisée au point B, repérée par son abscisse $x = \alpha l$, avec $0 < \alpha < 1$. Désignant par $\hat{f}$ la vitesse virtuelle (comptée positivement vers le bas) du point B, l'expression du champ de vitesse associé à ce mécanisme est :

$$\underline{\hat{U}} = \hat{v}(x)\underline{e}_y \quad \text{avec} \quad \hat{v}(x) = \begin{cases} -\hat{f}\dfrac{x}{\alpha l} & \text{si} \quad 0 \leq x \leq \alpha l \\ -\hat{f}\dfrac{x-l}{(1-\alpha)l} & \text{si} \quad \alpha l \leq x \leq l \end{cases} \tag{8.6}$$

Ce champ de vitesse correspond à un mouvement rigidifiant séparément les deux tronçons de la structure, faisant apparaître deux rotules respectivement aux points O (encastrement) et B. Il vient alors immédiatement :

$$\begin{gathered} \hat{\chi} = \frac{\mathrm{d}^2\hat{v}}{\mathrm{d}x^2} = 0 \quad \forall x \neq 0, \alpha l \\ \hat{\theta}_O = -\hat{f}/\alpha l, \quad \hat{\theta}_B = \frac{\hat{f}}{(1-\alpha)l} - \left(-\frac{\hat{f}}{\alpha l}\right) = \frac{\hat{f}}{\alpha(1-\alpha)l} \end{gathered} \tag{8.7}$$

La puissance résistante maximale développée dans un tel mécanisme s'écrit par conséquent :

$$P_{rm}(\underline{\hat{U}}) = m\frac{|\hat{f}|}{l}\left(\frac{1}{\alpha} + \frac{1}{\alpha(1-\alpha)}\right) = m\frac{|\hat{f}|}{l}\frac{2-\alpha}{\alpha(1-\alpha)} \tag{8.8}$$

tandis que la puissance virtuelle des efforts extérieurs vaut :

$$P_e(\underline{\hat{U}}) = \int_{x=0}^{l} -p\hat{w}\mathrm{d}x = pl\frac{\hat{f}}{2} \tag{8.9}$$

L'application de l'approche cinématique par l'extérieur du calcul à la rupture donne alors :

$$p \le p^+ \quad \Rightarrow \quad pl\frac{\hat{\dot{f}}}{2} \le m\frac{\left|\hat{\dot{f}}\right|}{l}\frac{2-\alpha}{\alpha(1-\alpha)} \tag{8.9}$$

soit en choisissant $\hat{\dot{f}} > 0$:

$$p^+ \le 2\frac{m}{l^2}\left\{\frac{2-\alpha}{\alpha(1-\alpha)}\right\}, \quad 0<\alpha<1 \tag{8.10}$$

Le minimum de ce majorant étant obtenu pour $\alpha = 2-\sqrt{2} \cong 0{,}586$, il vient en définitive :

$$p^+ \le 2\left(\sqrt{2}+1\right)^2\frac{m}{l^2} \cong 11{,}66\frac{m}{l^2} \tag{8.11}$$

N'étant pas dans la situation d'une poutre soumise à des charges concentrées (chapitre V), rien ne permet d'affirmer à ce stade que la valeur ainsi calculée représente bien la charge de ruine de la structure. Il est nécessaire pour cela de recourir à *l'approche statique par l'intérieur*. Celle-ci repose sur l'analyse statique de la poutre précédente, pour laquelle il est facile de montrer que l'ensemble des distributions de moments fléchissants en équilibre avec un chargement prescrit p est nécessairement de la forme :

$$M(x) = Y(l-x) - p\frac{(l-x)^2}{2} \tag{8.12}$$

où Y désigne la *réaction d'appui* en A, prise comme inconnue hyperstatique du problème (figure 4a). Le diagramme de moments particulier pour lequel le moment à l'encastrement est égal à $-m$ tandis qu'il est égal à $+m$ en $x = (2-\sqrt{2})l$ conduit au système suivant de deux équations :

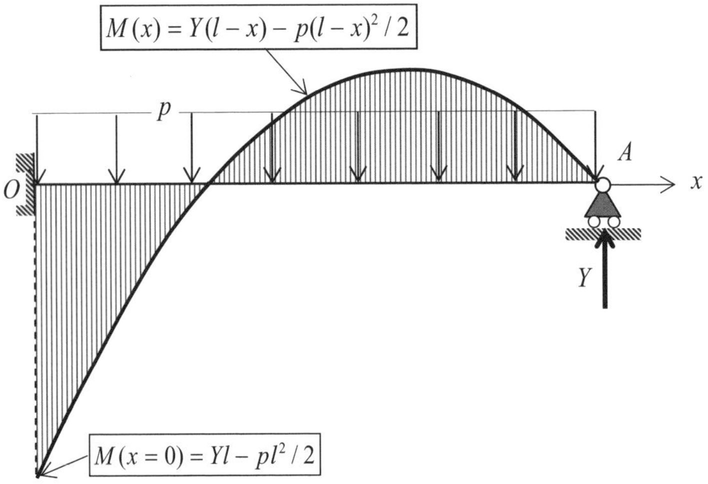

(a)

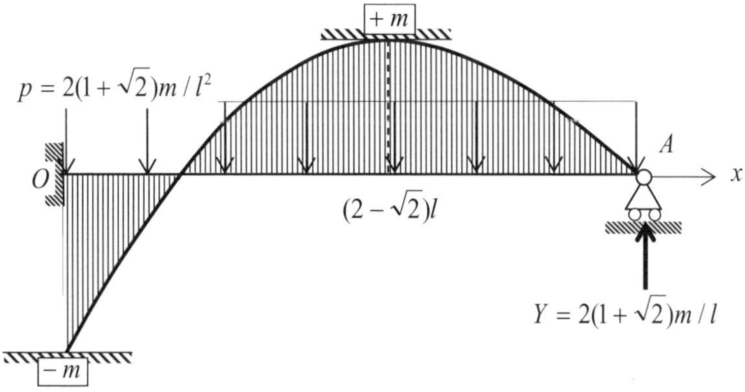

(b)

Figure 4.

$$\begin{cases} M(x=0) = -m = Yl - pl^2/2 \\ M\left(x=(2-\sqrt{2})l\right) = +m = Y\left(l-(2-\sqrt{2})l\right) - p\left(l-(2-\sqrt{2})l\right)^2/2 \end{cases} \quad (8.13)$$

dont la solution est :

$$p = 2\left(\sqrt{2}+1\right)^2 \frac{m}{l^2} \quad \text{et} \quad Y = 2\left(\sqrt{2}+1\right)\frac{m}{l} \quad (8.14)$$

Le diagramme de moments correspondant est représenté sur la figure 4b.

On en déduit donc en vertu de l'approche statique par l'intérieur que :

$$p^+ \geq 2\left(\sqrt{2}+1\right)^2 \frac{m}{l^2} \quad (8.15)$$

montrant ainsi par comparaison avec (8.11), que la valeur exacte de la charge de ruine est :

$$p^+ = 2\left(\sqrt{2}+1\right)^2 \frac{m}{l^2} \quad (8.16)$$

On observe que les champs de vitesse (8.6) et de moments fléchissants (8.12), en tenant compte de (8.14), sont tels que le critère de résistance est atteint en tout point où la poutre se « déforme » (virtuellement), c'est-à-dire à l'encastrement O et au point d'abscisse $x = (2-\sqrt{2})l$, et que de plus les signes des moments limites correspondants (respectivement -*m* et +*m*) sont identiques à ceux des discontinuités de taux de rotation.

3. CHARGE DE RUINE D'UN PORTIQUE EN FORME D'ARC SEMI-CIRCULAIRE

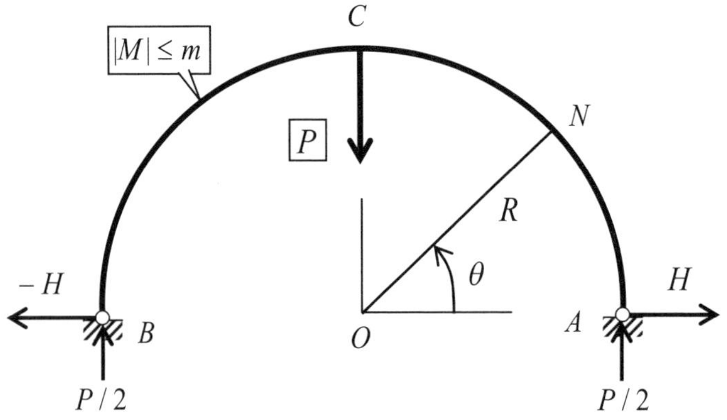

Figure 5.

Un arc semi-circulaire de rayon *R*, articulé sans frottement en ses appuis *A* et *B*, est soumis en son milieu *C* à l'action d'une charge concentrée verticale d'intensité $P>0$, comptée positivement vers le bas (figure 5). L'arc est homogène, son critère de résistance étant caractérisé par son moment limite *m*, égal en flexion positive et négative. On se propose de calculer la charge de ruine P^+ de cette structure.

3.1. Approche statique par l'intérieur

L'équilibre global de la structure en résultante et en moment par rapport aux appuis rotulés *A* et *B*, montre que la structure est hyperstatique de degré 1, la réaction d'appui *H* pouvant être prise comme inconnue hyperstatique du problème. Repérant un point courant *N* de l'arc par son angle θ, les distributions de moments fléchissants statiquement admissibles sont de la forme :

$$M(\theta) = HR\sin\theta + \begin{cases} PR(1-\cos\theta)/2 & \text{si } 0 \leq \theta \leq \pi/2 \\ PR(1+\cos\theta)/2 & \text{si } \pi/2 \leq \theta \leq \pi \end{cases} \tag{8.17}$$

Se limitant à l'intervalle $[0, \pi/2]$ puisque $M(\pi-\theta) = M(\theta)$, les sections potentiellement critiques où le moment maximum est susceptible d'être atteint sont le point *C* avec :

$$M(\pi/2) = HR + PR/2 \tag{8.18}$$

ainsi que qu'un point intermédiaire possible repéré par l'angle θ_0 tel que :

$$\frac{\mathrm{d}M}{\mathrm{d}\theta}(\theta_0) = PR\sin\theta_0/2 + HR\cos\theta_0 = 0 \;\Rightarrow\; \tan\theta_0 = -2H/P \tag{8.19}$$

et donc :

$$M(\theta_0) = \left(P - \sqrt{P^2+4H^2}\right)R/2 \leq 0 \;\text{ pour }\; H \leq 0 \tag{8.20}$$

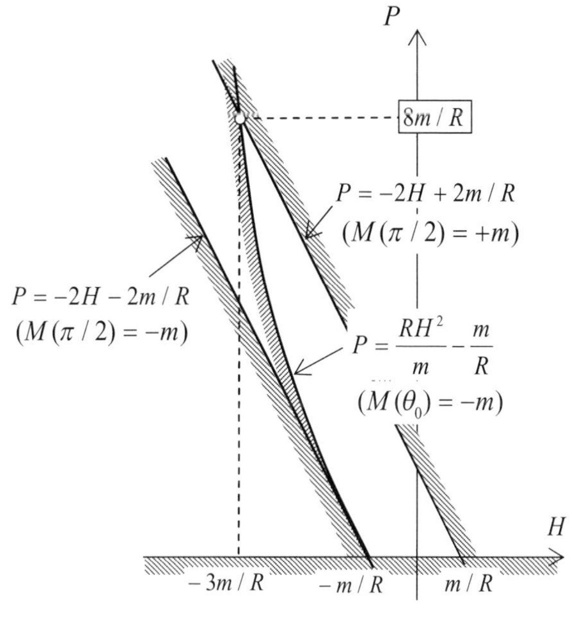

Figure 6.

La figure 6 représente le domaine des valeurs (P,H) pour lesquelles le critère de résistance est vérifié aux points $\theta = \theta_0$ et $\pi/2$, c'est-à-dire en tout point de l'arc. On constate alors immédiatement que la valeur maximale du chargement pour laquelle il est possible de trouver une distribution de moment fléchissant dans l'arc vérifiant simultanément l'équilibre et le critère de résistance est égale à $8m/R$, qui n'est autre que le chargement extrême du portique, puisque toutes les distributions statiquement admissibles ont été explorées :

$$P^+ = 8m / R \tag{8.21}$$

3.2. Approche cinématique par l'extérieur

La mise en œuvre de cette approche consiste à considérer le mécanisme représenté sur la figure 7, mettant en jeu trois rotules au point C, ainsi qu'en deux points symétriques repérés respectivement par les angles θ_0 et $\pi - \theta$. Adoptant un sens de parcours positif le long de l'arc correspondant à un angle θ décroissant, on désigne respectivement par $\hat{\beta}$ et $\hat{\alpha}$ les discontinuités de vitesse de rotation au point C ainsi qu'aux deux points symétriques, ainsi que par $\hat{f}$ la vitesse, comptée positivement vers le bas, du point C où est appliquée le chargement.

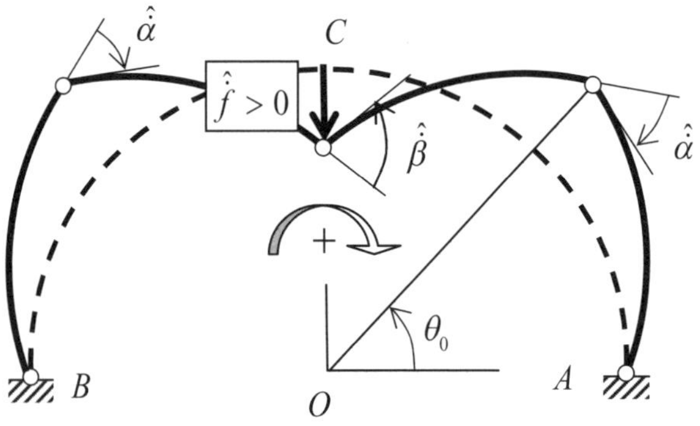

Figure 7.

L'utilisation du *principe des puissances virtuelles* est constitue un moyen commode permettant de relier ces différentes grandeurs cinématiques. Ce principe s'écrit dans le cas présent :

$$\begin{gathered} \forall M(\theta) \text{ en équilibre avec } P, \\ P\hat{f} = M(\pi/2)\hat{\beta} + M(\theta_0)\hat{\alpha} + M(\pi - \theta_0)\hat{\alpha} \end{gathered} \tag{8.22}$$

soit en tenant compte de (8.17) :

$$\forall H \,,\ P\hat{f} = [PR(1-\cos\theta_0) + 2HR\sin\theta_0]\,\hat{\alpha} + [PR/2 + HR]\,\hat{\beta} \tag{8.23}$$

ce qui conduit aux relations cinématiques suivantes :

$$\hat{\alpha} = \frac{-\hat{f}}{R(\cos\theta_0 + \sin\theta_O - 1)} \,,\quad \hat{\beta} = \frac{2\sin\theta_0\,\hat{f}}{R(\cos\theta_0 + \sin\theta_O - 1)} \tag{8.24}$$

Or l'application de l'approche cinématique par l'extérieur implique :

$$\forall \hat{f} \,,\ P^{+}\hat{f} \le m\left(2|\hat{\alpha}| + |\hat{\beta}|\right) \tag{8.25}$$

d'où en prenant $\hat{f} > 0$, et en tenant compte des relations (8.24) :

$$P^{+} \le \underset{0\le\theta_0\le\pi/2}{\mathrm{Min}} \left\{ \frac{2m}{R} \frac{1+\sin\theta_0}{(\cos\theta_0 + \sin\theta_0 - 1)} \right\} \tag{8.26}$$

Le minimum de la fonction précédente étant atteint pour $\tan\theta_0 = 3/4$, on obtient finalement :

$$P^{+} \le 8m/R \tag{8.27}$$

retrouvant ainsi le résultat obtenu par l'approche statique par l'intérieur précédente. On observe en particulier que le mécanisme optimisé est associé au diagramme de moments fléchissants optimisé, dans le sens où les rotules sont localisées aux points où le moment limite est atteint avec le signe correspondant.

4. ESSAI DE COMPRESSION SIMPLE EN PRÉSENCE DE LA PESANTEUR

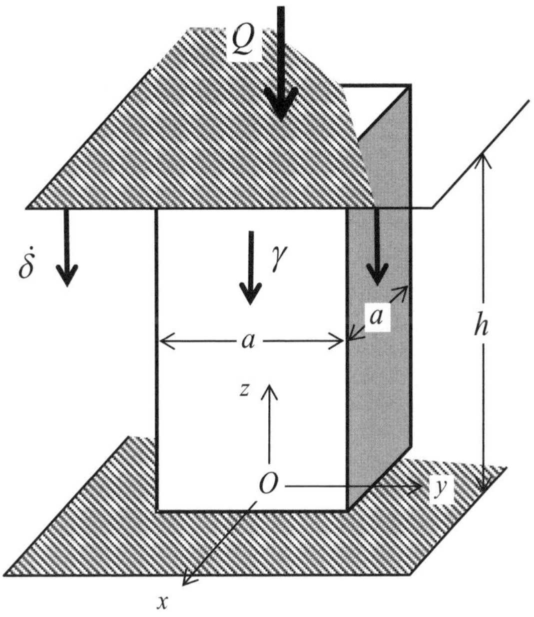

Figure 8.

On se propose d'interpréter les résultats d'un essai de compression simple d'une éprouvette de hauteur h, de section carrée de côté a (figure 8), lorsque le matériau constitutif est *supposé pesant* (poids volumique $-\gamma \underline{e}_z$ avec $\gamma = \rho g$). Les conditions aux limites imposées à cette éprouvette sont les suivantes :

– la section inférieure de l'éprouvette est en contact *sans frottement* avec un plateau horizontal indéformable fixe :

$$\text{sur } z = 0 \ : \qquad T_x^{\mathrm{d}} = T_y^{\mathrm{d}} = 0 \ , \ U_z^{\mathrm{d}} = 0 \tag{8.28}$$

– sa section supérieure est en contact sans frottement avec un plateau indéformable animé d'un mouvement de translation verticale vers le bas :

$$\text{sur } z = h \ : \qquad T_x^{\mathrm{d}} = T_y^{\mathrm{d}} = 0 \ , \ U_z^{\mathrm{d}} = -\dot{\delta}, \ \dot{\delta} \geq 0 \tag{8.29}$$

– les faces latérales de l'éprouvette, parallèles aux plans $x = 0$ et $y = 0$ sont *libres de contrainte* :

$$\text{sur } x = \pm a/2 \text{ et } y = \pm a/2 : \qquad \underline{T}^{\mathrm{d}} = 0 \tag{8.30}$$

4.1. Paramétrage de chargement du système

Un champ de vitesse virtuel $\underline{\hat{U}}$ est cinématiquement admissible pour le problème considéré s'il est continûment différentiable par morceaux, et vérifie les conditions aux limites en vitesse :

$$\hat{U}_z(z = 0) = 0 \ ; \ \ \hat{U}_z(z = h) = -\dot{\delta} \tag{8.31}$$

Dans ces conditions, la *puissance virtuelle des efforts extérieurs* dans un tel champ s'écrit :

$$P_e(\underline{\hat{U}}) = \int_{\Omega}(-\gamma \underline{e}_z).\underline{\hat{U}}\,\mathrm{d}\Omega + \int_{\partial\Omega}\underline{T}.\underline{\hat{U}}\,\mathrm{d}a \qquad (8.32)$$

où Ω désigne le domaine géométrique occupé par l'éprouvette, et $\partial\Omega$ son contour. Il vient alors compte tenu des différentes conditions aux limites imposées sur ce dernier :

$$P_e(\underline{\hat{U}}) = \gamma\int_{\Omega}(-\hat{U}_z)\,\mathrm{d}\Omega + \left(-\int_{z=h}T_z\mathrm{d}x\mathrm{d}y\right)\dot{\hat{\delta}} \qquad (8.33)$$

faisant ainsi apparaître les *paramètres de chargement du système*, que sont le poids volumique γ du matériau, et la résultante Q, comptée positivement vers le bas, des efforts appliqués par le plateau supérieur sur la face correspondante de l'éprouvette :

$$Q = -\int_{z=h}T_z\mathrm{d}x\mathrm{d}y \qquad (8.34)$$

Les paramètres cinématiques associés apparaissent en dualité dans l'expression de la puissance virtuelle des efforts extérieurs.

4.2. Définition du chargement extrême

Le matériau constitutif est supposé homogène isotrope. Son critère de résistance de *Tresca* est caractérisé par la *résistance en traction simple* notée σ_0. La valeur de γ étant *fixée*, on désigne par $Q^+(\gamma)$ la valeur extrême de Q, définie comme la valeur maximale du paramètre de chargement Q appliquée à l'éprouvette, tel qu'il soit possible de trouver un champ de contrainte $\underline{\underline{\sigma}}$ quelconque satisfaisant les deux conditions suivantes :

- être en équilibre avec les valeurs Q et γ des paramètres de chargement, c'est-à-dire vérifiant l'équation d'équilibre en présence du champ de pesanteur :

$$\forall \underline{x} \in \Omega \ , \quad \mathrm{div}\underline{\underline{\sigma}}(\underline{x}) - \gamma \underline{e}_z = 0 \qquad (8.35)$$

(ainsi que l'équation aux discontinuités dans le cas de surfaces de discontinuité du champ $\underline{\underline{\sigma}}$), les conditions aux limites en contrainte imposées sur les différentes parties qui constituent le bord $\partial\Omega$ de l'éprouvette, ainsi que la relation :

$$Q = -\int_{z=h}\sigma_{zz}\mathrm{d}x\mathrm{d}y \qquad (8.36)$$

- respecter en tout point le critère de résistance du matériau constitutif :

$$\forall \underline{x} \in \Omega \ , \quad \sup\{\sigma_i(\underline{x}) - \sigma_j(\underline{x}) - \sigma_0 ; i, j = 1,2,3\} \leq 0 . \qquad (8.37)$$

4.3. Approche statique par l'intérieur

On considère dans l'éprouvette un champ de contrainte de la forme :

$$\underline{\underline{\sigma}} = (\gamma z + K)\underline{e}_z \otimes \underline{e}_z \qquad (8.38)$$

où K est une constante. Ce champ vérifie bien l'équation d'équilibre, ainsi que les différentes conditions aux limites en contrainte :

$\underline{T}(\underline{n}) = \underline{\underline{\sigma}}.\underline{n} = 0$ sur la surface latérale de l'éprouvette, puisque $\underline{e}_z.\underline{n} = 0$;

$T_x(\underline{n} = \pm\underline{e}_z) = T_y(\underline{n} = \pm\underline{e}_z) = 0$ sur les faces en contact avec les plateaux.

Tandis qu'il équilibre la valeur suivante du chargement Q :

$$Q = -\int_{z=h} \sigma_{zz} \mathrm{d}x\mathrm{d}y = -(\gamma h + K)\, a^2 \tag{8.39}$$

La condition de résistance (8.37) s'écrit pour ce champ :

$$\forall z \in [0, h]\ ,\ |\gamma z + K| \leq \sigma_0 \tag{8.40}$$

d'où, en vertu de (8.39) :

$$\forall z \in [0, h]\ ,\ \left|\gamma(z-h) - \frac{Q}{a^2}\right| \leq \sigma_0 \tag{8.41}$$

c'est-à-dire, puisque l'on ne s'intéresse qu'aux valeurs positives du paramètre de chargement Q :

$$\forall z \in [0, h]\ ,\ Q \leq (\sigma_0 + \gamma(z-h))a^2 \tag{8.42}$$

soit :

$$Q \leq (\sigma_0 - \gamma h)a^2 \tag{8.43}$$

le critère de résistance du matériau étant atteint en $z = 0$ lorsque $Q = (\sigma_0 - \gamma h)a^2$. Il en résulte immédiatement, en vertu de la définition donnée en **2**, que cette dernière valeur constitue un *minorant* de $Q^+(\gamma)$:

$$Q^+(\gamma) \geq (\sigma_0 - \gamma h)a^2 \tag{8.44}$$

puisque pour toute valeur du chargement Q qui lui est inférieure ou égale, il est possible d'exhiber dans le volume de l'éprouvette un champ de contrainte de la forme $\underline{\underline{\sigma}} = (\gamma z + K)\underline{e}_z \otimes \underline{e}_z$, qui soit en équilibre avec γ et Q, tout en respectant le critère de résistance en tout point.

4.4. Approches cinématiques par l'extérieur

4.4.1. Approche par champ de taux de déformation homogène

On considère un champ de vitesse virtuel de la forme :

$$\underline{\hat{U}} = \hat{\alpha}\,(x\,\underline{e}_x + y\,\underline{e}_y) + \hat{\beta}\,z\,\underline{e}_z \tag{8.45}$$

qui vérifie bien la condition aux limites $\hat{U}_z(z=0) = 0$. La condition aux limites correspondant au contact sans frottement avec le plateau supérieur impose la valeur du paramètre $\hat{\beta}$:

$$\hat{U}_z(z=h) = \hat{\beta}h = -\dot{\delta} \ \Rightarrow\ \hat{\beta} = -\dot{\delta}/h \tag{8.46}$$

La puissance virtuelle des efforts extérieurs développée dans un tel champ de vitesse s'écrit:

$$P_e(\underline{\hat{U}}) = \left(-\int_{z=h} \sigma_{zz}\mathrm{d}x\mathrm{d}y\right)\dot{\delta} + \gamma\left(-\int_{\Omega} \hat{U}_z \mathrm{d}\Omega\right) = Q\dot{\delta} + \gamma a^2 \dot{\delta}\,\frac{h}{2} \tag{8.47}$$

Par ailleurs la condition de pertinence du champ de vitesse permet de calculer la valeur de $\hat{\alpha}$:

$$\mathrm{tr}\underline{\underline{\hat{d}}} = \mathrm{tr}\left(\hat{\alpha}\underline{e}_x \otimes \underline{e}_x + \hat{\alpha}\underline{e}_y \otimes \underline{e}_y + \hat{\beta}\underline{e}_z \otimes \underline{e}_z\right) = 2\hat{\alpha} + \hat{\beta} = 0 \tag{8.48}$$

d'où :

$$\hat{\alpha} = -\hat{\beta}/2 = \dot{\delta}/2h \tag{8.49}$$

L'expression de la puissance résistante maximale développée dans un tel champ vaut alors :

$$P_{(rm)}(\underline{\hat{U}}) = \int_{\Omega} \pi(\underline{\underline{\hat{d}}})\,\mathrm{d}\Omega = ha^2 \frac{\sigma_0}{2}\left(2|\hat{\alpha}| + |\hat{\beta}|\right) = \sigma_0 a^2 \dot{\delta} \tag{8.50}$$

On obtient alors l'inégalité suivante valable pour tous les chargements potentiellement supportables :

$$Q \leq Q^+(\gamma) \quad \Rightarrow \quad Q\dot{\delta} + \gamma a^2 \dot{\delta}\frac{h}{2} \leq \sigma_0 a^2 \dot{\delta} \tag{8.51}$$

d'où après simplification par $\dot{\delta} > 0$, la *majoration* suivante du chargement extrême $Q^+(\gamma)$:

$$Q^+(\gamma) \leq (\sigma_0 - \gamma h/2)a^2 \tag{8.52}$$

4.4.2. Approche par champ de vitesse « par blocs »

On considère maintenant le champ de vitesse «par blocs indéformés en translation» schématisé sur la figure 9, où l'on suppose que $h \geq a/2$. Ce champ de vitesse est bien cinématiquement admissible pour le problème. L'hodographe des vitesses représenté sur cette même figure permet de calculer la valeur absolue de la discontinuité de vitesse *tangentielle* entre les blocs 1 et 2, d'une part, 1 et 3, d'autre part :

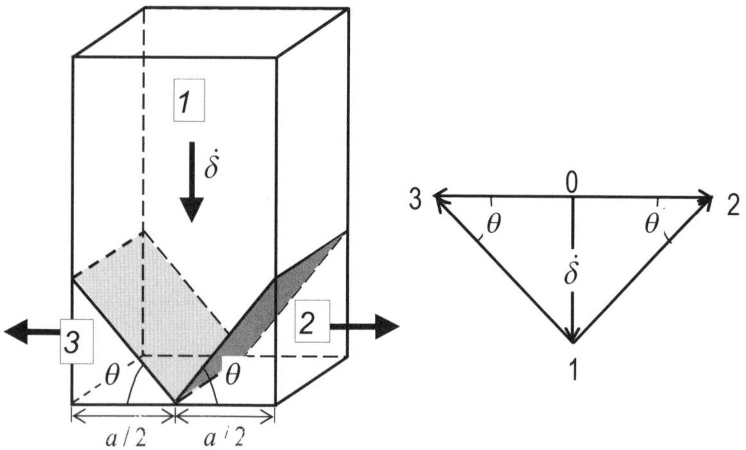

Figure 9.

$$\left|\underline{\hat{U}}_2 - \underline{\hat{U}}_1\right| = \left|\underline{\hat{U}}_3 - \underline{\hat{U}}_1\right| = \dot{\delta}/\sin\theta \ , \quad 0 \leq \tan\theta \leq 2h/a \tag{8.53}$$

Il s'ensuit que la puissance résistante maximale vaut :

$$P_{rm}(\underline{\hat{U}}) = 2(a^2/2\cos\theta)\frac{\sigma_0}{2}\frac{\dot{\delta}}{\sin\theta} = \sigma_0 \frac{a^2}{\sin 2\theta}\dot{\delta} \tag{8.54}$$

tandis que la puissance des efforts extérieurs vaut :

$$P_{(e)}(\underline{\hat{U}}) = Q\dot{\delta} + \gamma\underbrace{\left(ha^2 - a^3\tan\theta/4\right)}_{\text{volume du bloc 1}}\dot{\delta} \tag{8.55}$$

D'où la majoration correspondante de $Q^{+}(\gamma)$:

$$Q^{+}(\gamma) \leq \left(\frac{\sigma_0}{\sin 2\theta} - \gamma(h - a\tan\theta / 4)\right) a^2 \qquad (8.56)$$

La meilleure majoration est obtenue pour un angle θ^{opt} tel que :

$$\cos 2\theta^{\text{opt}} = \frac{\gamma a / 4\sigma_0}{1 + \gamma a / 4\sigma_0} \qquad (8.57)$$

c'est-à-dire, en tenant compte de ce que $\gamma a << \sigma_0$, $\theta^{\text{opt}} \cong \pi / 4$. Le majorant correspondant est alors égal à :

$$Q^{\times}(\gamma) \leq (\sigma_0 - \gamma(h - a/4))a^2 \qquad (8.57)$$

c'est-à-dire inférieure à la première majoration donnée par (8.52).

4.5. Interprétation et commentaires

L'interprétation de l'essai de compression simple pour déterminer la résistance en traction/compression simple d'un matériau régi par le critère de résistance de Tresca se fait, en règle générale, sans tenir compte de l'effet de la pesanteur. L'erreur relative commise lorsque l'on adopte comme évaluation de la résistance en compression σ_0 du matériau constitutif de l'éprouvette, le rapport $\sigma_0^{+} = Q^{+}(\gamma) / a^2$, c'est-à-dire la résistance en compression de l'éprouvette, rapportée à la section de l'éprouvette est égale à :

$$\Delta = \frac{\sigma_0^{+}}{\sigma_0} - 1 \qquad (8.58)$$

Compte tenu du meilleur encadrement obtenu pour $Q^{+}(\gamma)$ (inéquations (8.44) et (8.57)) :

$$(\sigma_0 - \gamma h)a^2 \leq Q^{+}(\gamma) \leq (\sigma_0 - \gamma(h - a/4))a^2 \qquad (8.59)$$

on obtient :

$$-\frac{\gamma h}{\sigma_0} \leq \Delta \leq -\frac{\gamma(h - a/4)}{\sigma_0} \qquad (8.60)$$

ou encore avec les valeurs numériques suivantes :

$$\gamma = 20\,\text{kN/m}^3;\ \sigma_0 = 100\,\text{kPa};\ h = 0{,}2\,\text{m};\ a = 0{,}1\,\text{m}. \qquad (8.61)$$

$$-4\% \leq \Delta \leq -3{,}50\% \qquad (8.62)$$

Le fait d'adopter le rapport $\sigma_0^{+} = Q^{+}(\gamma) / a^2$ comme évaluation expérimentale de la résistance σ_0 du matériau, revient donc à *sous-estimer* cette résistance de 3,50 % à 4 %. L'encadrement (8.62) permet de réduire cette erreur relative à $\gamma a / 8\sigma_0 = 0{,}25$ %, si l'on adopte $\sigma_0^{+} + \gamma(h - a/8)$ comme évaluation expérimentale *corrigée de l'effet de la pesanteur*. On observera de façon générale que l'erreur commise est d'autant plus faible que le rapport $\gamma h / \sigma_0$ est petit. Il est par exemple totalement négligeable dans le cas d'une éprouvette d'acier.

5. CRITÈRE DE RÉSISTANCE D'UNE POUTRE SOUMISE À UNE SOLLICITATION COMBINÉE DE TRACTION (COMPRESSION)-FLEXION

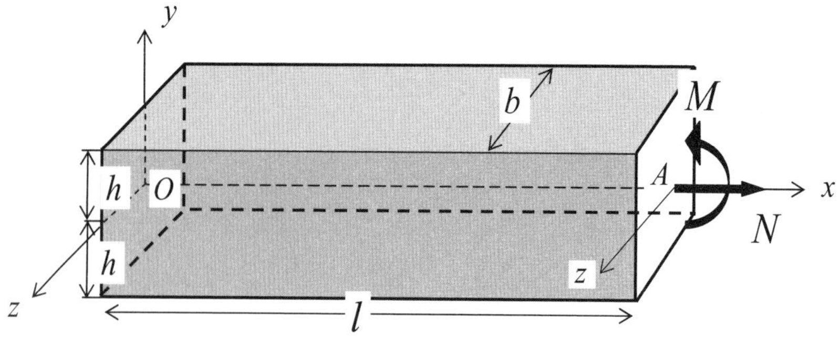

Figure 10.

On se propose de déterminer le critère de résistance d'une poutre exprimé en fonction de l'effort normal et du moment fléchissant (*« formule d'interaction »*). On raisonne pour cela sur un tronçon de cette poutre, modélisé comme un solide ayant la forme d'un parallélépipède rectangle de longueur l, hauteur $2h$ et épaisseur b, repéré dans les axes $Oxyz$ comme indiqué sur la figure 10. Ce solide, constitué d'un matériau homogène obéissant à un critère de résistance de Tresca de limite en traction-compression uniaxiale égale à σ_0, est soumis à un chargement défini comme suit :

– forces de volume nulles ;

– section d'abscisse $x = 0$ en contact *sans frottement* avec un plan fixe :

$$U_x = 0 \ , \ T_y = T_z = 0 \tag{8.63}$$

– section d'abscisse $x = l$ en contact *sans frottement* avec un plateau *indéformable* animé d'un mouvement rigidifiant :

$$U_x = \dot{\delta} - \dot{\theta} y \ , \quad T_y = T_z = 0 \tag{8.64}$$

où $\dot{\theta}$ désigne la vitesse de rotation du plateau autour de l'axe Ay et $\dot{\delta}$ la vitesse de translation selon Ox de ce même plateau au point A ;

– les autres faces du solide sont *libres d'efforts*.

5.1. Mode de chargement et définition du domaine *K*

L'expression générale de la puissance des efforts extérieurs dans un champ de vitesse *virtuel* $\underline{\hat{U}}$ quelconque étant :

$$P_e\left(\underline{\hat{U}}\right) = \int_{\Omega} \rho \underline{F}.\underline{\hat{U}} \, \mathrm{d}\Omega + \int_{\partial\Omega} \underline{T}.\underline{\hat{U}} \, \mathrm{d}a \tag{8.65}$$

il vient pour un tel champ cinématiquement admissible avec les conditions aux limites du problème :

$$P_e(\underline{\hat{U}}) = \int_{S(x=l)} T_x \hat{U}_x \, \mathrm{d}S = \dot{\delta} \underbrace{\left(\int_{S(x=l)} T_x \, \mathrm{d}S \right)}_{N} + \dot{\theta} \underbrace{\left(-\int_{S(x=l)} y T_x \, \mathrm{d}S \right)}_{M} \tag{8.66}$$

qui font ainsi apparaître les deux paramètres de chargement du système que sont *l'effort normal N et le moment fléchissant M,* évalué par rapport à l'axe Az.

Le domaine K des chargements potentiellement supportables est défini comme l'ensemble des couples (N,M) tel qu'il soit possible de mettre en évidence un champ de contrainte en équilibre avec (N,M) et respectant en tout point le critère de résistance (Tresca) :

$$(N,M) \in K \Leftrightarrow \begin{cases} \exists \underline{\underline{\sigma}} \text{ s.a.}(N,M) \\ f(\underline{\underline{\sigma}}(\underline{x})) \leq 0 \quad \forall \underline{x} \in \Omega \end{cases} \tag{8.67}$$

5.2. Approche statique par l'intérieur

On considère la famille de champs de contrainte de la forme :

$$\underline{\underline{\sigma}} = \sigma(y) \underline{e}_x \otimes \underline{e}_x \text{ avec } \sigma(y) = \begin{cases} -\sigma_0 & \text{si } \xi < y \leq h \\ +\sigma_0 & \text{si } -h \leq y < \xi \end{cases} \tag{8.68}$$

dépendant du paramètre $\xi \in [-h,+h]$. Ces champs vérifient les équations d'équilibre ($\mathrm{div}\underline{\underline{\sigma}} = 0$ et continuité du vecteur-contrainte au franchissement du plan d'équation $y = \xi$), ainsi que les conditions aux limites en efforts. Les valeurs des paramètres de chargement qu'ils équilibrent sont :

- *effort normal*

$$N = \int_{S(x=l)} \sigma(y) \, \mathrm{d}x\mathrm{d}y = b[-\sigma_0(h-\xi) + \sigma_0(h+\xi)] = 2\xi b \sigma_0 \tag{8.69}$$

- *moment fléchissant*

$$M = \int_{S(x=l)} -y\sigma(y) \, \mathrm{d}x\mathrm{d}y = b\left[\int_{\xi}^{h} y\sigma_0 \, \mathrm{d}y - \int_{-h}^{\xi} y\sigma_0 \, \mathrm{d}y \right] = b\sigma_0 (h^2 - \xi^2) \tag{8.70}$$

Les champs de contrainte (uniaxiaux) vérifiant le critère de résistance de Tresca en tout point, il s'ensuit que l'arc de courbe (parabole) défini par les équations paramétriques

$$N(\xi) = 2\xi b\sigma_0 \quad M(\xi) = b\sigma_0(h^2 - \xi^2) \text{ avec } \xi \in [-h,+h] \tag{8.71}$$

appartient au domaine K, et donc par convexité également le domaine délimité par cet arc et l'axe $M = 0$. L'approche statique par l'intérieur peut être facilement complétée par symétrie par rapport à l'origine, en utilisant des champs uniaxiaux de la forme $\underline{\underline{\sigma}} = -\sigma(y)\underline{e}_x \otimes \underline{e}_x$ en équilibre avec $(-N,-M)$. D'où la construction du domaine K^s qui représente une *approche statique par l'intérieur de K* (figure 11).

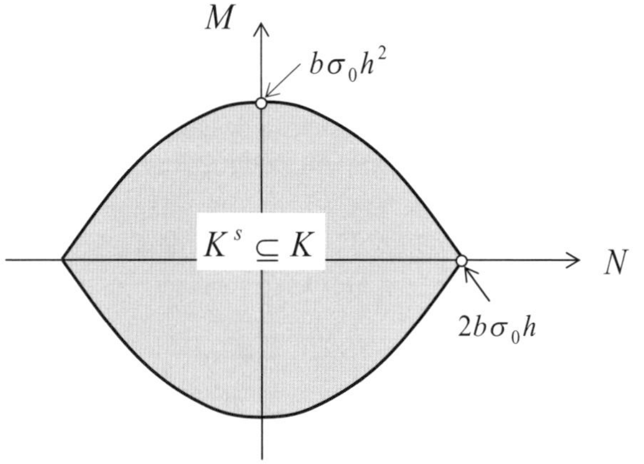

Figure 11.

5.3. Approche cinématique par l'extérieur

Considérant la famille de champs de vitesse définie par :

$$\hat{U}_x = (\dot{\delta} - \dot{\theta} y)\frac{x}{l} \ , \ \hat{U}_y = -\dot{\delta}\frac{y}{l} + \frac{\dot{\theta}}{2l}(x^2 + y^2) \ , \ \hat{U}_z = 0 \quad (8.72)$$

on vérifie immédiatement que ces champs sont cinématiquement admissibles avec les données en vitesse du problème caractérisées par les paramètres $\dot{\delta}$ et $\dot{\theta}$. Les champs de taux de déformation associés s'écrivent :

$$\underline{\underline{\hat{d}}} = \frac{\dot{\delta} - \dot{\theta} y}{l}\left(\underline{e}_x \otimes \underline{e}_x - \underline{e}_y \otimes \underline{e}_y\right) \quad (8.72)$$

qui sont bien *pertinents* pour le critère de Tresca, puisque $\mathrm{tr}\underline{\underline{\hat{d}}} = 0$.

Le calcul de la puissance résistante maximale donne alors :

$$P_{rm}\left(\underline{\hat{U}}\right) = \int_{\Omega} \pi\left(\underline{\underline{\hat{d}}}\right) \mathrm{d}\Omega = bl \int_{-h}^{+h} \frac{\sigma_0}{2}\left(\sum_i \left|\hat{d}_i\right|\right) \mathrm{d}y = \sigma_0 b \int_{-h}^{+h} \left|\dot{\delta} - \dot{\theta} y\right| \mathrm{d}y = \Pi(\dot{\delta}, \dot{\theta}) \quad (8.73)$$

d'où par application de l'approche cinématique par l'extérieur, en tenant compte de l'expression de la puissance des efforts extérieurs

$$K \subseteq \left\{(N, M) \, ; \ N\dot{\delta} + M\dot{\theta} \le \Pi(\dot{\delta}, \dot{\theta})\right\} \quad (8.74)$$

On choisit tout d'abord $\dot{\theta} > 0$ et l'on pose $\dot{\delta} = \lambda \dot{\theta}$, en se restreignant aux valeurs de λ comprises entre $-h$ et $+h$, de sorte que :

$$\Pi\left(\dot{\delta}, \dot{\theta}\right) = \sigma_0 b \dot{\theta} \int_{-h}^{+h} \left|\lambda - y\right| \mathrm{d}y = \sigma_0 b (h^2 + \lambda^2) \dot{\theta} \quad (8.75)$$

et donc en simplifiant par $\dot{\theta}$

$$K \subseteq \left\{(N, M) \, ; \ \lambda N + M \le \sigma_0 b (h^2 + \lambda^2)\right\} \quad (8.77)$$

La *courbe enveloppe* de la famille de droites d'équation générique $\lambda N + M - \sigma_0 b(h^2 + \lambda^2) = 0$ est définie par la résolution du système :

$$\begin{cases} \lambda N + M - \sigma_0 b(h^2 + \lambda^2) = 0 \\ \dfrac{\partial}{\partial \lambda}\left(\lambda N + M - \sigma_0 b(h^2 + \lambda^2)\right) = N - 2\lambda \sigma_0 b = 0 \end{cases} \tag{8.78}$$

soit :

$$N(\lambda) = 2\lambda b \sigma_0 \quad M(\lambda) = b\sigma_0\left(h^2 - \lambda^2\right) \text{ avec } \lambda \in [-h, +h] \tag{8.79}$$

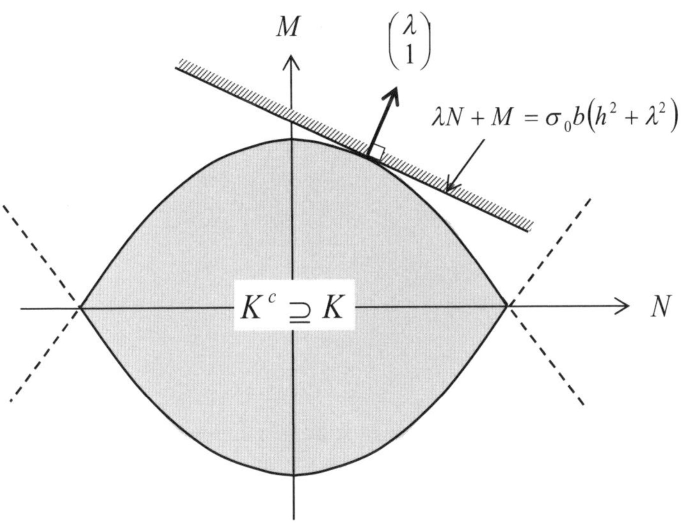

Figure 12.

Il s'agit donc du *même arc de parabole* que celui constituant la frontière du domaine K^s dans le demi-plan $M \geq 0$. Cette approche est complétée par l'utilisation des champs de vitesse correspondant à $\dot{\theta} < 0$ (figure 12) qui conduit à la détermination de l'arc de parabole symétrique du précédent par rapport à l'axe des *N*.

On en conclut que les approches statique par l'intérieur K^s et cinématique par l'extérieur K^c coïncident et le domaine *K* est donc défini par la condition

$$F(N, M) = \left|\frac{M}{M_0}\right| + \left(\frac{N}{N_0}\right)^2 - 1 \leq 0 \tag{8.80}$$

dans laquelle $N_0 = 2bh\sigma_0$ et $M_0 = b\sigma_0 h^2$ désignent respectivement les résistance de la poutre en *traction-compression simple* et en *flexion simple.*

6. CAPACITÉ PORTANTE D'UN MASSIF EN SOL PUREMENT COHÉRENT

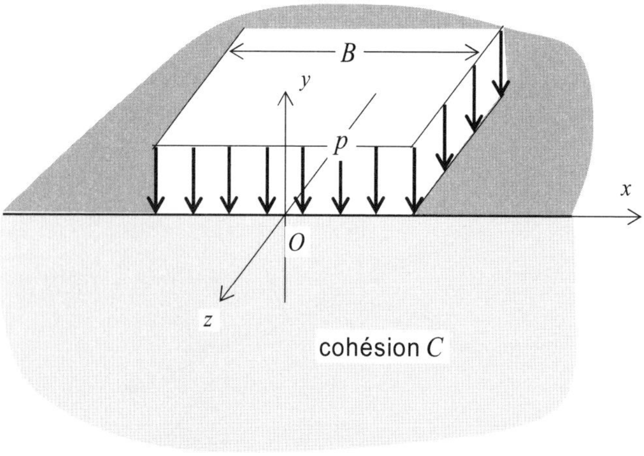

Figure 13.

On considère un massif de sol semi-infini soumis à une pression uniforme d'intensité p, comptée positivement vers le bas, s'exerçant sur une bande de largeur B et d'extension infinie dans la direction Oz (figure 13). On néglige dans un premier temps le poids propre du sol ($\gamma = 0$). Le critère de résistance utilisé est celui de Tresca, de *cohésion C*. On recherche la valeur du chargement extrême p^+ (*capacité portante* du massif), définie en vertu du raisonnement du calcul à la rupture par :

$$0 \le p \le p^+ \Leftrightarrow \{ \exists \underline{\underline{\sigma}} \ S.A \text{ avec } p \text{ tel que } \forall \underline{x} \, ; f(\underline{\underline{\sigma}}(\underline{x})) \le 0 \} \tag{8.81}$$

où $\underline{\underline{\sigma}}$ $S.A$ avec p est bien vérifiée signifie que l'ensemble des conditions suivantes est vérifié :

- $\text{div}\underline{\underline{\sigma}} = 0$ ou $[\underline{\underline{\sigma}}].\underline{n} = 0$ à la traversée d'éventuelles surfaces de discontinuité du champ de contrainte.
- $$\begin{cases} \underline{\underline{\sigma}}(|x| > B/2 \, , z = 0).\underline{e}_z = 0 \\ \underline{\underline{\sigma}}(|x| \le B/2 \, , z = 0).\underline{e}_z = -p \, \underline{e}_z \end{cases} \tag{8.82}$$

6.1. Approches statiques par l'intérieur

6.1.1. Champs de contrainte à trois zones

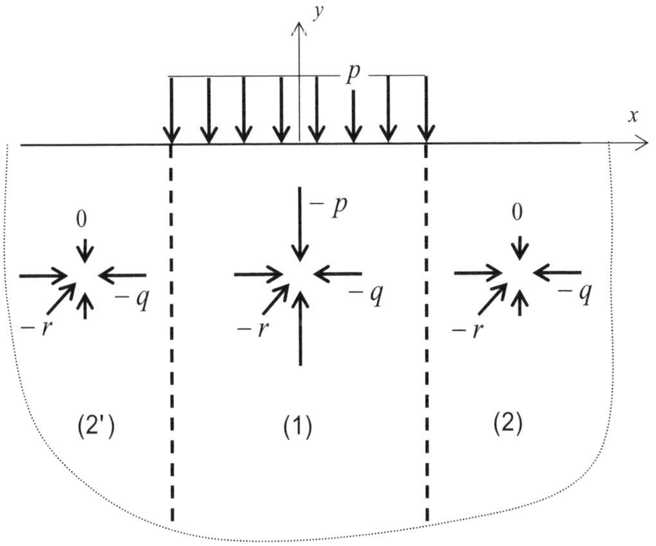

Figure 14.

Ce champ, représenté sur la figure 14, est défini comme suit :

- zones (2) et (2') :

$$|x| > B/2 \ , \ \underline{\underline{\sigma}} = -q\underline{e}_x \otimes \underline{e}_x - r\underline{e}_z \otimes \underline{e}_z \tag{8.83}$$

- zone (1) :

$$|x| \leq B/2 \ , \ \underline{\underline{\sigma}} = -q\underline{e}_x \otimes \underline{e}_x - p\underline{e}_y \otimes \underline{e}_y - r\underline{e}_z \otimes \underline{e}_z \tag{8.84}$$

où q et r sont des constantes. Ce champ est manifestement statiquement admissible avec la valeur p du chargement appliqué en surface, puisqu'il vérifie de manière évidente l'équation d'équilibre dans chaque zone, les conditions aux limites en surface, et la condition de continuité du vecteur contrainte au passage d'une zone à l'autre.

Choisissant alors la contrainte $\sigma_{zz} = -r$ comme contrainte principale intermédiaire dans chaque zone, l'écriture de la condition de résistance de Tresca dans chaque zone donne :

$$|q| \leq 2C \ , \ \ |p-q| \leq 2C \tag{8.85}$$

d'où :

$$\sup\{p\,;|q| \leq 2C\,,|p-q| \leq 2C\} = 4C \tag{8.86}$$

Il en découle que, jusqu'à la valeur $p = 4C$, il est possible de construire un champ de contrainte en équilibre avec ce chargement et respectant en tout point du massif le critère de résistance. D'où l'obtention d'un premier *minorant* de la capacité portante :

$$p^+ \geq 4C \tag{8.87}$$

6.1.2. Champs de contrainte à six zones

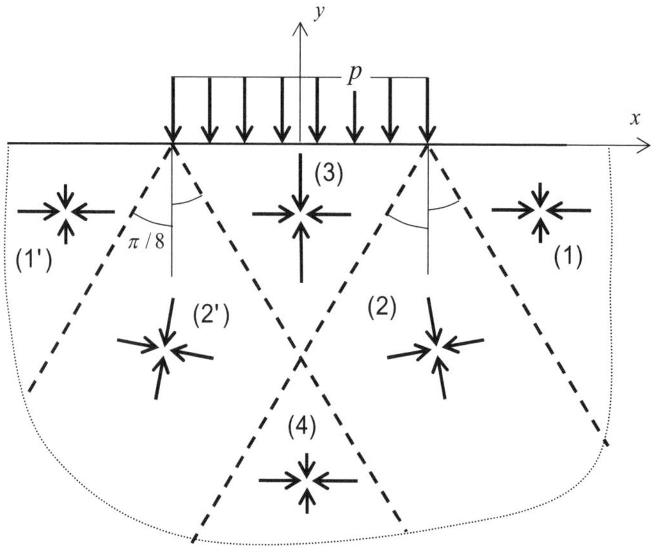

Figure 15.

Ce champ comporte six zones à l'intérieur des quelles la contrainte, constante, sature le critère de résistance de Tresca (figure 15). L'utilisation des cercles de Mohr (figure 16) permet de construire un tel champ de proche en proche en partant de la zone (1) pour aller vers la zone (3) en passant par la zone (2) en s'assurant de la continuité du vecteur contrainte au franchissement des lignes de séparation.

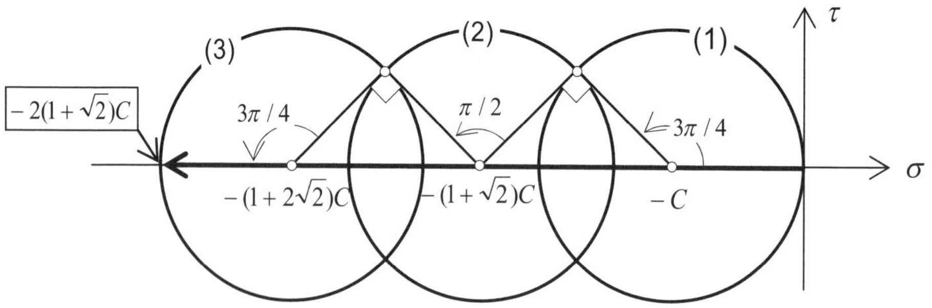

Figure 16.

On observe alors immédiatement qu'un tel champ est en équilibre avec la valeur $p = 2(1+\sqrt{2})C$ du chargement, d'où l'amélioration du minorant de la capacité portante :

$$p^{+} \geq 2(1+\sqrt{2})C \cong 2{,}828\, C \tag{8.88}$$

6.2. Approches cinématiques par l'extérieur

6.2.1. Mécanisme à cinq blocs

Ce mécanisme, représenté sur la figure 17, est constitué de cinq blocs en translation, numérotés de 1 à 5, ayant la forme de triangles isocèles de demi-angle au sommet α. Compte tenu de la *condition de pertinence* relative au critère de Tresca, les discontinuités de vitesse entre ces blocs doivent *tangentielles*. Désignant par U la vitesse verticale du bloc n° 1 situé sous la zone d'application du chargement, l'*hodographe des vitesses* (figure 18) permet de calculer les vitesses des autres blocs, ainsi que la valeur des différentes discontinuités de vitesse en fonction de U et α.

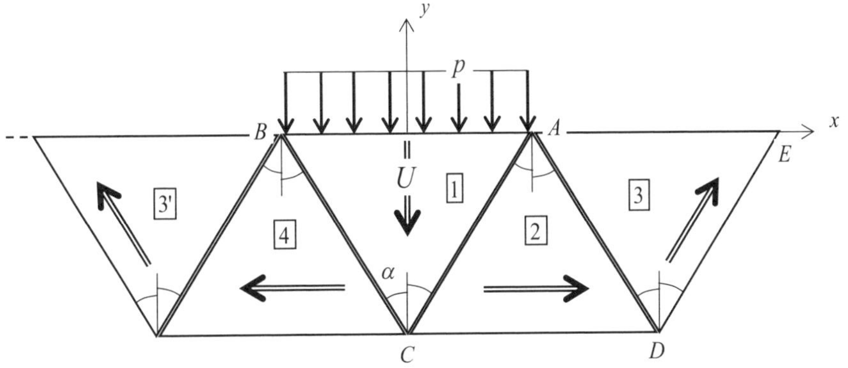

Figure 17.

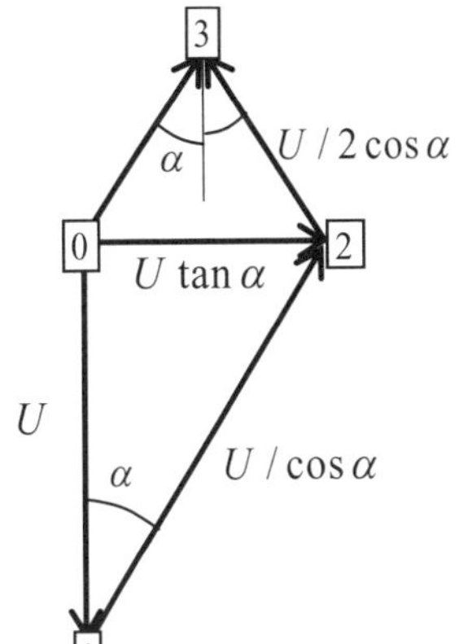

Figure 18.

Dans un tel mécanisme, la *puissance résistante maximale*, qui se réduit à la contribution des discontinuités entre les blocs, s'écrit :

$$P_{rm}(\hat{U}) = 2\left[\underbrace{AE}_{B/2\sin\alpha} \times C|U/\cos\alpha| + \underbrace{DE}_{B} \times C|U\tan\alpha| + \underbrace{AD}_{B/2\sin\alpha} \times C|U/2\cos\alpha| + \underbrace{CD}_{B/2\sin\alpha} \times C|U/2\cos\alpha|\right] \quad (8.89)$$

soit encore pour $U > 0$:

$$P_{rm}(\hat{\underline{U}}) = 2BCU\left[\tan\alpha + \frac{2}{\sin 2\alpha}\right] = 2BCU(2t + 1/t) \tag{8.90}$$

où l'on a posé $t = \tan\alpha$. La puissance virtuelle des efforts extérieurs dans ce même mécanisme étant égale à :

$$P_e(\hat{\underline{U}}) = pBU \tag{8.91}$$

on en déduit la majoration suivante de la capacité portante :

$$p^+ \leq 2C(2t + 1/t) \tag{8.92}$$

le meilleur majorant, obtenu pour $t = \tan\alpha = \sqrt{2}/2$, étant :

$$p^+ \leq 4\sqrt{2}C \cong 5{,}66\,C \tag{8.93}$$

6.2.2. Le mécanisme de Prandtl (figure 19)

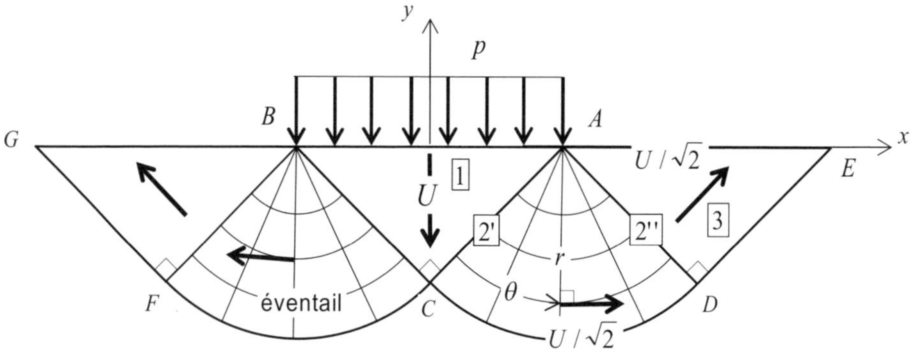

Figure 19.

Ce mécanisme est formé d'un bloc rectangle isocèle *ABC* animé d'une vitesse verticale descendante *U*, ainsi que deux blocs adjacents *ADE* et *BFG* en translation, raccordés au bloc central par deux *éventails* circulaires *BFC* et *ACD* qui sont le siège d'une déformation de cisaillement, où le champ des vitesses est défini en coordonnées polaires (r, θ) attachées au sommet de l'éventail par $\hat{\underline{U}} = (U/\sqrt{2})\underline{e}_\theta$.

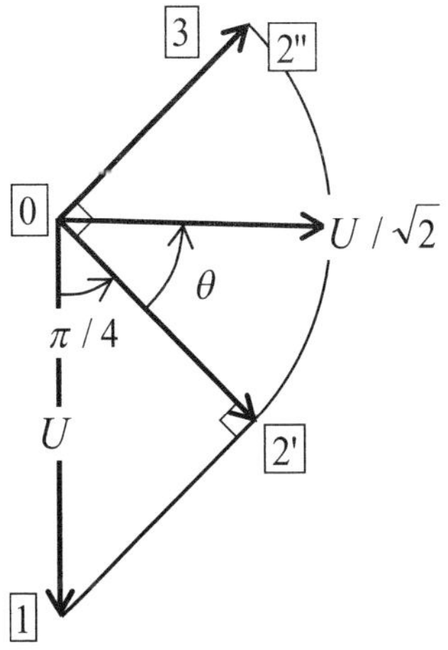

Figure 20.

L'hodographe des vitesses correspondant est représenté sur la figure 20. Il permet de calculer les différentes discontinuités de vitesse en fonction de la vitesse U du bloc central 1.

- Le long des quarts de cercle CD et CF, la discontinuité est *tangentielle* de module $U/\sqrt{2}$. La contribution correspondante à la puissance résistante maximale est :

$$P_{rm}^{CD\cup CF}(\underline{\hat{U}}) = 2\big((\pi/2)B/\sqrt{2}\big)CU/\sqrt{2} = \pi BCU/2 \tag{8.94}$$

- Le long des segments AC et BC cette discontinuité est également tangentielle de module $U/\sqrt{2}$. D'où la contribution correspondante à la puissance résistante maximale :

$$P_{rm}^{BC\cup AC}(\underline{\hat{U}}) = 2\left(B/\sqrt{2}\right)CU/\sqrt{2} = BCU \tag{8.95}$$

- Enfin le long des segments DE et FG la discontinuité tangentielle est de module $U/\sqrt{2}$, et la contribution à la puissance résistante maximale vaut donc :

$$P_{rm}^{DE\cup FG}(\underline{\hat{U}}) = 2\left(B/\sqrt{2}\right)CU/\sqrt{2} = BCU \tag{8.95}$$

Dans chaque éventail le taux de déformation s'écrit :

$$d(\underline{\hat{U}}) = -\frac{U}{2\sqrt{2}\,r}(\underline{e}_r \otimes \underline{e}_\theta + \underline{e}_\theta \otimes \underline{e}_r) \tag{8.96}$$

de sorte que les *valeurs principales* sont :

$$\hat{d}_1 = \frac{U}{2r\sqrt{2}} \geq \hat{d}_2 = 0 \geq \hat{d}_3 = -\frac{U}{2r\sqrt{2}} \tag{8.97}$$

d'où :

$$\pi\left(\underline{\underline{\hat{d}}}\right) = C\left(|\hat{d}_1| + |\hat{d}_2| + |\hat{d}_3|\right) = CU/(r\sqrt{2}) \tag{8.98}$$

et la contribution de ces deux éventails à la puissance résistante maximale est :

$$P_{rm}^{ACD\cup BCF}(\underline{\hat{U}}) = 2\int_{r=0}^{B/\sqrt{2}}\left(\int_{\theta=0}^{\pi/2}\frac{CU}{r\sqrt{2}}\,r\,\mathrm{d}\theta\right)\mathrm{d}r = \pi BCU/2 \tag{8.99}$$

La puissance résistante maximale totale développée dans le mécanisme s'écrit donc en définitive :

$$P_{rm}(\hat{\underline{U}}) = (\pi + 2)BCU \qquad (8.100)$$

d'où, par comparaison avec la puissance des efforts extérieurs $P_e(\hat{\underline{U}}) = pBU$, l'obtention du majorant suivant de la capacité portante :

$$p^+ \leq (\pi + 2)C \cong 5{,}14\, C \qquad (8.101)$$

dont on peut montrer grâce à l'approche statique qu'il s'agit en fait de la valeur exacte :

$$p^+ = (\pi + 2)C \cong 5{,}14\, C \qquad (8.102)$$

6.3. Prise en compte de la pesanteur

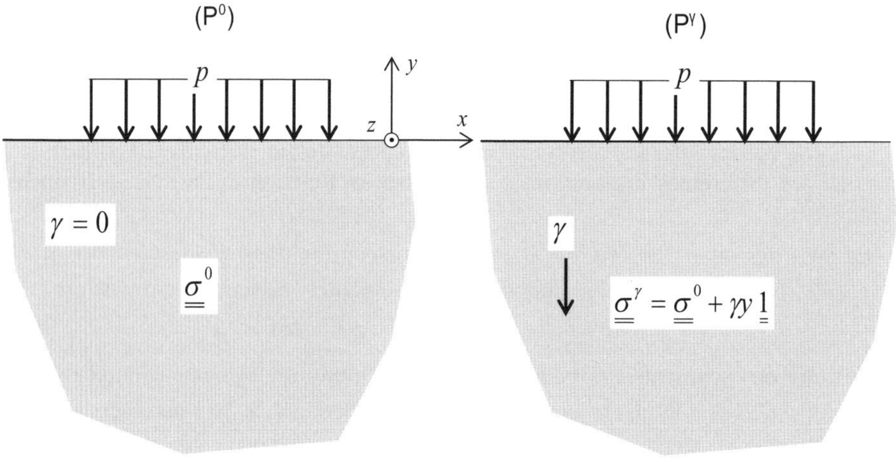

Figure 21.

Désignant par (P^0) le problème de la capacité portante du massif en l'absence de pesanteur, que nous venons de traiter, on s'intéresse au problème (P^γ) qui diffère du premier par la prise en compte de la pesanteur (figure 21). La seule application de la définition des capacités portantes correspondantes, désignées respectivement par $p^+(0)$ et $p^+(\gamma)$, nous permet de montrer que ces dernières sont égales, et que donc la pesanteur n'a aucune influence. En effet, on a :

$$p \leq p^+(0) \Leftrightarrow \exists\, \underline{\underline{\sigma}}^0 \text{ tel que} \begin{cases} \operatorname{div} \underline{\underline{\sigma}}^0 = 0 \ , \ \left[\underline{\underline{\sigma}}^0\right] . \underline{n} = 0 \\ \underline{\underline{\sigma}}^0(y=0) . \underline{e}_y = \begin{vmatrix} 0 & \text{si } |x| > B/2 \\ -p\underline{e}_y & \text{si } |x| \leq B/2 \end{vmatrix} \\ \sigma_1^0 - \sigma_3^0 \leq 2C \end{cases} \qquad (8.103)$$

ainsi que :

$$p \le p^+(\gamma) \Leftrightarrow \exists \underline{\underline{\sigma}}^\gamma \text{ tel que } \begin{cases} \text{div}\underline{\underline{\sigma}}^\gamma - \gamma \underline{e}_y = 0 \ , \ [\![\underline{\underline{\sigma}}^\gamma]\!].\underline{n} = 0 \\ \underline{\underline{\sigma}}^\gamma(y=0).\underline{e}_y = \begin{vmatrix} 0 & \text{si } |x| > B/2 \\ -p\underline{e}_y & \text{si } |x| \le B/2 \end{vmatrix} \\ \sigma_1^\gamma - \sigma_3^\gamma \le 2C \end{cases} \tag{8.104}$$

$\underline{\underline{\sigma}}^0$ étant un champ quelconque satisfaisant les conditions requises par (8.103), le champ défini par $\underline{\underline{\sigma}}^\gamma = \underline{\underline{\sigma}}^0 + \gamma y \underline{\underline{1}}$ satisfera celles données par (8.104), puisque :

$$\begin{aligned} &\text{div}\underline{\underline{\sigma}}^\gamma = \text{div}\underline{\underline{\sigma}}^0 + \underline{\text{grad}}(\gamma y) = \gamma \underline{e}_y \\ &\underline{\underline{\sigma}}^\gamma(y=0) = \underline{\underline{\sigma}}^0(y=0) \\ &\sigma_1^\gamma - \sigma_3^\gamma = \sigma_1^0 - \sigma_3^0 \end{aligned} \tag{8.105}$$

On aura donc :

$$p \le p^+(0) \ \Leftrightarrow \ p \le p^+(\gamma) \tag{8.106}$$

soit encore :

$$p^+(\gamma) = p^+(0) = (\pi + 2)C \tag{8.107}$$

ce qui prouve que la capacité portante du massif de sol est indépendante de la pesanteur. La conclusion serait évidemment bien différente dans le cas par exemple où le sol obéirait à un critère de résistance de Coulomb.

7. ANALYSE DE STABILITÉ SOUS POIDS PROPRE D'UN TALUS VERTICAL

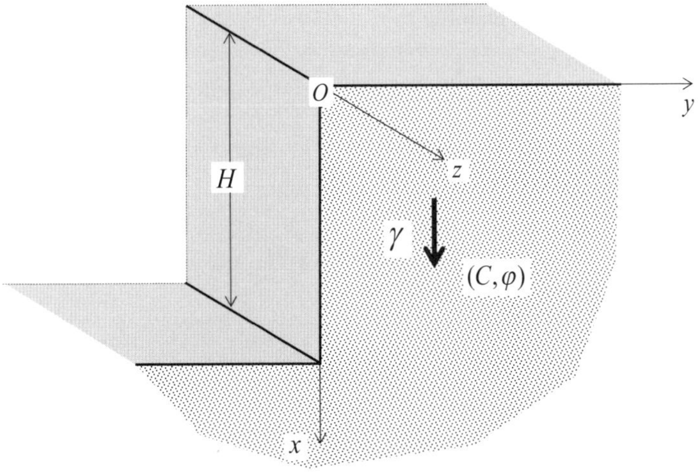

Figure 22.

On se propose d'analyser par la théorie du calcul à la rupture la stabilité d'un talus vertical de profondeur *H*, constitué d'un sol homogène pesant (poids volumique γ), constitué d'un sol obéissant à un critère de résistance de Mohr-Coulomb, caractérisé par une cohésion *C* et un angle de frottement φ. L'analyse dimensionnelle de ce problème montre que la stabilité d'un tel ouvrage soumis à son seul poids propre est gouvernée par le *facteur sans dimension* $K = \gamma H / C$, don t la valeur extrême K^+, fonction du seul angle de frottement φ, est définie au sens du calcul à la rupture par :

$$\begin{gathered} \text{Stabilité} \Leftrightarrow K \leq K^+(\varphi) \\ \Updownarrow \\ \exists \underline{\underline{\sigma}} \ \text{S.A. avec } \gamma \text{ tel que} \\ \forall \underline{x}\,,\ \sigma_1(\underline{x})(1+\sin\varphi) - \sigma_3(\underline{x})(1-\sin\varphi) - 2C\cos\varphi \leq 0 \end{gathered} \tag{8.108}$$

Cette définition générale recouvre trois points de vue différents :

- Celui de l'ingénieur qui, à caractéristiques de poids et de résistance données du sol, cherche à évaluer la hauteur maximale possible du talus :

$$\text{Stabilité} \Leftrightarrow H \leq H^+ = \frac{C}{\gamma} K^+(\varphi) \tag{8.109}$$

- Celui des essais en centrifugeuse sur modèles réduits de l'ouvrage, où l'on recherche le poids volumique maximum à caractéristiques géométriques et de résistance fixées :

$$\text{Stabilité} \Leftrightarrow \gamma \leq \gamma^+ = \frac{C}{H} K^+(\varphi) \tag{8.110}$$

- Celui où, à géométrie et pesanteur fixées, et suite à des sollicitations accidentelles (séisme, précipitations abondantes, ...) provoquant une diminution de la cohésion du matériau, il s'agit de déterminer la *cohésion résiduelle minimale* permettant d'assurer la stabilité du talus :

$$\text{Stabilité} \Leftrightarrow C \geq C^- = \frac{H}{\gamma} K^+(\varphi) \tag{8.111}$$

7.1. Approche statique par l'intérieur

Cette approche est mise en œuvre en utilisant le *champ à trois zones* représenté sur la figure 23 et défini comme suit :

- Zone (1) : $0 \leq x \leq H\,,\ \ y \geq 0$

$$\underline{\underline{\sigma}} = -\gamma x(\underline{e}_x \otimes \underline{e}_x + \underline{e}_z \otimes \underline{e}_z) \tag{8.112}$$

- Zone (2) : $x > H\,,\ \ y \geq 0$

$$\underline{\underline{\sigma}} = -\gamma x \underline{\underline{1}} \tag{8.113}$$

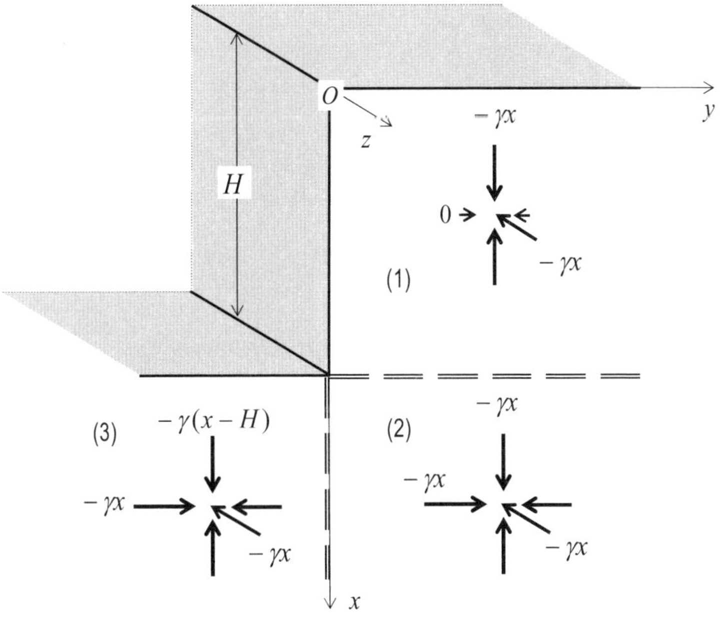

Figure 23.

♦ Zone (3) : $x > H$, $y < 0$

$$\underline{\underline{\sigma}} = -\gamma x \underline{\underline{1}} + \gamma H \underline{e}_x \otimes \underline{e}_x \tag{8.114}$$

On vérifie alors immédiatement que dans chacune des zones, l'équation d'équilibre avec force de pesanteur $\gamma \underline{e}_x$ est bien vérifiée, que la continuité du vecteur contrainte au passage entre deux zones est bien satisfaite, ainsi que les conditions aux limites. Un tel champ est donc bien statiquement admissible avec le chargement γ. Il reste à exprimer dans chaque zone le critère de résistance de Coulomb, soit :

♦ Zone (1) : $\sigma_1 = 0 \geq \sigma_2 = \sigma_3 = -\gamma x$

$$0 \leq x \leq H : \gamma x(1 - \sin\varphi) - 2C\cos\varphi \leq 0$$

$$\Updownarrow \tag{8.115}$$

$$K = \frac{\gamma H}{C} \leq \frac{2\cos\varphi}{1 - \sin\varphi} = 2\tan(\pi/4 + \varphi/2)$$

♦ Zone (2) : $\sigma_1 = \sigma_2 = \sigma_3 = -\gamma x$. Le champ de contrainte isotrope vérifie automatiquement le critère de résistance.

♦ Zone (3) : $\sigma_1 = -\gamma(x - H) \geq \sigma_2 = \sigma_3 = -\gamma x$

$$x \geq H : -\gamma(x-H)(1+\sin\varphi) + \gamma x(1 - \sin\varphi) - 2C\cos\varphi \leq 0$$

$$\Updownarrow \tag{8.116}$$

$$K = \frac{\gamma H}{C} \leq \frac{2\cos\varphi}{1 - \sin\varphi} = 2\tan(\pi/4 + \varphi/2)$$

Il résulte alors du raisonnement de l'approche statique par l'intérieur du calcul à la rupture que la valeur extrême du facteur de stabilité est *minorée* comme suit :

$$K^+ \geq K^s = 2\tan(\pi/4 + \varphi/2) \tag{8.117}$$

puisque nous venons de montrer que pour toute valeur de K inférieure ou égale à K^s, il est possible de mettre en évidence un champ de contrainte à trois zones qui est statiquement admissible et respecte le critère de résistance du sol en tout point.

7.2. Approches cinématiques par l'extérieur

7.2.1. Mécanisme de bloc en translation

Un bloc de section triangulaire OAB et d'angle α au sommet A est animé d'une vitesse $\underline{U}$ inclinée d'un angle β par rapport au segment AB comme indiqué sur la figure 24, le reste du talus demeurant immobile. Il en résulte que le taux de déformation associé à ce mécanisme est nul, de sorte que la puissance résistante maximale se réduit à la contribution de la seule discontinuité le long du segment AB (on raisonne par unité de longueur le long de l'axe Oz) :

$$P_{rm}(\underline{\hat{U}}) = \underbrace{\int_{\Omega} \pi(\underline{\underline{\hat{d}}})\, \mathrm{d}\Omega}_{=0} + \int_{AB} \pi(\underline{n}\,; [\underline{\hat{U}}])\, \mathrm{d}s \tag{8.117}$$

avec, compte tenu de l'orientation du vecteur unitaire $\underline{n}$, $[\underline{\hat{U}}] = \underline{U}$ et $AB = H/\cos\alpha$:

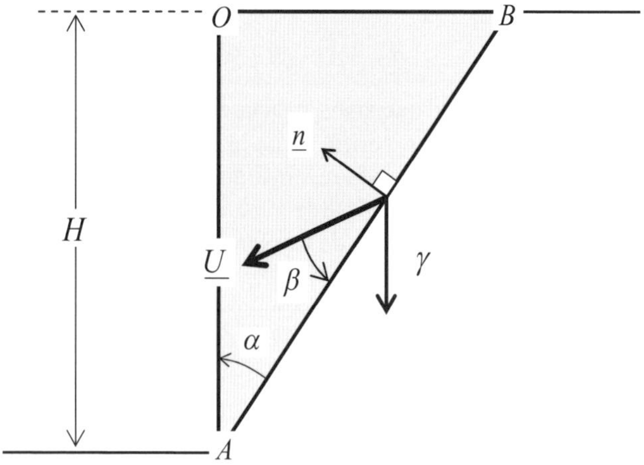

Figure 24.

d'où :

$$P_{rm}(\underline{\hat{U}}) = \begin{cases} (H/\cos\alpha)(C/\tan\varphi)\,\underline{U}\,.\,\underline{n} & \text{si} \quad \varphi \leq \beta \leq \pi - \varphi \\ +\infty & \text{sinon} \end{cases} \tag{8.118}$$

soit :

$$P_{rm}(\underline{\hat{U}}) = \begin{cases} CHU \dfrac{\sin\beta}{\cos\alpha \tan\varphi} & \text{si} \quad \varphi \leq \beta \leq \pi - \varphi \\ +\infty & \text{sinon} \end{cases} \tag{8.119}$$

Par ailleurs, la puissance virtuelle des forces extérieures (c'est-à-dire du seul poids propre de l'ouvrage) dans ce champ de vitesse a pour expression :

$$P_e(\underline{\hat{U}}) = \int_{OAB} \underline{\gamma}.\underline{\hat{U}}\mathrm{d}\Omega = \frac{1}{2}\gamma H^2 U \tan\alpha \cos(\alpha+\beta) \tag{8.120}$$

de sorte que le raisonnement de l'approche cinématique par l'extérieur donne, si l'on prend $U > 0$:

$$\begin{aligned} & K \le K^+ \Rightarrow \forall \underline{\hat{U}}\,,\, P_e(\underline{\hat{U}}) \le P_{rm}(\underline{\hat{U}}) \\ & \Rightarrow \forall \alpha \in [0, \pi/2[\,,\, \beta \in [\varphi, \pi-\varphi[\ ,\ K \le \frac{2\sin\beta}{\tan\varphi \sin\alpha \cos(\alpha+\beta)} \end{aligned} \tag{8.121}$$

Ce qui conduit à la majoration suivante de la valeur extrême du facteur de stabilité :

$$\forall \alpha \in [0, \pi/2\,[\,,\, \beta \in [\varphi, \pi-\varphi\,[\ ,\ K^+ \le \frac{2\sin\beta}{\tan\varphi \sin\alpha \cos(\alpha+\beta)} \tag{8.122}$$

dont le minimum, obtenu pour $\beta = \varphi$ et $\alpha = \pi/4 - \varphi/2$, est :

$$K^+ \le 4\tan\left(\frac{\pi}{4} + \frac{\varphi}{2}\right) \tag{8.123}$$

7.2.2. Mécanisme de bloc en rotation

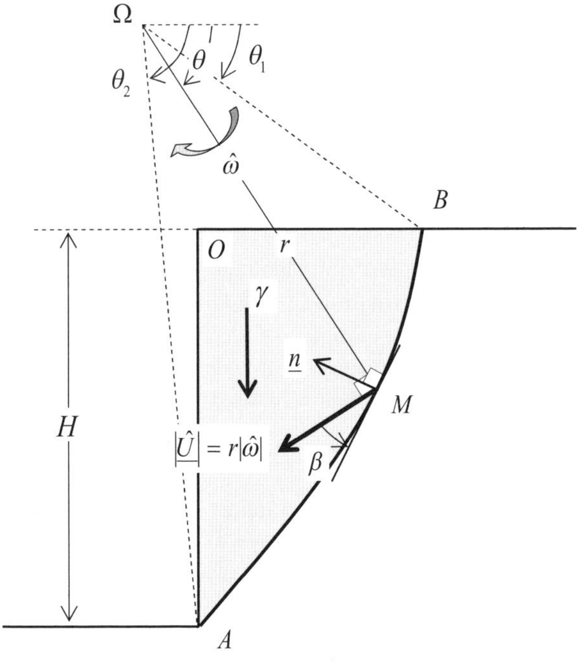

Figure 25.

Dans un tel mécanisme, représenté sur la figure 25, un bloc OAB, délimité par un arc de courbe AB, est animé d'un mouvement de rotation virtuelle, de vitesse $\hat{\omega}$ autour d'un centre de rotation repéré par les angles θ_1 et θ_2 comme indiqué sur cette figure, de sorte qu'en tout point M de cette courbe repéré par ses coordonnée polaires (r, θ), apparaît une discontinuité de vitesse de module égal à $r|\hat{\omega}|$, inclinée d'un angle β par rapport à la tangente à la courbe en ce point. La encore, le taux de déformation est nul en tout point du massif (mouvement virtuel rigidifiant du bloc OAB), et la seule contribution à la puissance résistante maximale est celle relative à la discontinuité de vitesse le long de l'arc AB.

$$P_{rm}(\underline{\hat{U}}) = \underbrace{\int_\Omega \pi(\underline{\underline{\hat{d}}})\,\mathrm{d}\Omega}_{=0} + \int_{AB} \pi(\underline{n}\,;[\underline{\hat{U}}])\,\mathrm{d}s$$

$$= \int_{\theta_1}^{\theta_2} \frac{C}{\tan\varphi} r(\theta)|\hat{\omega}|\sin\beta(\theta)\frac{r(\theta)\mathrm{d}\theta}{\cos\beta(\theta)}\ ,\quad \varphi \leq \beta(\theta) \leq \pi - \varphi \tag{8.124}$$

Par ailleurs la puissance virtuelle des forces extérieures (pesanteur) dans ce même mécanisme s'écrit :

$$P_e(\underline{\hat{U}}) = \int_{OAB} \underline{\gamma}.\underline{\hat{U}}\,\mathrm{d}\Omega = \gamma\hat{\omega}\int_{OAB} r^2\cos\theta\,\mathrm{d}r\mathrm{d}\theta \tag{8.125}$$

Il vient alors :

$$K \leq K^+ \Rightarrow \quad \gamma\hat{\omega}\int_{OAB} r^2\cos\theta\,\mathrm{d}r\mathrm{d}\theta \leq \int_{\theta_1}^{\theta_2}\frac{C}{\tan\varphi}r(\theta)|\hat{\omega}|\sin\beta(\theta)\frac{r(\theta)\mathrm{d}\theta}{\cos\beta(\theta)},\ \varphi \leq \beta(\theta) \leq \pi - \varphi \tag{8.126}$$

d'où en prenant $\hat{\omega} > 0$ (compté positivement dans le sens inverse du sens trigonométrique) :

$$K^+ \leq \frac{H\displaystyle\int_{\theta_1}^{\theta_2}\frac{r^2(\theta)}{\tan\varphi}\tan\beta(\theta)\mathrm{d}\theta}{\displaystyle\int_{OAB} r^2\cos\theta\,\mathrm{d}r\,\mathrm{d}\theta},\ \varphi \leq \beta(\theta) \leq \pi - \varphi \tag{8.127}$$

On peut montrer que la courbe AB pour laquelle le majorant ainsi obtenu à θ_1 et θ_2 donnés, c'est-à-dire à centre de rotation Ω fixé, est telle que $\beta(\theta) = \varphi$. Il s'agit donc d'un *arc de spirale logarithmique* d'angle φ et de foyer Ω. Il reste alors à rechercher le minimum du majorant en explorant tous les arcs de spirale logarithmique passant par le pied A du talus. Cette minimisation étant effectuée numériquement on obtient :

$$K^+ \leq \underset{(\theta_1,\theta_2)}{\mathrm{Min}}\, K(\theta_1,\theta_2) \cong 3{,}83\tan\left(\frac{\pi}{4}+\frac{\varphi}{2}\right) \tag{8.128}$$

c'est-à-dire une légère amélioration par rapport au majorant (8.123), ce qui était prévisible, puisque la famille des mécanismes avec blocs triangulaires constitue un sous-ensemble de celle avec blocs délimités par des arcs de spirales (cas où le centre de rotation Ω est rejeté à l'infini : $\theta_1 - \theta_2 \to 0$.

7.3. Prise en compte d'un renforcement

Supposant maintenant que la talus vertical a été renforcé par un lit d'inclusions de longueur L placé à mi-hauteur, on examine à nouveau la stabilité de l'ouvrage ainsi renforcé par le biais de l'approche cinématique en considérant le même mécanisme par bloc en translation que celui utilisé précédemment (figure 26).

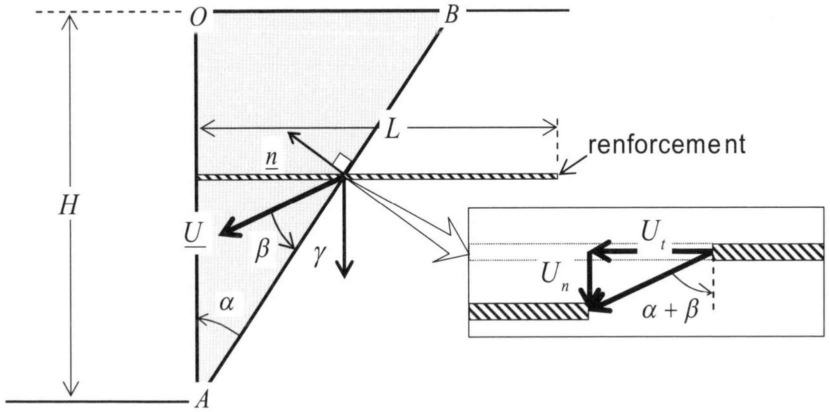

Figure 26.

Négligeant la contribution du poids des inclusions de renforcement, la puissance virtuelle des efforts extérieurs est identique à celle calculée pour le talus non renforcé, soit :

$$P_e(\hat{\underline{U}}) = \frac{1}{2}\gamma H^2 U \tan\alpha \cos(\alpha+\beta) \tag{8.129}$$

tandis que la puissance résistante maximale s'écrit comme la somme de deux contributions :

$$P_{rm}(\hat{\underline{U}}) = P_{rm}^{\text{sol}}(\hat{\underline{U}}) + P_{rm}^{\text{renf}}(\hat{\underline{U}}) \tag{8.130}$$

celle due au sol étant calculée comme pour le talus homogène, soit :

$$P_{rm}^{\text{sol}}(\hat{\underline{U}}) = \begin{cases} CHU\dfrac{\sin\beta}{\cos\alpha\tan\varphi} & \text{si} \quad \varphi \le \beta \le \pi - \varphi \\ +\infty & \text{sinon} \end{cases} \tag{8.131}$$

tandis que la contribution du renforcement se calcule comme suit. On fait l'hypothèse que le critère de résistance de ce dernier, traité comme une poutre, est de la forme :

$$0 \le N \le N_0 \ , \ V = M = 0 \tag{8.132}$$

où N_0 représente la résistance en traction des inclusions de renforcement, *calculée par unité de longueur dans la direction transversale à la figure*, les résistance à l'effort tranchant (V) et au moment de flexion (M) étant nulles (inclusions dites « souples »). Le renforcement étant animé de la même vitesse virtuelle que le sol environnant, il en résulte l'apparition d'une discontinuité de vitesse dans le renforcement, égale à celle entre le bloc en translation et le reste du massif, de composantes égales à $U_t = |\underline{U}|\sin(\alpha+\beta)$ dans la direction du renforcement, et à $U_n = |\underline{U}|\cos(\alpha+\beta)$ dans la direction transversale. Il en résulte que l'expression de la puissance résistante associé au renforcement dans un tel mécanisme s'écrit :

$$\begin{aligned} P_{rm}^{\text{renf}}(\underline{\hat{U}}) &= \sup\{\, NU_t + VU_n \,;\, 0 \le N \le N_0 \,,\, V = 0\} \\ &= N_0\, |\underline{U}| \sin(\alpha+\beta) \;,\quad 0 \le \alpha+\beta \le \pi \end{aligned} \tag{8.133}$$

D'où l'expression de la puissance résistante maximale totale :

$$P_{rm}(\underline{\hat{U}}) = CHU \frac{\sin\beta}{\cos\alpha \tan\varphi} + N_0 U \sin(\alpha+\beta)\,,\quad \varphi \le \beta \le \pi - \varphi \,,\, 0 \le \alpha+\beta \le \pi \tag{8.134}$$

Il vient alors :

$$K \le K^+ \Rightarrow \forall \underline{\hat{U}}\,,\, P_e(\underline{\hat{U}}) \le P_{rm}(\underline{\hat{U}}) \Rightarrow \begin{cases} \forall \alpha+\beta \in [0,\pi[\,,\ \beta \in [\varphi, \pi-\varphi[\\ K \le \dfrac{2\sin\beta}{\tan\varphi \sin\alpha \cos(\alpha+\beta)} + 2\left(\dfrac{N_0}{CH}\right)\dfrac{\tan(\alpha+\beta)}{\tan\alpha} \end{cases} \tag{8.135}$$

conduisant ainsi à une majoration de K^+ dont le minimum, obtenu pour $\alpha = \pi/4 - \varphi/2$ et $\beta = \varphi$, est égal à :

$$K^+ \le 4\tan(\pi/4 + \varphi/2) + 2\left(\frac{N_0}{CH}\right)\tan^2(\pi/4+\varphi/2) \tag{8.136}$$

La figure ci-dessous fait clairement apparaître l'effet du renforcement sur la stabilité de l'ouvrage, à travers l'augmentation correspondante du majorant du facteur de stabilité.

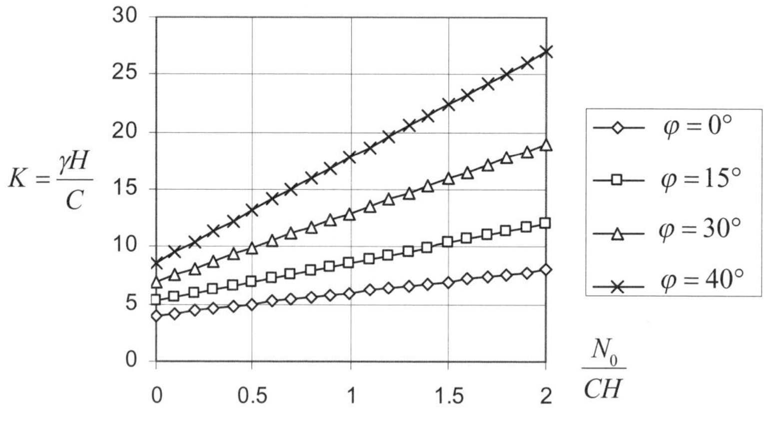

Figure 27.

8. COEFFICIENTS DE POUSSÉE ET DE BUTÉE D'UN SOL SUR UNE PAROI

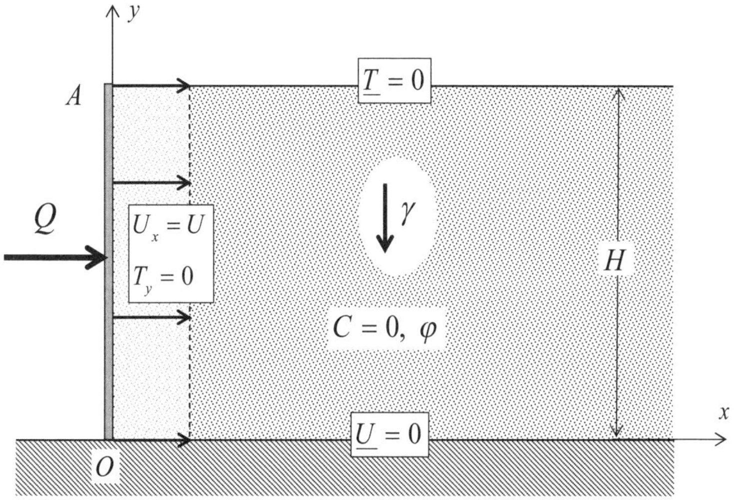

Figure 28.

Un massif de sol de hauteur H reposant sur un substratum horizontal est en contact avec un écran de soutènement vertical OA astreint à un mouvement de translation de vitesse horizontale égale à U. Le sol est supposé être purement frottant (sable sec), sa résistance étant modélisée par un critère de Coulomb de cohésion nulle ($C = 0$) et d'angle de frottement interne égal à φ. On désigne par γ le poids volumique du sol. Le problème étant traité en déformations planes dans le plan Oxy, les conditions aux limites sont les suivantes :

- Plan inférieur du massif en *contact parfaitement adhérent* avec le substratum :

$$\underline{U}(x > 0, y = 0) = 0 \tag{8.137}$$

- Plan supérieur du massif libre d'efforts :

$$\underline{T}(x > 0, y = H) = 0 \tag{8.138}$$

- Sol en *contact lisse* avec l'écran de soutènement :

$$U_x(x = 0,\ 0 \leq y \leq H) = U \ \ ,\ \ T_y(x = 0,\ 0 \leq y \leq H) = 0 \tag{8.139}$$

8.1. Paramètres de chargement du système

Étant donné un champ de vitesse virtuel $\underline{\hat{U}}$ cinématiquement admissible quelconque, c'est-à-dire vérifiant les données aux limites en vitesse ci-dessus, la puissance des efforts extérieurs dans un tel champ s'écrit de façon générale :

$$P_e(\underline{\hat{U}}) = \int_{\Omega} \rho \underline{F}.\underline{\hat{U}}\, \mathrm{d}\Omega + \int_{\partial\Omega} \underline{T}.\underline{\hat{U}}\, \mathrm{d}a \tag{8.140}$$

soit dans le cas présent, en raisonnant par unité de longueur dans la direction transversale Oz :

$$P_e(\hat{U}) = \gamma\left(\int_\Omega -\hat{U}_y \, \mathrm{d}\Omega\right) + \underbrace{\left(\int_{OA} -\sigma_{xx}\mathrm{d}y\right)}_{Q} U \tag{8.141}$$

où Q représente la projection horizontale de la résultante des efforts exercés *par la paroi de soutènement sur le massif de sol*. L'équation (8.141) met donc en évidence un *mode de chargement à deux paramètres* (Q, γ). On se propose de déterminer par la théorie du calcul à la rupture le domaine K des chargements potentiellement supportables.

8.2. Approche statique par l'intérieur

On considère la famille de champs de contrainte définie par (figure 29a) :

$$\sigma_{xx} = \sigma_{xx}(y), \quad \sigma_{yy} = \sigma_{zz}\gamma(y-H), \quad \text{autres } \sigma_{ij} = 0 \tag{8.142}$$

ces champs de contrainte étant bien évidemment en équilibre avec le poids volumique γ du sol et respectant également les conditions aux limites en efforts indiquées ci-dessus. Ils sont par ailleurs en équilibre avec une valeur de l'effort qu'exerce l'écran de soutènement sur le sol égale à :

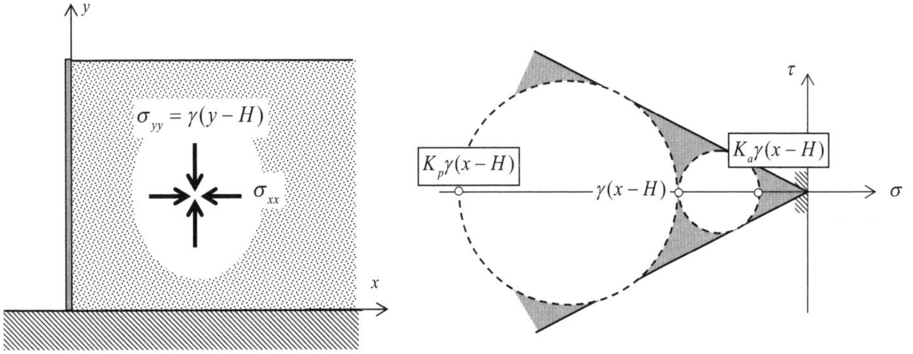

(*a*) (*b*)

Figure 29.

$$Q = -\int_0^H \sigma_{xx}(y)\, \mathrm{d}y \tag{8.143}$$

Le sol étant sans cohésion, son critère de résistance s'écrit :

$$\sigma_1(1+\sin\varphi) - \sigma_3(1-\sin\varphi) \leq 0 \tag{8.144}$$

où $\sigma_1 \geq \sigma_3$ sont les contraintes principales extrêmes. Deux cas sont à considérer :

a) $\sigma_1 = \sigma_{xx}(y) \geq \sigma_{yy} = \gamma(y-H) = \sigma_3$. La condition de résistance s'écrit alors :

$$\sigma_{xx}(y) \leq K_a\gamma(y-H) \tag{8.145}$$

où K_a représente le *coefficient de poussée*, défini par :

$$K_a = \frac{1-\sin\varphi}{1+\sin\varphi} = \tan^2\left(\frac{\pi}{4} - \frac{\varphi}{2}\right) \tag{8.146}$$

le cercle de Mohr relatif à l'état de contrainte dans le cas où l'inégalité (8.145) est une égalité, est représenté sur la figure 30*b*. Il est tangent à la courbe intrinsèque ;

b) $\sigma_3 = \sigma_{xx}(y) \le \sigma_{yy} = \gamma(y-H) = \sigma_1$. La condition de résistance devient :

$$\sigma_{xx}(y) \ge K_p \gamma(y-H) \tag{8.147}$$

où K_p représente le *coefficient de butée*, défini par :

$$K_p = \frac{1+\sin\varphi}{1-\sin\varphi} = \tan^2\left(\frac{\pi}{4}+\frac{\varphi}{2}\right) = 1/K_a \tag{8.148}$$

le cercle de Mohr associé à cet «état limite de butée» étant représenté sur la même figure 29b.

Il en résulte que la famille de champs de contrainte considérée respecte le critère de résistance du sol en tout point si et seulement si la double inégalité suivante est satisfaite :

$$0 \le y \le H: \quad K_a\gamma(y-H) \ge \sigma_{xx}(y) \ge K_p\gamma(y-H) \tag{8.149}$$

et la valeur correspondante de l'effort Q varie dans l'intervalle :

$$\gamma K_a \int_0^H (H-y)\mathrm{d}y = \frac{1}{2}K_a\gamma H^2 \le Q \le \gamma K_p \int_0^H (H-y)\mathrm{d}y = \frac{1}{2}K_p\gamma H^2 \tag{8.150}$$

Nous obtenons ainsi une approche par l'intérieur du domaine K :

$$\frac{1}{2}K_a\gamma H^2 \le Q \le \frac{1}{2}K_p\gamma H^2 \quad \Rightarrow \quad (Q,\gamma) \in K \tag{8.151}$$

8.3. Approche cinématique par l'extérieur

Cette approche est mise en œuvre en considérant les deux mécanismes par bloc en translation suivants, représentés sur la figure 30 et respectivement notés (a) et (b). Le mécanisme (a) correspond à un bloc triangulaire OAB, d'angle en O égal à $\pi/4-\varphi/2$, animé d'un mouvement de translation de vitesse U orientée vers le bas et formant un angle φ avec le segment AB. La discontinuité de vitesse le long de AB entre le bloc et le reste du massif étant pertinente, et la cohésion étant nulle, la puissance résistante maximale correspondante est également nulle :

$$P_{rm}(\hat{\underline{U}}) = 0 \tag{8.152}$$

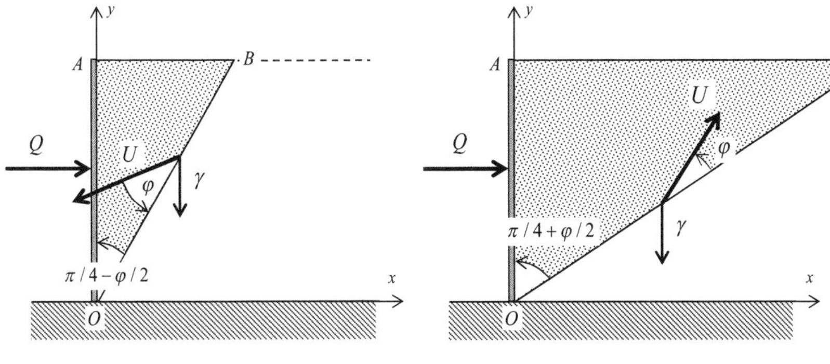

Figure 30.

Par ailleurs la puissance virtuelle des efforts extérieurs s'écrit :

$$P_e(\hat{\underline{U}}) = \frac{1}{2}\gamma H^2 \tan(\pi/4 - \varphi/2)\cos(\pi/4 + \varphi/2)U - QU\sin(\pi/4 + \varphi/2) \qquad (8.153)$$

de sorte que la condition nécessaire de stabilité s'écrit en simplifiant par $U>0$:

$$(Q,\gamma) \in K \;\Rightarrow\; P_e(\hat{\underline{U}}) \le P_{rm}(\hat{\underline{U}}) = 0 \;\Leftrightarrow\; Q \ge \frac{1}{2}K_a\,\gamma H^2 \qquad (8.154)$$

Considérons maintenant le mécanisme (b) où un bloc triangulaire OAB, d'angle en O égal à $\pi/4 + \varphi/2$, animé d'un mouvement de translation de vitesse U orientée vers le haut et inclinée d'un angle φ avec le segment AB, de sorte que la puissance résistante maximale correspondante est nulle. La puissance virtuelle des efforts extérieurs dans ce second mécanisme vaut :

$$P_e(\hat{\underline{U}}) = -\frac{1}{2}\gamma H^2 \tan(\pi/4 + \varphi/2)\sin(\pi/4 + \varphi/2)U + QU\cos(\pi/4 + \varphi/2) \qquad (8.155)$$

et la condition nécessaire de stabilité déduite de l'approche cinématique par l'extérieur devient :

$$(Q,\gamma) \in K \;\Rightarrow\; P_e(\hat{\underline{U}}) \le P_{rm}(\hat{\underline{U}}) = 0 \;\Leftrightarrow\; Q \le \frac{1}{2}K_p\,\gamma H^2 \qquad (8.156)$$

Combinant (8.154) et (8.156), il vient alors :

$$(Q,\gamma) \in K \;\Rightarrow\; \frac{1}{2}K_p\,\gamma H^2 \le Q \le \frac{1}{2}K_p\,\gamma H^2 \qquad (8.157)$$

et donc en associant ce résultat à celui donné par l'approche par l'intérieur (8.151) :

$$(Q,\gamma) \in K \;\Leftrightarrow\; \frac{1}{2}K_p\,\gamma H^2 \le Q \le \frac{1}{2}K_p\,\gamma H^2 \qquad (8.158)$$

aboutissant à la détermination exacte du domaine de stabilité K représenté sur la figure 31.

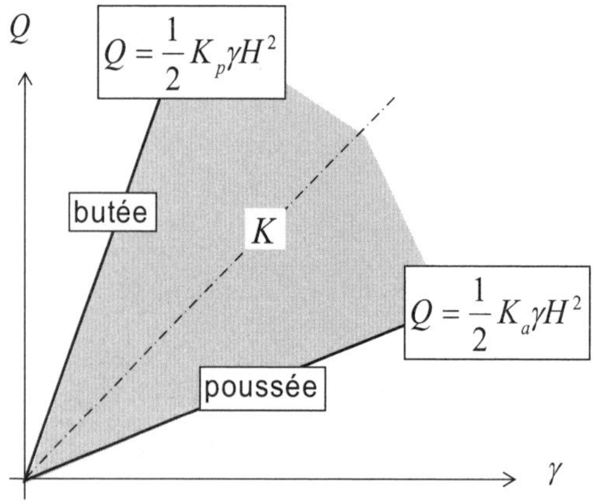

Figure 31.

9. PRESSION LIMITE D'UN TUBE CIRCULAIRE

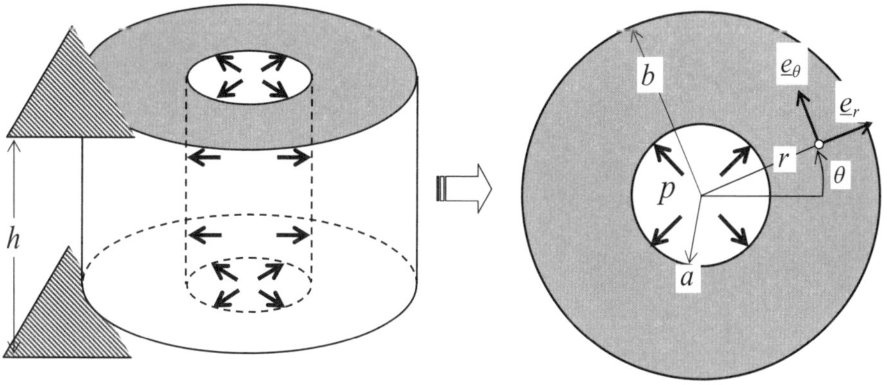

Figure 32.

Un tube cylindrique circulaire de hauteur h, et de rayons intérieur a et extérieur b, est constitué d'un matériau métallique dont la résistance est décrite par un critère de von Mises, de limite en cission simple égale à k :

$$f(\underline{\underline{\sigma}}) = \left(1/2\mathrm{tr}\underline{\underline{s}}^2\right)^{1/2} - k \le 0 \tag{8.159}$$

Les sections extrémités du tube sont astreintes à demeurer dans des plans fixes, le contact se faisant *sans frottement*. La paroi externe du tube ($r = b$) étant libre de tout effort, sa paroi interne ($r = a$) est soumise à une pression uniforme d'intensité p. Les forces de volume sont négligées. Dans ces conditions, le problème peut être traité comme un problème en déformations planes, à symétrie de révolution, comme indiqué sur la figure 32. Un point quelconque du tube est repéré par ses coordonnées cylindriques (r,θ,z). On se propose de calculer la valeur extrême p^+ de la pression à laquelle est soumise le tube.

9.1. Approche statique par l'intérieur

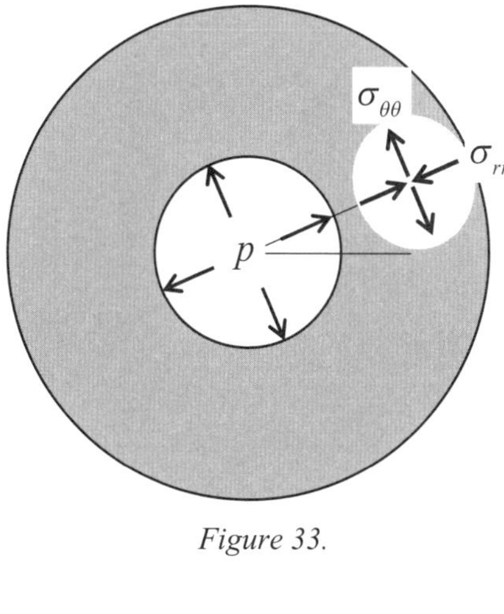

Figure 33.

L'approche statique par l'intérieur du calcul à la rupture est mise en œuvre en considérant les champs de contrainte de la forme (figure 33) :

$$\underline{\underline{\sigma}} = \sigma_{rr}(r)\, \underline{e}_r \otimes \underline{e}_r + \sigma_{\theta\theta}(r)\, \underline{e}_\theta \otimes \underline{e}_\theta + \frac{\sigma_{rr}(r) + \sigma_{\theta\theta}(r)}{2} \underline{e}_z \otimes \underline{e}_z \tag{8.160}$$

Le déviateur de contrainte s'écrivant dans ce cas :

$$\underline{\underline{s}} = \underline{\underline{\sigma}} - 1/3(\mathrm{tr}\underline{\underline{\sigma}})\underline{\underline{1}} = \frac{\sigma_{rr}(r) - \sigma_{\theta\theta}(r)}{2}(\underline{e}_r \otimes \underline{e}_r - \underline{e}_\theta \otimes \underline{e}_\theta) \tag{8.161}$$

la condition de résistance de von Mises (8.159) devient:

$$|\sigma_{rr}(r) - \sigma_{\theta\theta}(r)| \leq 2k \tag{8.162}$$

de sorte que l'on peut prendre en particulier :

$$\sigma_{\theta\theta}(r) = \sigma_{rr}(r) + 2k \tag{8.163}$$

L'équation d'équilibre en l'absence de forces de volume se réduit alors à l'équation différentielle :

$$\frac{\mathrm{d}\sigma_{rr}}{\mathrm{d}r} + \frac{\overbrace{\sigma_{rr} - \sigma_{\theta\theta}}^{-2k}}{r} = 0 \tag{8.164}$$

dont l'intégration donne :

$$\sigma_{rr} = 2k\mathrm{Ln}\left(\frac{r}{C}\right) \tag{8.165}$$

la constante d'intégration étant déterminée par la condition de paroi externe libre de contrainte :

$$\sigma_{rr}(r = b) = 2k\mathrm{Ln}\left(\frac{b}{C}\right) = 0 \;\Rightarrow\; \sigma_{rr} = 2k\mathrm{Ln}\left(\frac{r}{b}\right) \tag{8.166}$$

Il en résulte que le champ de contrainte défini par :

$$\underline{\underline{\sigma}} = 2k\mathrm{Ln}\left(\frac{r}{b}\right)\underline{e}_r \otimes \underline{e}_r + \left[2k\mathrm{Ln}\left(\frac{r}{b}\right) + 2k\right]\underline{e}_\theta \otimes \underline{e}_\theta + \left[2k\mathrm{Ln}\left(\frac{r}{b}\right) + k\right]\underline{e}_z \otimes \underline{e}_z \tag{8.166}$$

est statiquement admissible avec la valeur suivante de la pression interne :

$$p^s = -\sigma_{rr}(a) = 2k\mathrm{Ln}\left(\frac{b}{a}\right) \tag{8.167}$$

tout en vérifiant le critère de résistance en tout point du tube. D'où l'obtention du *minorant* suivant de la pression limite :

$$p^+ \geq 2k\mathrm{Ln}\left(\frac{b}{a}\right) \tag{8.168}$$

9.2. Approche cinématique par l'extérieur

On considère des champs de vitesse purement radiaux de la forme :

$$\underline{\hat{U}} = f(r)\,\underline{e}_r \tag{8.169}$$

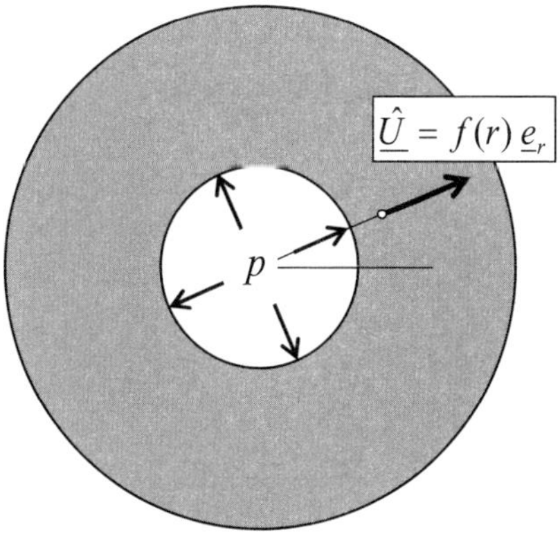

Figure 34.

qui sont bien cinématiquement admissibles pour le problème. La puissance des forces extérieures dans ce type de champs se réduit à celle de la pression s'exerçant sur la paroi interne du tube :

$$P_e(\underline{\hat{U}}) = 2\pi\ ha(p\underline{e}_r).(f(a)\underline{e}_r) = 2\pi\ hapf(a) \qquad (8.170)$$

Par ailleurs le champ des taux de déformation associé s'écrivant :

$$\underline{\underline{\hat{d}}} = f'(r)\,\underline{e}_r \otimes \underline{e}_r + f(r)/r\ \underline{e}_\theta \otimes \underline{e}_\theta \qquad (8.171)$$

la condition de pertinence donne :

$$\text{tr}\underline{\underline{\hat{d}}} = f'(r) + f(r)/r = 0 \Rightarrow f = \frac{C}{r} = f(a)\frac{a}{r} \qquad (8.172)$$

et l'expression correspondante de la fonction « π » est :

$$\pi(\underline{\underline{\hat{d}}}) = k\sqrt{2\text{tr}\left(\underline{\underline{\hat{d}}}^2\right)} = k\sqrt{2(f'^2+(f/r)^2)} = 2k|f(a)|\frac{a}{r^2} \qquad (8.173)$$

La puissance résistante maximale vaut alors :

$$P_{rm}(\underline{\hat{U}}) = \int_\Omega \pi(\underline{\underline{\hat{d}}})\,\text{d}\Omega = (2\pi h).2k|f(a)|\,a\left(\int_{r=a}^{r=b}\frac{r\text{d}r}{r^2}\right) = 4\pi hk|f(a)|\,a\ \text{Ln}\left(\frac{b}{a}\right) \qquad (8.174)$$

d'où en prenant $f(a)>0$:

$$p \le p^+ \Rightarrow P_e(\underline{\hat{U}}) \le P_{rm}(\underline{\hat{U}}) \Leftrightarrow p \le 2k\text{Ln}\left(\frac{b}{a}\right) \qquad (8.175)$$

conduisant ainsi à la majoration suivante de la pression limite du tube :

$$p^+ \le 2k\text{Ln}\left(\frac{b}{a}\right) \qquad (8.176)$$

On obtient ainsi par comparaison avec (8.168) la valeur exacte de cette pression limite :

$$p^+ = 2k\text{Ln}\left(\frac{b}{a}\right) \qquad (8.177)$$

Dans le cas du «tube mince» $(e = b - a << a)$, on obtient :

$$p^+ = 2k\text{Ln}\left(1 + \frac{e}{a}\right) \cong 2k\frac{e}{a} \qquad (8.178)$$

10. MODÉLISATION D'UN PROCÉDÉ D'EXTRUSION

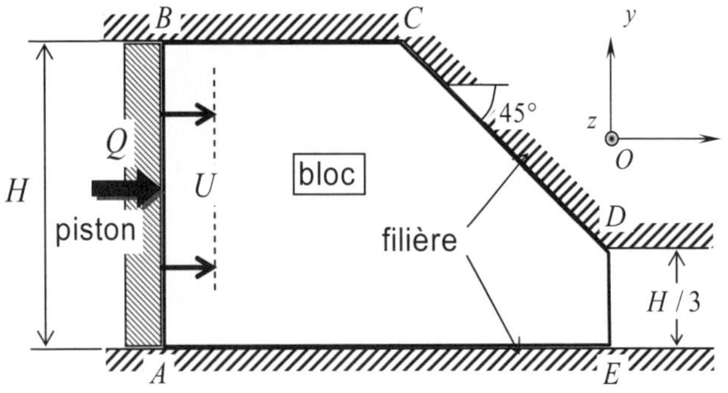

Figure 35.

Un procédé de mise en forme d'un métal par extrusion est schématisé de la façon suivante. Le bloc métallique à extruder est un solide de section polygonale *ABCDE* dont la longueur peut être considérée comme infiniment grande. Ce bloc est placé dans une filière dont la hauteur d'entrée est égale à *H*, tandis que la hauteur de sortie est égale à *H*/3, comme indiqué sur la figure 35, qui représente une section de l'ensemble du dispositif dans le plan *Oxy* de cette figure. On suppose que le contact du bloc métallique avec les parois indéformables supérieure *BCD* et inférieure *AE* de la filière est parfaitement *lisse* (pas de frottement). Un piston rigide, astreint à coulisser horizontalement dans la filière avec une vitesse *U* est par ailleurs en contact sans frottement avec la face amont *AB* du bloc, tandis que sa face aval *DE* est *libre de contrainte*.

Le métal est supposé obéir à un critère de résistance de von Mises :

$$\left[1/2\text{tr}(\underline{\underline{s}}^2)\right]^{1/2} - k \leq 0 \tag{8.179}$$

où k représente la résistance en cission pure. Le problème étant traité comme un problème plan dans les axes (x,y) (condition de *déformations planes*), on désigne par Q la résultante par unité de longueur selon la direction transversale *Oz,* des efforts exercés par le piston sur le bloc. Les forces de pesanteur étant négligées, on se propose d'évaluer le chargement extrême Q^+, c'est-à-dire la *force d'extrusion* du bloc métallique.

10.1. Préliminaire

On considère un état de contrainte de la forme :

$$\underline{\underline{\sigma}} = \sigma_1 \underline{e}_1 \otimes \underline{e}_1 + \sigma_2 \underline{e}_2 \otimes \underline{e}_2 + \frac{\sigma_1 + \sigma_2}{2} \underline{e}_z \otimes \underline{e}_z \tag{8.180}$$

où (σ_1, σ_2) désignent les contraintes principales associées aux directions principales $(\underline{e}_1, \underline{e}_2)$ dans le plan *Oxy*, $\sigma_3 = (\sigma_1 + \sigma_2)/2$ étant la contrainte principale associée à la direction *Oz*. Le déviateur s'écrit :

$$\underline{\underline{s}} = \underline{\underline{\sigma}} - 1/3(\text{tr}\underline{\underline{\sigma}})\underline{\underline{1}} = \frac{\sigma_1 - \sigma_2}{2}(\underline{e}_1 \otimes \underline{e}_1 - \underline{e}_2 \otimes \underline{e}_2) \tag{8.181}$$

et la condition de résistance de von Mises (8.179) devient :

$$|\sigma_1 - \sigma_2| \leq 2k \tag{8.182}$$

10.2. Approches statiques par l'intérieur

10.2.1. On considère tout d'abord le champ de contrainte à *quatre zones homogènes* paramétré par q représenté sur la figure 37, où seules sont indiquées les contraintes principales dans le plan Oxy, ces contraintes étant de la forme (8.180).

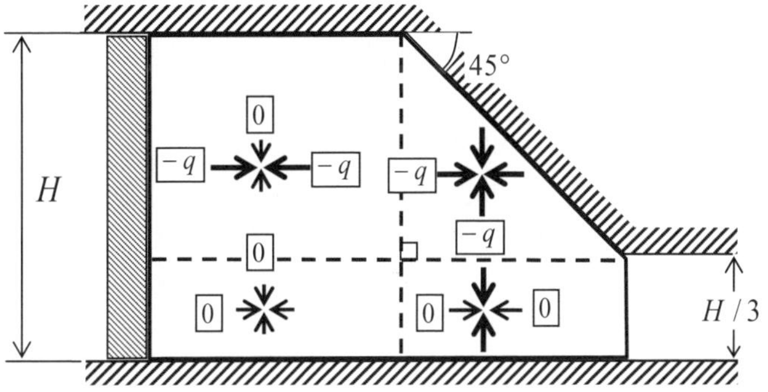

Figure 36.

Ce champ est bien statiquement admissible, car il vérifie les différentes conditions aux limites prescrites sur le bord du bloc à extruder, ainsi que la condition de continuité du vecteur contrainte au franchissement des surfaces séparant les différentes zones. Il est par ailleurs en équilibre avec la valeur suivante du paramètre de chargement Q :

$$Q = \int_{AB} \underline{e}_x . \underline{\underline{\sigma}} . (-\underline{e}_x) \, \mathrm{d}y = 2qH/3 \tag{8.183}$$

Par ailleurs le critère de résistance (8.182) est satisfait dans toutes les zones si et seulement si :

$$|q| \leq 2k \tag{8.184}$$

d'où l'obtention du minorant suivant de la force d'extrusion du bloc :

$$Q^+ \geq \sup\{2qH/3 \, ; |q| \leq 2k\} = Q_1^s = 4kH/3 \tag{8.185}$$

10.2.2. La figure 37 représente un autre champ de contrainte, à trois zones. Ce champ est *homogène* et *isotrope* dans les zones 1 et 3, situées de part et d'autre de la zone 2 qui est une couronne circulaire délimitée par deux arcs de cercles centrés en O. En un point quelconque (r, θ) de cette dernière zone, les directions principales de la contrainte sont les directions radiale et orthoradiale, les valeurs correspondantes des contraintes étant :

$$\sigma_{rr} = -q\text{Ln}(r/a) \, , \; \sigma_{\theta\theta} = \sigma_{rr} - q \tag{8.186}$$

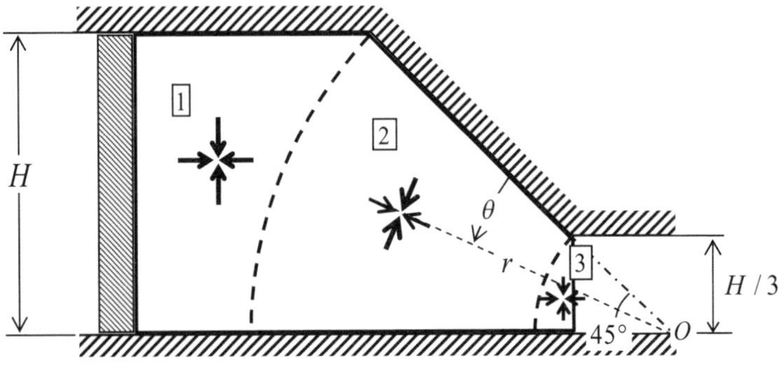

Figure 37.

où $a = H\sqrt{2}/3$ est le rayon intérieur de la couronne.

Ce champ de contrainte vérifie bien l'équation d'équilibre dans les zones 1 et 3, puisqu'il y est homogène, ainsi que dans la couronne 2, puisque :

$$\frac{\mathrm{d}\sigma_{rr}}{\mathrm{d}r} + \frac{\sigma_{rr} - \sigma_{\theta\theta}}{r} = -\frac{q}{r} + \frac{q}{r} = 0 \tag{8.187}$$

L'homogénéité et l'isotropie dans les zones 1 et 3, associées à la condition de continuité du vecteur contrainte au passage entre les zones 1 et 2, ainsi que 2 et 3, donne :

$$\underline{\underline{\sigma}} = 0 \text{ dans la zone 3 et } \underline{\underline{\sigma}} = -q\mathrm{Ln}(b/a)\,\underline{\underline{1}} = -q\mathrm{Ln}(3)\,\underline{\underline{1}} \tag{8.188}$$

de sorte que ce champ équilibre l'effort :

$$Q = qH\mathrm{Ln}(3) \tag{8.189}$$

Or, tout comme dans le première approche statique, le critère de résistance (8.182) est satisfait dans toutes les zones si et seulement si :

$$\sigma_1 - \sigma_2 = |\sigma_{rr} - \sigma_{\theta\theta}| = |q| \leq 2k \tag{8.189}$$

et, par conséquent :

$$Q^+ \geq \sup\{qH\mathrm{Ln}(3)\,;|q| \leq 2k\} = Q_2^s = 2kH\mathrm{Ln}(3) \tag{8.190}$$

améliorant ainsi la première approche statique :

$$Q^+ \geq Q_2^s = 2{,}19kH > Q_1^s = 1{,}33kH \tag{8.191}$$

10.3. Approche cinématique par l'extérieur

On considère le mécanisme « par blocs » en translation représenté sur la figure 38. L'hodographe des vitesses, tenant compte du fait que la vitesse du bloc n°1 est horizontale, égale à U, est tracé sur la figure 39.

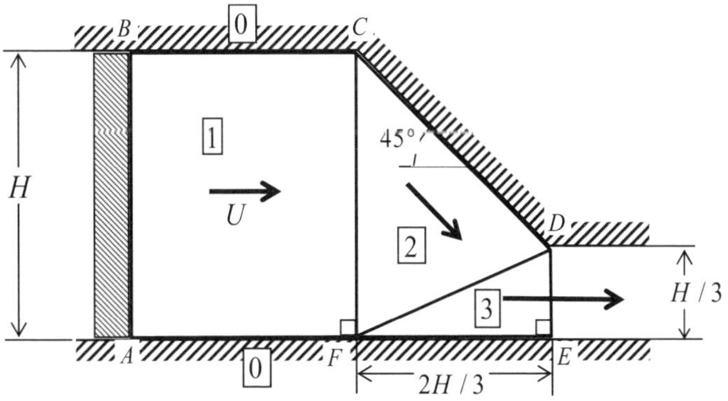

Figure 38.

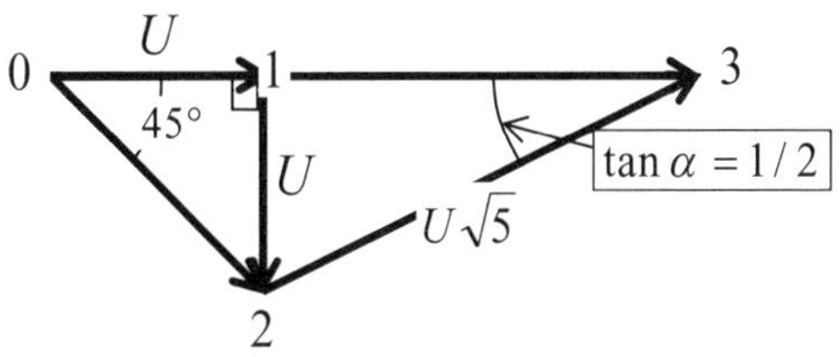

Figure 39.

Il permet notamment d'en déduire la valeur des discontinuités de vitesse entre les blocs 1 et 2, ainsi qu'entre les blocs 2 et 3, soit :

$$\left|\underline{U}^2 - \underline{U}^1\right| = U \quad \text{et} \quad \left|\underline{U}^3 - \underline{U}^2\right| = U\sqrt{5} \tag{8.192}$$

La puissance résistante maximale développée dans ce mécanisme, calculée par unité de longueur transversale au plan de la figure, s'écrit alors :

$$P_{rm}(\underline{\hat{U}}) = CF \times k \times \left|\underline{U}^2 - \underline{U}^1\right| + FD \times k \times \left|\underline{U}^3 - \underline{U}^2\right| = kHU + kH\frac{\sqrt{5}}{3}\sqrt{5}U = \frac{8}{3}kHU \tag{8.193}$$

Étant donné que la puissance des efforts extérieures dans de même mécanisme est égale à :

$$P_e(\underline{\hat{U}}) = \int_{AB} \left[\underline{\underline{\sigma}}.(-\underline{e}_x)\right] U\underline{e}_x \, \mathrm{d}y = QU \tag{8.194}$$

il en résulte que :

$$Q \leq Q^+ \;\Rightarrow\; \forall U > 0,\; QU \leq \frac{8}{3}kHU \tag{8.195}$$

d'où la majoration suivante de la force d'extrusion :

$$Q^+ \leq \frac{8}{3}kH \tag{8.196}$$

On obtient en définitive l'encadrement suivant de cette force d'extrusion :

$$2{,}19kH \leq Q^+ \leq 2{,}67kH \tag{8.197}$$

11. STABILITÉ D'UNE GALERIE SOUTERRAINE

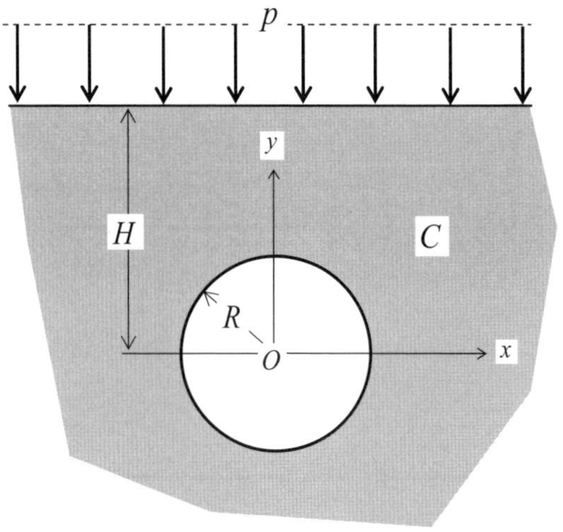

Figure 40.

Une galerie souterraine de section circulaire (rayon R) a été creusée à une profondeur $H > R$ dans un massif semi-infini constitué d'un sol purement cohérent de cohésion C (critère de Tresca). Négligeant le poids volumique du sol, la surface du massif est soumise à une charge uniforme de densité surfacique égale à p, dont on cherche à évaluer la valeur extrême p^+.

11.1. Approche statique par l'intérieur

On considère le champ de contrainte défini comme suit dans le massif, où on utilise les coordonnées polaires attachées au repère Oxy représenté sur la figure 40. Ce champ comporte deux zones, respectivement notées (I) et (II) et représentées sur la figure 41.

- Zone (I), $r \geq H, y \leq H$:

$$\underline{\underline{\sigma}} = -p\underline{\underline{1}} \tag{8.198}$$

- Zone (II), $R \leq r \leq H$:

$$\sigma_{rr} = \sigma_{zz} = -p\frac{\text{Ln}(r/R)}{\text{Ln}(H/R)}\ ,\ \sigma_{\theta\theta} = -p\frac{1+\text{Ln}(r/R)}{\text{Ln}(H/R)}\ ,\ \text{autres } \sigma_{ij} = 0 \tag{8.199}$$

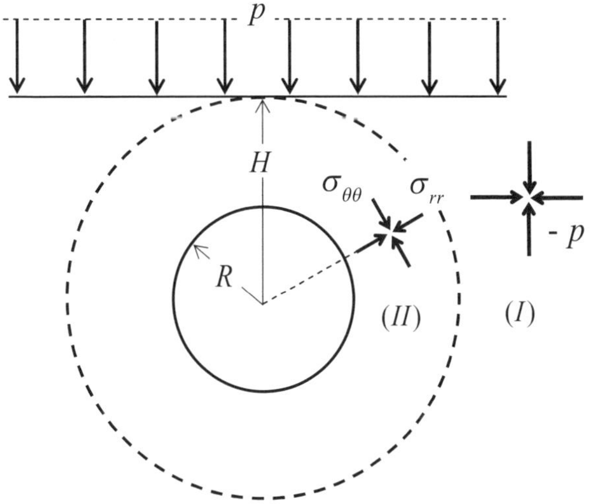

Figure 41.

On vérifie aisément que ce champ de contrainte est en équilibre avec une charge uniforme p en surface et aucun effort appliqué sur la paroi de la galerie. Il satisfait en particulier à la condition de continuité du vecteur contrainte au passage entre les zones (I) et (II), ainsi qu'à l'équation d'équilibre dans la zone (I) puisque :

$$\frac{\mathrm{d}\sigma_{rr}}{\mathrm{d}r}+\frac{\sigma_{rr}-\sigma_{\theta\theta}}{r}=-\frac{p}{r\mathrm{Ln}(H/R)}+\frac{p}{r\mathrm{Ln}(H/R)}=0 \tag{8.200}$$

L'écriture de la condition de résistance dans cette même zone s'écrit :

$$\forall r\in[R,H],\ \sigma_1-\sigma_3=\sigma_{rr}-\sigma_{\theta\theta}=\frac{p}{\mathrm{Ln}(H/R)}\leq 2C \ \Leftrightarrow\ p\leq 2C\mathrm{Ln}(H/R) \tag{8.201}$$

d'où l'obtention du minorant suivant de la valeur extrême du chargement :

$$p^{+}\geq 2C\mathrm{Ln}(H/R) \tag{8.202}$$

11.2. Approches cinématiques par l'extérieur

11.2.1. On envisage tout d'abord le mécanisme de bloc en translation représenté sur la figure 42, paramétré par l'angle α .

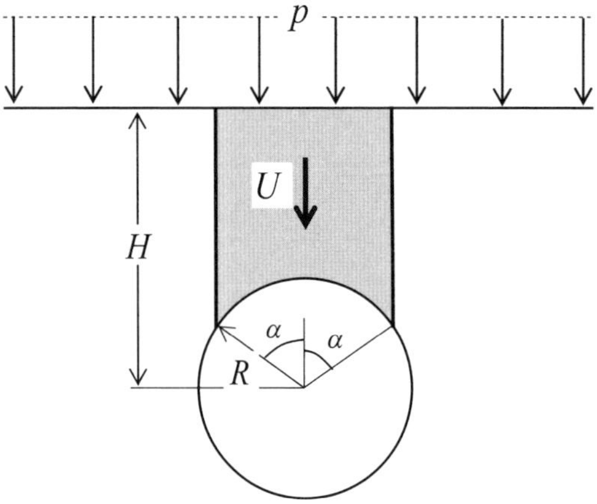

Figure 42.

La puissance virtuelle des efforts extérieurs (par unité de longueur de la galerie) vaut :

$$P_e(\underline{\hat{U}}) = 2pRU\sin\alpha \tag{8.203}$$

tandis que la puissance résistante maximale associée aux discontinuités de vitesse latérales (qui sont tangentielles et donc pertinentes pour le critère de Tresca) s'écrit :

$$P_{rm}(\underline{\hat{U}}) = 2CU(H - R\cos\alpha) \tag{8.204}$$

On en déduit la majoration suivante de la charge extrême :

$$p^+ \leq C\frac{H - R\cos\alpha}{R\sin\alpha} \tag{8.205}$$

dont l'optimum, obtenu pour $\cos\alpha = R/H$, est finalement :

$$p^+ \leq p_1^c = C\sqrt{(H/R)^2 - 1} \tag{8.206}$$

11.2.2. On considère le mécanisme formé de trois blocs en translation représenté sur la figure 44 et paramétré par l'angle β.

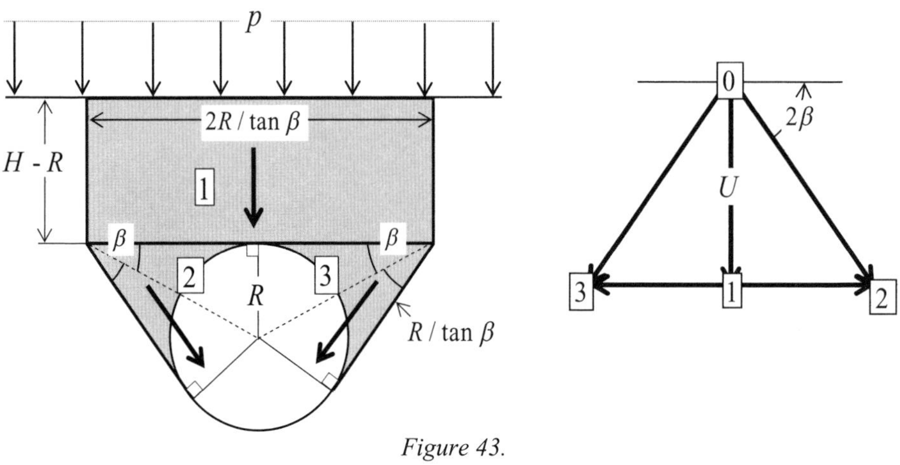

Figure 43.

Le calcul de la puissance virtuelle des efforts extérieurs donne :

$$P_e(\hat{\underline{U}}) = 2pRU / \tan\alpha \tag{8.207}$$

tandis que la puissance résistante maximale relative aux discontinuités de vitesse entre les différents blocs, calculées à partir de l'hodographe des vitesses (figure 43), s'écrit :

$$P_{rm}(\hat{\underline{U}}) = 2CU\left[\frac{R}{\tan\beta.\sin 2\beta} + \frac{R}{\tan\beta.\tan 2\beta} + H - R\right] \tag{8.208}$$

d'où la majoration correspondante du chargement extrême :

$$p^+ \leq C\left[\left(\frac{H}{R} - 1\right)\tan\beta + \frac{1}{\tan\beta}\right] \tag{8.209}$$

La valeur minimale de ce majorant étant atteinte pour $\tan\beta = 1/\sqrt{H/R-1}$, il vient finalement :

$$p^+ \leq p_2^c = 2C\sqrt{\frac{H}{R} - 1} \tag{8.210}$$

La figure 44 ci-dessous montre trois courbes donnant la variation en fonction de la profondeur relative *H*/*R* du minorant statique et des deux majorants cinématiques. On observe en particulier que pour des profondeurs relativement faibles (*H*/*R* < 3) le premier mécanisme à un seul bloc donne une meilleure évaluation de la stabilité du tunnel que le second, la situation s'inversant pour des tunnels situés à plus grande profondeur. À titre d'exemple pour *H*/*R* = 3, on obtient l'encadrement suivant :

$$2{,}197 \leq p^+ / C \leq 2{,}828 \tag{8.211}$$

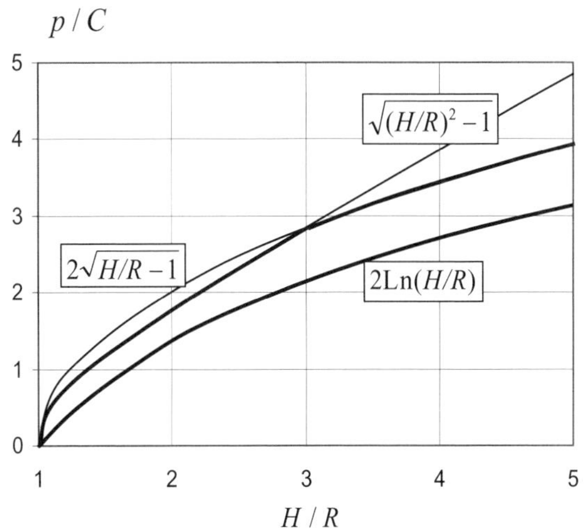

Figure 44.

12. VITESSE LIMITE D'UN ANNEAU EN ROTATION

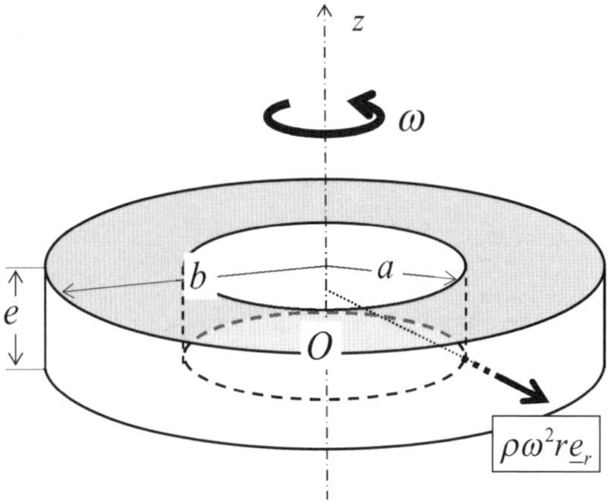

Figure 45.

Un solide ayant la forme d'un anneau cylindrique circulaire de rayons intérieur a et extérieur b, et d'épaisseur e (figure 45), est animé, dans le référentiel galiléen de l'observateur, d'un mouvement de rotation de vitesse ω_autour de son axe Oz. Les bords intérieur et extérieur de l'anneau, ainsi que ses faces inférieure (z = 0) et supérieure ($z = e$) sont libres d'efforts. Le matériau constitutif de l'anneau obéissant à un critère de résistance de Tresca caractérisé par la résistance en traction simple égale à σ_0, on se propose de calculer la vitesse limite ω^+ qui provoque la rupture de l'anneau. Se plaçant dans le référentiel tournant lié au mouvement de l'anneau, un tel problème peut être formulé comme un problème de calcul à la rupture pour lequel les forces extérieures sont définies par le champ de forces volumiques radiales :

$$\rho \underline{F} = \rho \omega^2 r \underline{e}_r \tag{8.212}$$

où ρ est la masse volumique du matériau constitutif.

12.1. Approche statique par l'intérieur

Cette approche est mise en œuvre à l'aide de champs de contrainte plane de la forme :

$$\underline{\underline{\sigma}} = \sigma_{rr}(r)\, \underline{e}_r \otimes \underline{e}_r + A\, \underline{e}_\theta \otimes \underline{e}_\theta \ , \quad A = \text{cte} \tag{8.213}$$

l'équation d'équilibre, avec les forces de volume (8.212), se réduisant alors à :

$$\frac{\mathrm{d}\sigma_{rr}}{\mathrm{d}r} + \frac{\sigma_{rr} - A}{r} + \rho\omega^2 r = 0 \tag{8.214}$$

d'où, par intégration :

$$\sigma_{rr} = A - \rho \frac{\omega^3 r^2}{3} + \frac{B}{r} \tag{8.215}$$

Tenant compte des conditions aux limites de bords intérieur et extérieur libres de contrainte, il vient :

$$\sigma_{rr}(r=a)=\sigma_{rr}(r=b)=0 \Rightarrow \quad A=\frac{\rho\omega^2}{3}(a^2+b^2+ab)\ ,\ B=-\frac{\rho\omega^2}{3}ab\,(a+b) \tag{8.216}$$

et par conséquent :

$$\sigma_1-\sigma_{\theta\theta}\geq\sigma_2-\sigma_{rr}\geq\sigma_3-\sigma_{zz}-0 \tag{8.217}$$

On en déduit qu'un tel champ vérifie en tout point le l'anneau le critère de résistance de Tresca si et seulement si :

$$\omega\leq\omega^s=\sqrt{\frac{3\sigma_0}{\rho(a^2+b^2+ab)}} \tag{8.218}$$

cette valeur correspondant donc à un *minorant* de la vitesse limite de l'anneau :

$$\omega^+\geq\omega^s=\sqrt{\frac{3\sigma_0}{\rho(a^2+b^2+ab)}} \tag{8.219}$$

12.2. Approches cinématiques par l'extérieur

12.2.1. On utilise tout d'abord un champ de vitesse virtuel purement radial de la forme :

$$\underline{\hat{U}}=\frac{\hat{\alpha}}{r}\underline{e}_r \quad \text{avec} \quad \hat{\alpha}>0 \tag{8.220}$$

auquel est associé le champ des taux de déformation :

$$\underline{\underline{\hat{d}}}=-\frac{\hat{\alpha}}{r^2}\underline{e}_r\otimes\underline{e}_r+\frac{\hat{\alpha}}{r^2}\underline{e}_\theta\otimes\underline{e}_\theta \tag{8.221}$$

qui vérifie donc bien la condition de pertinence $\mathrm{tr}(\underline{\underline{\hat{d}}})=0$.

La puissance des efforts extérieurs dans un tel champ de vitesse s'écrit :

$$P_e\left(\underline{\hat{U}}\right)=2\pi e\int_{r=a}^{r=b}\rho\omega^2 r\left(\frac{\hat{\alpha}}{r}\right)r\mathrm{d}r=\pi e\rho\omega^2\hat{\alpha}(b^2-a^2) \tag{8.222}$$

tandis que la puissance résistante maximale vaut :

$$P_{rm}\left(\underline{\hat{U}}\right)=\int_\Omega\pi\left(\underline{\underline{\hat{d}}}\right)\mathrm{d}\Omega=2\pi e\int_{r=a}^{r=b}(\sigma_0/2)(2\hat{\alpha}/r^2)r\mathrm{d}r=\pi e\sigma_0\hat{\alpha}\ \mathrm{Ln}\left(\frac{b}{a}\right) \tag{8.223}$$

L'application de l'approche cinématique par l'extérieur conduit alors à la *majoration* suivante :

$$\omega^+\leq\omega_1^c=\sqrt{2\frac{\sigma_0}{\rho}\frac{\mathrm{Ln}(b/a)}{b^2-a^2}} \tag{8.224}$$

12.2.2. On se propose d'améliorer l'approche précédente en considérant un champ de vitesse de la forme :

$$\underline{\hat{U}}=\hat{\alpha}\left(\underline{e}_r-\frac{z-e/2}{r}\underline{e}_z\right) \quad \text{avec} \quad \hat{\alpha}>0 \tag{8.225}$$

le champ des taux de déformation étant :

$$\underline{\underline{\hat{d}}}=\frac{\hat{\alpha}}{r}(\underline{e}_\theta\otimes\underline{e}_\theta-\underline{e}_z\otimes\underline{e}_z)+\frac{\hat{\alpha}(z-e/2)}{2r^2}(\underline{e}_r\otimes\underline{e}_z+\underline{e}_z\otimes\underline{e}_r) \tag{8.226}$$

qui satisfait à la condition de pertinence $\mathrm{tr}(\underline{\underline{\hat{d}}})=0$.

La puissance des efforts extérieurs s'écrit :

$$P_e\left(\underline{\hat{U}}\right)=2\pi e\int_{r=a}^{r=b}(\rho\omega^2 r)\,\hat{\alpha}\;r\mathrm{d}r=2\pi e\rho\omega^2\hat{\alpha}\,(b^3-a^3)/3 \tag{8.227}$$

et la puissance résistante maximale vaut :

$$P_{rm}\left(\underline{\hat{U}}\right)=\int_{\Omega}\pi\left(\underline{\underline{\hat{d}}}\right)\mathrm{d}\Omega=\int_{\Omega}(\sigma_0/2)\left(\left|\hat{d}_1\right|+\left|\hat{d}_2\right|+\left|\hat{d}_3\right|\right)\mathrm{d}\Omega \tag{8.228}$$

où, compte tenu de (8.226), les valeurs principales du taux de déformation sont :

$$\hat{d}_1=\hat{d}_{\theta\theta}=\frac{\hat{\alpha}}{r}\quad,\qquad \left.\begin{matrix}\hat{d}_2\\ \\ \hat{d}_3\end{matrix}\right]=-\frac{\hat{\alpha}}{2r}\left[1\pm\sqrt{1+\left(\frac{z-e/2}{r}\right)^2}\right] \tag{8.229}$$

d'où :

$$\pi\left(\underline{\underline{\hat{d}}}\right)=(\sigma_0/2)\left(\left|\hat{d}_1\right|+\left|\hat{d}_2\right|+\left|\hat{d}_3\right|\right)=\frac{\sigma_0}{2}\frac{\hat{\alpha}}{r}\left[1+\sqrt{1+\left(\frac{z-e/2}{r}\right)^2}\right]\leq\sigma_0\frac{\hat{\alpha}}{r}\left[1+\left(\frac{z-e/2}{2r}\right)^2\right] \tag{8.230}$$

Il vient alors :

$$\begin{aligned}P_{rm}\left(\underline{\hat{U}}\right)&\leq 2\pi e\sigma_0\hat{\alpha}(b-a)+2\pi\sigma_0\hat{\alpha}\left(\int_{z=0}^{e}(z-e/2)^2\mathrm{d}z\right)\left(\int_{r=a}^{b}\frac{\mathrm{d}r}{4r^2}\right)\\&=2\pi e\sigma_0\hat{\alpha}(b-a)\left[1+\frac{e^2}{48ab}\right]\end{aligned} \tag{8.231}$$

D'où finalement la majoration suivante de la vitesse limite de rotation :

$$\omega^+\leq\omega_2^c=\sqrt{\frac{3\sigma_0}{\rho(a^2+b^2+ab)}}\sqrt{1+\frac{e^2}{48ab}}=\omega^s\sqrt{1+\frac{(e/a)^2}{48\lambda}} \tag{8.232}$$

12.3. Encadrement de la vitesse limite de rotation

Posant $\lambda=b/a$,l'écart relatif entre la premier majorant cinématique et le minorant statique s'écrit :

$$\Delta_1=\frac{\omega_1^c-\omega^s}{\omega^s}=\sqrt{\frac{2(1+\lambda+\lambda^2)\mathrm{Ln}\lambda}{3(\lambda^2-1)}}-1 \tag{8.233}$$

tandis que celui entre le second majorant et ce même minorant vaut :

$$\Delta_2=\frac{\omega_2^c-\omega^s}{\omega^s}=\sqrt{1+\frac{(e/a)^2}{48\lambda}}-1 \tag{8.234}$$

La figure 46 montre la variation de ces écarts relatifs en fonction du seul paramètre λ pour Δ_1 et en fonction de λ et de l'épaisseur relative de l'anneau *e*/*a* pour Δ_2. On observe que, hormis pour des valeurs élevées de l'épaisseur relative (*e*/*a* de l'ordre de l'unité) et des valeurs faibles du rapport des rayons externe et interne ($\lambda>1{,}5$), le meilleur majorant est fourni par la seconde approche cinématique. En tout état de cause, la combinaison des deux approches fournit une évaluation de la vitesse de rotation limite avec une précision inférieure à 1 %.

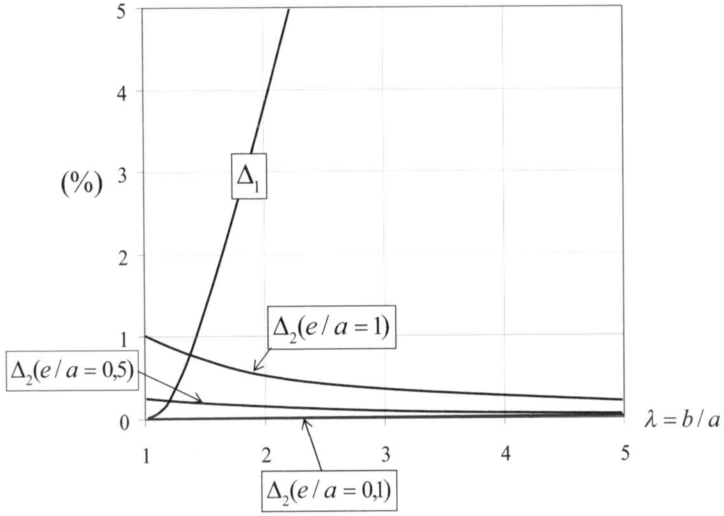

Figure 46.

13. CAPACITÉ PORTANTE D'UN SOL AVEC PRISE EN COMPTE DE LA RÉSISTANCE DE LA DALLE DE FONDATION

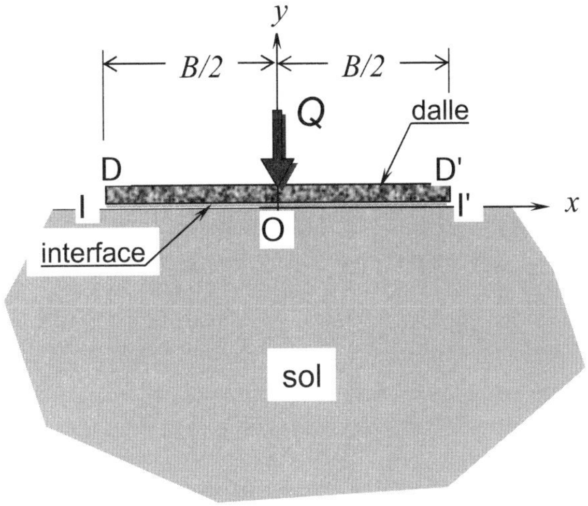

Figure 47.

Une charge verticale de densité linéique constante $-Q\underline{e}_y$, $Q \geq 0$, est appliquée le long de l'axe de symétrie Oz d'une dalle de largeur B et de longueur pouvant être considérée comme infinie dans la direction Oz. Cette dalle repose sur un massif de sol occupant le demi espace $y<0$. Le système étudié dans le cadre de la théorie du calcul à la rupture est formé de **l'ensemble [*dalle + massif de sol + interface*]**. On se place dans le formalisme du calcul à la rupture en *déformations planes* parallèlement au plan Oxy de la figure 47. Dans ce cadre, les différents éléments du système sont modélisés de la manière suivante.

- ***Massif*** : milieu continu homogène, *non pesant*, obéissant au *critère de résistance de Tresca* de cohésion égale à C.
- ***Dalle*** : modélisée dans le plan de la figure comme une poutre DD' de longueur B, dont le moment limite en flexions positive et négative est égal à m (m a la dimension d'un moment par unité de longueur selon Oz).
- L'***interface*** de contact entre la dalle est le sol est représentée par le segment II' de même longueur B que la largeur de la dalle. Cette interface est supposée *parfaitement lisse sans résistance à la traction*, c'est-à-dire que les seuls vecteurs contrainte admissibles s'appliquant en un point quelconque de cette interface (de normale $\underline{e}_y$), sont de la forme $\underline{T}(\underline{e}_y) = \sigma \underline{e}_y$, avec $\sigma \leq 0$ (compression).

On se propose alors d'évaluer la charge extrême, notée Q^+, du système ainsi modélisé.

13.1. Généralités

Désignant par $\underline{\underline{\sigma}}(x,y)$, $y<0$, un *champ de contrainte* dans le massif de sol, $M(x)$, $-B/2 \leq x \leq B/2$, une *distribution de moments fléchissants* dans la dalle DD', et par $\underline{T}(\underline{e}_y;x)$, $-B/2 \leq x \leq B/2$, une *répartition de vecteurs contrainte* le long de l'interface II', l'ensemble $\{\underline{\underline{\sigma}}, M, \underline{T}(\underline{e}_y)\}$ est *statiquement admissible* (S.A.) avec une valeur donnée Q du chargement, si et seulement si toutes les conditions suivantes sont satisfaites :

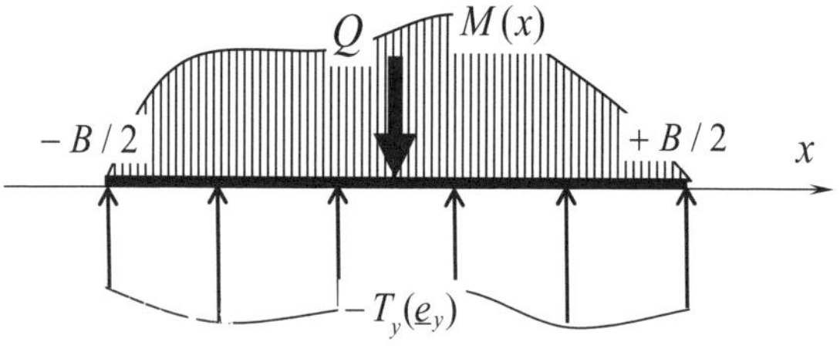

Figure 48.

$$y<0 : \operatorname{div}\underline{\underline{\sigma}}(x,y) = 0 \text{ ou } [\underline{\underline{\sigma}}].\underline{n} = 0 \tag{8.235a}$$

$$\underline{\underline{\sigma}}(|x| > B/2, y=0) = 0 \tag{8.235b}$$

$$\underline{T}(\underline{e}_y\,;y) = \underline{\underline{\sigma}}(|x| < B/2, y=0) \tag{8.235c}$$

ainsi que, en exprimant l'équilibre de la poutre II' soumise à la charge verticale et aux actions exercées par le sol (figure 48) :

$$\int_{-B/2}^{+B/2} -T_x(\underline{e}_y;x) = 0 \quad , \quad -Q + \int_{-B/2}^{+B/2} -T_y(\underline{e}_y;x) = 0 \tag{8.235d}$$

ainsi que :

$$M(x)=\begin{cases}\displaystyle\int_x^{B/2}-(B/2-\xi)T_y(\underline{e}_y;\xi)\,\mathrm{d}\xi \ , & 0\leq x\leq B/2\\ \displaystyle -Qx+\int_x^{B/2}-(B/2-\xi)T_y(\underline{e}_y;\xi)\,\mathrm{d}\xi \ , & -B/2\leq x\leq 0\end{cases}\quad \text{avec } M(x=-B/2)=0$$

(8.235*e*)

Dans ces conditions, la définition de la valeur du chargement extrême Q^+ est :

$$0\leq Q\leq Q^+ \Leftrightarrow \begin{cases}\exists\{\underline{\underline{\sigma}},M,\underline{T}(\underline{e}_y)\}\ S.A.\ \text{avec } Q\geq 0 \quad \text{tel que}\\ (\sigma_1-\sigma_3)(x,y<0)\leq 2C,\\ T_x(\underline{e}_y,x)=0\,,\ T_y(\underline{e}_y,x)\leq 0\\ |M(x)|\leq m\end{cases} \tag{8.236}$$

13.2. Approche statique par l'intérieur

On rappelle que dans le cas où la dalle est *infiniment résistante* $(m\rightarrow\infty)$, la charge extrême est égale à $Q^+_\infty=(\pi+2)CB$. Cette valeur est obtenue par l'approche statique par l'intérieur à l'aide d'un champ de contrainte, noté $\underline{\underline{\sigma}}^+$, qui respecte en tout point le critère de résistance du sol, et dont les composantes en tout point de la surface du massif situé sous la dalle de fondation sont :

$$|x|\leq B/2\ ,\ y=0:\ \sigma^+_{xx}=-\pi C\,,\ \sigma^+_{yy}=-(\pi+2)C\,,\ \sigma^+_{xy}=0 \tag{8.237}$$

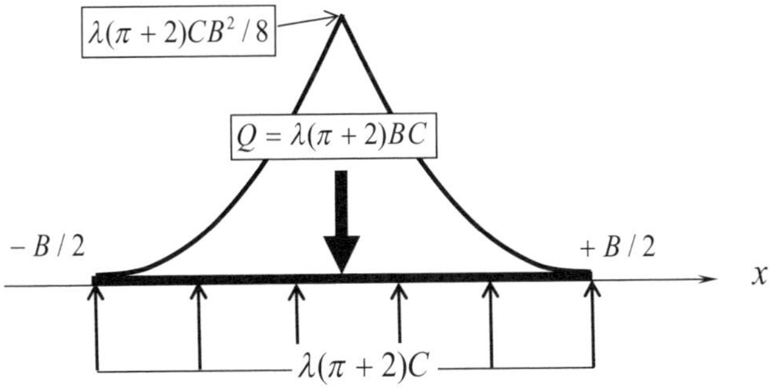

Figure 49.

On considère alors le champ de contrainte $\lambda\underline{\underline{\sigma}}^+$ dans le massif de sol. La distribution d'efforts exercés par ce champ sur la dalle est :

$$-\underline{T}(\underline{e}_y,x)=-\lambda\underline{\underline{\sigma}}^+(x,y=0).\,\underline{e}_y=\lambda(\pi+2)C\underline{e}_y \tag{8.238}$$

de sorte que l'équilibre en résultante verticale de la dalle donne immédiatement $Q=\lambda(\pi+2)CB$, tandis que la distribution de moments fléchissants s'écrit (figure 49) :

$$M(x)=1/2\lambda(\pi+2)\left(B/2-|x|\right)^2 \tag{8.239}$$

Le critère de résistance est respecté :
– en tout point du massif tant que $\lambda \leq 1$;
– dans la semelle tant que $M(x=0) = \lambda(\pi+2)CB^2/8 \leq m$, soit $\lambda \leq 8m/(\pi+2)CB^2$;
– en tout point de l'interface sol-fondation si $\lambda \geq 0$.

Par suite :

$$0 \leq \lambda \leq \mathrm{Min}\left\{1\,;\frac{8m}{(\pi+2)CB^2}\right\} \Rightarrow Q = \lambda(\pi+2)CB \leq Q^+ \tag{8.240}$$

d'où l'obtention d'un *minorant* de la charge extrême :

$$Q^+ \geq \mathrm{Min}\left\{(\pi+2)CB\,;8\frac{m}{B}\right\} \tag{8.241}$$

13.3. Approche cinématique par l'extérieur

On recherche maintenant une majoration du chargement extrême Q^+ à l'aide de l'approche cinématique du calcul à la rupture. On considère pour cela le mécanisme de ruine, symétrique par rapport à l'axe *Oy*, représenté sur la figure 50. *OP* et *OP'* sont des arcs de cercle de rayon *R* et d'ouverture 2α, centrés respectivement en Ω et Ω', délimitant deux « lentilles » de sol en rotation de vitesses $\pm\hat{\omega}$ autour des centres. Le mouvement virtuel de la dalle est un *mécanisme de poutre* avec rotule localisée en *O*, la partie droite (resp. gauche) de la dalle étant animée d'une rotation de vitesse $+\hat{\omega}$ (resp. $-\hat{\omega}$) autour du point *H* (resp. *H'*).

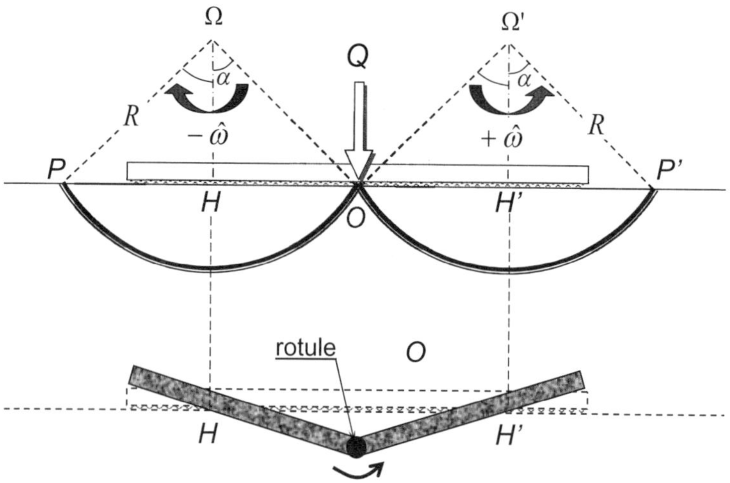

Figure 50.

Se limitant à la partie droite de l'interface ($x \geq 0$), l'expression de la vitesse d'un P^+ de la semelle est (figure 51) :

$$\underline{\hat{U}}(P^+) = \hat{\omega}\underline{e}_z \wedge \underline{H'P^+} \tag{8.242}$$

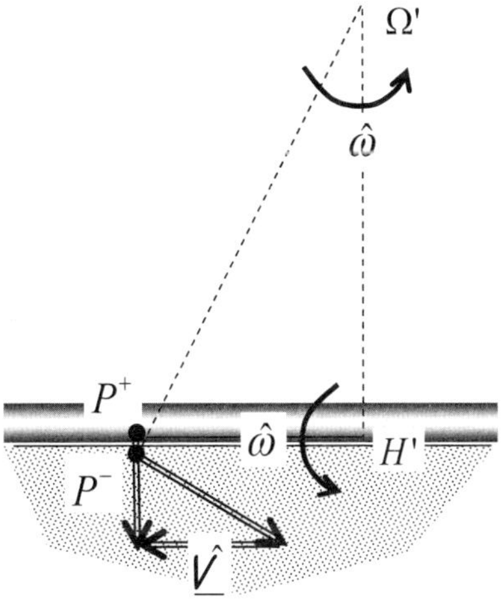

Figure 51.

tandis que celle du point contigu P^- appartenant à la surface du massif s'écrit :

$$\underline{\hat{U}}(P^-) = \hat{\omega}\underline{e}_z \wedge \underline{\Omega' P^-} \tag{8.243}$$

La discontinuité de vitesse à l'interface vaut alors :

$$\underline{\hat{V}}(x) = \underline{\hat{U}}(P^+) - \underline{\hat{U}}(P^-) = \hat{\omega}\underline{e}_z \wedge \underline{H'\Omega'} = -\hat{\omega}\cos\alpha \, R\underline{e}_x \tag{8.244}$$

c'est-à-dire qu'elle est *tangentielle à l'interface*. Dans le cas d'un point de dalle en contact avec une partie immobile du massif (les points P^+ et P^- sont situés à droite du point P'), cette même discontinuité de vitesse vaut :

$$\underline{\hat{V}}(x) = \underline{\hat{U}}(P^+) - \underbrace{\underline{\hat{U}}(P^-)}_{=0} = \hat{\omega}\underline{e}_z \wedge \underline{H'P^+} = \hat{\omega}\underbrace{(x - R\sin\alpha)}_{\geq 0}\underline{e}_y \tag{8.245}$$

Le calcul de la fonction π relative à l'interface sol-fondation donne alors :

$$\pi(\underline{\hat{V}}) = \sup\left\{\sigma \hat{V}_y \,;\, \sigma \leq 0\right\} = 0 \tag{8.246}$$

puisque, d'après (8.245)., la composante normale de la discontinuité de vitesse est toujours positive ou nulle. Les contributions des différentes parties du système dans le mécanisme considéré sont :

– interface :

$$P_{rm}^{\text{int.}}(\underline{\hat{U}}) = \int_{-B/2}^{+B/2} \pi(\underline{\hat{V}})\, \mathrm{d}x = 0 \tag{8.247}$$

– massif de sol :

$$P_{rm}^{\text{sol}}(\underline{\hat{U}}) = 4\alpha|\hat{\omega}|CR^2 \tag{8.248}$$

– semelle :

$$P_{rm}^{\text{sem.}}(\underline{\hat{U}}) = 2m|\hat{\omega}| \tag{8.249}$$

La puissance virtuelle des efforts extérieurs dans ce même mécanisme étant égale à :

$$\underline{Q}.\underline{\dot{q}}(\underline{\hat{U}}) = Q\hat{\omega}R\sin\alpha \tag{8.250}$$

l'approche cinématique du calcul à la rupture conduit à la majoration suivante lorsque $\hat{\omega} > 0$:

$$Q^+ \leq 4CR\frac{\alpha}{\sin\alpha} + \frac{2m}{R\sin\alpha} = f(R,\alpha) \tag{8.251}$$

Le minimum de cette fonction par rapport à R est obtenu pour $R^*(\alpha) = \sqrt{\dfrac{m}{2\alpha C}}$, d'où :

$$Q^+ \leq \underset{\alpha}{\mathrm{Min}}\left\{ f(R^*(\alpha),\alpha) = 4\frac{\sqrt{2\alpha mC}}{\sin\alpha} \right\} = f(R^*(\alpha^*),\alpha^*) \tag{8.252}$$

où $\tan\alpha^* = 2\alpha^*$, soit $\alpha^* \cong 67°$, et donc finalement :

$$Q^+ \leq 6{,}65\sqrt{mC} \tag{8.253}$$

Tenant compte du fait que le mécanisme de Prandtl conduit par ailleurs toujours à la majoration classique $Q^+ \leq (\pi+2)CB$ (voir chapitre VIII, section 6), on obtient en définitive :

$$Q^+ \leq \mathrm{Min}\left\{(\pi+2)CB\,;6{,}65\sqrt{mC}\right\} \tag{8.254}$$

13.4. Récapitulatif des résultats (figure 52)

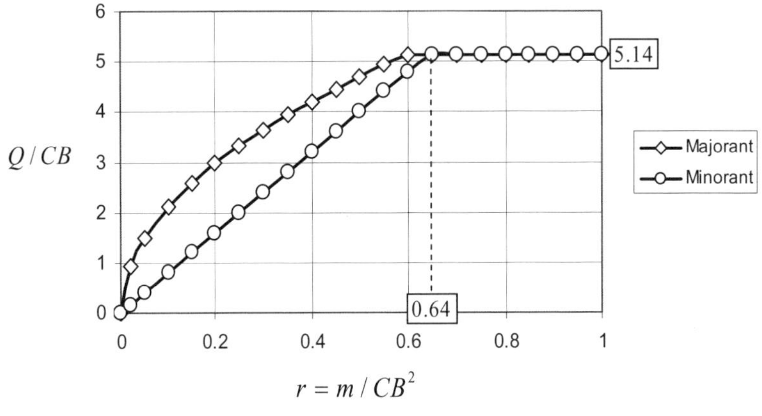

Figure 52.

14. ÉVALUATIONS DE LA CHARGE DE RUINE DE DALLES MINCES PAR LA MÉTHODE CINÉMATIQUE

14.1. Dalle rectangulaire

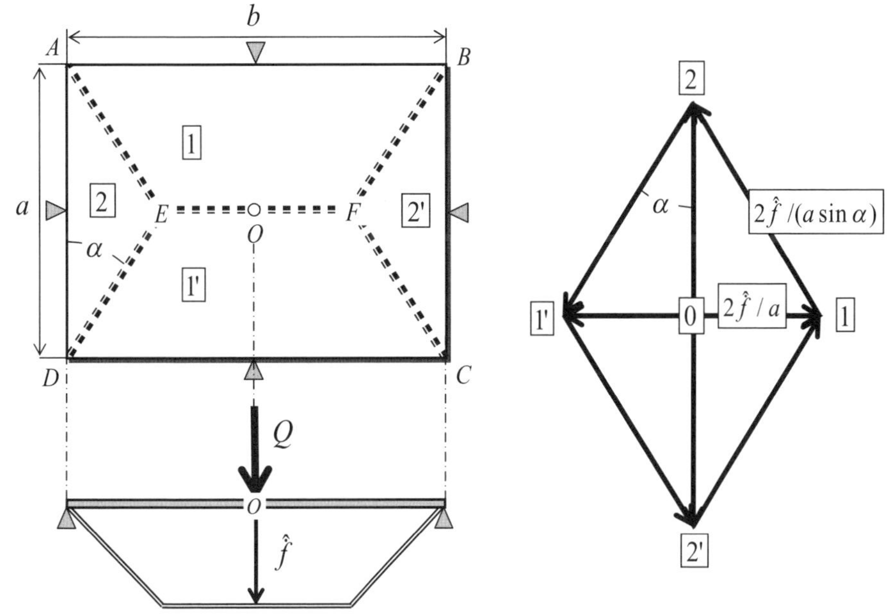

Figure 53.

Une dalle mince rectangulaire de longueur b et largeur a, en appui simple sur ses bords est soumise à une charge concentrée verticale d'intensité Q, comptée positivement vers le bas (figure 53). Le critère de résistance de la dalle est celui de Johansen de moment limite m (resp. m') en flexion positive (resp. négative). On se propose d'évaluer la charge de ruine de cette dalle, notée Q^+, en utilisant le mécanisme, paramétrée par l'angle α dont les charnières sont représentées sur la figure 53. Désignant par $\hat{f}$ la vitesse de flèche, comptée positivement vers le bas, du point d'application O de la charge, la puissance virtuelle des efforts extérieurs s'écrit :

$$P_e(\hat{w}) = Q\,\hat{f} \tag{8.255}$$

Les différentes charnières étant *positives*, la puissance résistante maximale vaut :

$$P_{rm}(\hat{w}) = m\left[AE \times \hat{\theta}_{12} + DE \times \hat{\theta}_{21'} + FB \times \hat{\theta}_{2'1} + FC \times \hat{\theta}_{1'2'} + EF \times \hat{\theta}_{1'1}\right] \tag{8.256}$$

avec :

$$AE = DE = FB = FC = a/(2\cos\alpha)\ , \quad EF = b - a\tan\alpha \tag{8.257}$$

ainsi que (voir cinème de la figure 53) :

$$\hat{\theta}_{12} = \hat{\theta}_{21'} = \hat{\theta}_{2'1} = \hat{\theta}_{1'2'} = 2\frac{\hat{\dot{f}}}{a \sin\alpha} \quad , \quad \hat{\theta}_{1'1} = 4\frac{\hat{\dot{f}}}{a} \tag{8.258}$$

d'où :

$$P_{rm}(\hat{w}) = 4m\hat{\dot{f}}\left[(b/a - \tan\alpha) + \frac{1}{\sin\alpha\cos\alpha}\right] = 4m\hat{\dot{f}}\left[\frac{b}{a} + \frac{1}{\tan\alpha}\right] \tag{8.259}$$

L'application de l'approche cinématique conduit alors immédiatement à la majoration suivante de la charge de ruine :

$$\forall\alpha \; ; \; 0 < \tan\alpha \leq b/a \quad , \quad Q^+ \leq 4m\left[\frac{b}{a} + \frac{1}{\tan\alpha}\right] \tag{8.260}$$

la meilleur majorant étant obtenu pour $\tan\alpha = b/a$, soit :

$$Q^+ \leq 4m\left[\frac{a^2+b^2}{ab}\right] \tag{8.261}$$

Dans le cas où la dalle est *encastrée sur ses bords*, il convient d'ajouter aux cinq charnières positives précédentes les *quatre charnières négatives* localisées sur ses bords (figure 54). La puissance résistante maximale devient alors :

$$P_{rm}(\hat{w}) = 4m\hat{\dot{f}}\left[b/a + \frac{1}{\tan\alpha}\right] + 4m'\hat{\dot{f}}\left[b/a + \frac{1}{\tan\alpha}\right] \tag{8.262}$$

d'où la majoration correspondante :

$$\forall\alpha \; ; \; 0 < \tan\alpha \leq b/a \quad , \quad Q^+ \leq 4(m+m')\left[\frac{b}{a} + \frac{1}{\tan\alpha}\right] \tag{8.263}$$

dont l'optimum (minimum) est encore obtenu pour $\tan\alpha = b/a$:

$$Q^+ \leq 4(m+m')\left[\frac{a^2+b^2}{ab}\right] \tag{8.264}$$

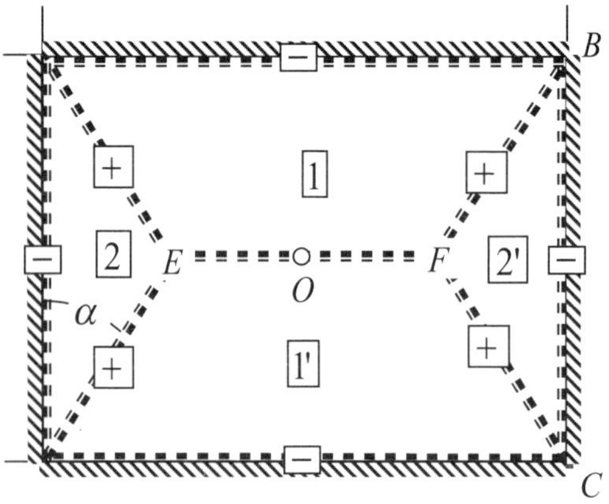

Figure 54.

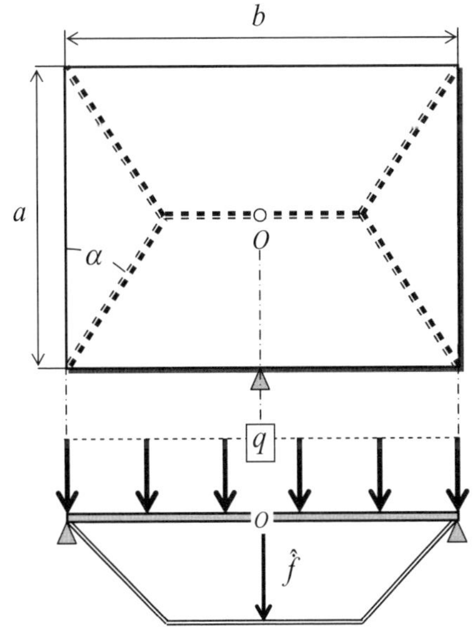

Figure 55.

Dans le cas où le chargement de la dalle est une *distribution uniforme d'intensité q* (figure 55), la puissance virtuelle des efforts extérieurs devient :

$$P_e(\hat{w}) = q\int_S(-\hat{w})\,\mathrm{d}S = q\left[\frac{\hat{f}}{3}a^2\tan\alpha + \frac{\hat{f}}{2}(ab - a^2\tan\alpha)\right] = q\hat{f}\,\frac{a^2}{6}\left[3\frac{b}{a} - \tan\alpha\right] \quad (8.265)$$

et donc dans le cas d'une dalle encastrée sur ses bords, pour laquelle la puissance résistante maximale est donnée par (8.262), on aboutit à la majoration suivante :

$$0 < \tan\alpha \leq b/a: \quad q^+ \leq \frac{24(m+m')}{a^2}\frac{(b/a + 1/\tan\alpha)}{(3b/a - \tan\alpha)} \quad (8.266)$$

dont le minimum est obtenu pour :

$$\tan\alpha = \sqrt{(a/b)^2 + 3} - (a/b) \leq b/a \quad (8.267)$$

soit :

$$q^+ \leq q^c(b/a) = \frac{24(m+m')}{a^2}\frac{1}{\left(\sqrt{(a/b)^2+3} - (a/b)\right)^2} \quad (8.268)$$

Dans le cas d'une dalle carrée ($a/b=1$), ce majorant devient :

$$q^+ \leq q^c(1) = \frac{24(m+m')}{a^2} \quad (8.269)$$

tandis que dans la cas d'une dalle infiniment longue ($b/a \to \infty$) :

$$q^+ \leq q^c(\infty) = \frac{8(m+m')}{a^2} \quad (8.270)$$

14.2. Dalle carrée en appui ponctuel

On examine maintenant le cas où la dalle, de section carrée, est en appui simple sur ses deux bords AB et AD, et en appui *ponctuel* en C (figure 56). Elle est soumise à un effort concentré vertical d'intensité Q, appliqué en son centre O.

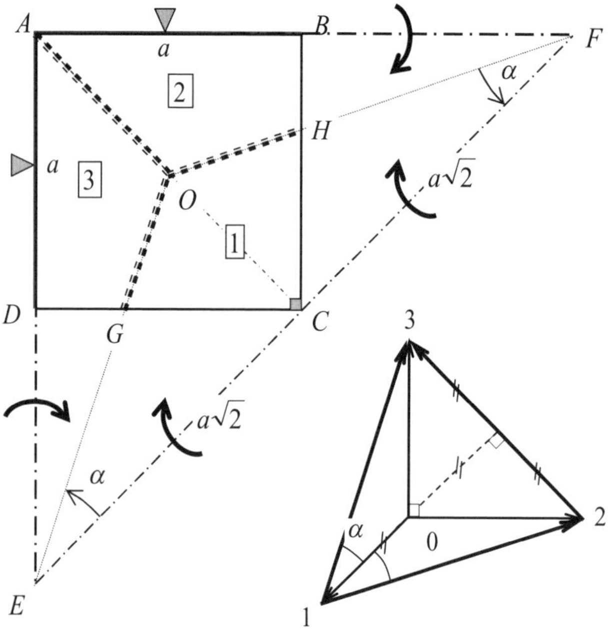

Figure 56.

On examine alors le mécanisme de ruine dans lequel les morceaux de dalle n°s 2 et 3 sont respectivement animés de mouvement de rotation autour des bords AD et AB et séparés par la charnière OA. Le morceau de dalle n° 1 subit également une rotation dont l'axe EF parallèle à la diagonale DB passe nécessairement par le point fixe C. Le prolongement de la charnière OG (resp. OH) séparant les morceaux 1 et 3 (resp. 1 et 2) passe alors par le point E (resp. par le point F), puisqu'elle est le lieu des points où les morceaux n°s 1 et 3 (resp. 1 et 2) sont animés de la même vitesse de flèche. Le cinème correspondant est tracé sur la même figure, avec $\tan\alpha = 1/2$. Il permet de constater que les trois charnières sont positives, et d'établir les relations suivantes entre les discontinuités de vitesse de rotation entre les différents morceaux de dalle, et la rotation du morceau n° 1 :

$$\left|\hat{\theta}_{12}\right| = \sqrt{5}\left|\hat{\theta}_{01}\right| \ , \quad \left|\hat{\theta}_{23}\right| = 2\left|\hat{\theta}_{01}\right| \tag{8.271}$$

On a donc :

$$P_{rm}(\hat{w}) = m\left[OA \times \left|\hat{\theta}_{23}\right| + 2OH \times \left|\hat{\theta}_{12}\right|\right] = 2m\left|\hat{\theta}_{01}\right|\left[OA + \sqrt{5}OH\right] \tag{8.272}$$

avec :

$$OA = a/\sqrt{2} \quad \text{et} \quad \frac{OH}{\sin(\pi/4)} = \frac{a/\sqrt{2}}{\sin(\pi/4+\alpha)} \Rightarrow OH = a\frac{\sqrt{5/2}}{3} \tag{8.273}$$

d'où :

$$P_{rm}(\hat{w}) = a\frac{8\sqrt{2}}{3}m\left|\hat{\dot{\theta}}_{01}\right| \tag{8.274}$$

La puissance virtuelle des efforts extérieurs étant par ailleurs égale à :

$$P_e(\hat{w}) = Q\frac{a}{\sqrt{2}}\hat{\dot{\theta}}_{12} \tag{8.274}$$

il vient alors, en prenant $\hat{\dot{\theta}}_{12} > 0$:

$$Q^+ \leq \frac{16m}{3} \tag{8.275}$$

Remarque : le majorant précédent est indépendant de la dimension a de la dalle, ce qui est conforme à l'analyse dimensionnelle de ce problème, puisque m à la dimension d'un moment par unité de longueur, c'est-à-dire d'une force.

14.3. Dalle triangulaire en appui unilatéral

Une dalle ayant la forme d'un triangle isocèle rectangle de côté a, est en appui *unilatéral* ($\hat{w} \geq 0$) sur se deux côtés AB et AC, tandis que le troisième côté BC est libre d'effort. Elle est soumise à une charge concentrée d'intensité Q, positive vers le bas, appliquée au point O situé sur l'axe de symétrie AH à une distance d du sommet A (figure 57). Le mécanisme de ruine considéré comporte trois charnières, le morceau de dalle n° 3 pivotant autour de l'axe EF de sorte que le triangle AEF se soulève, ce qui est autorisé par la condition d'appui unilatérale.

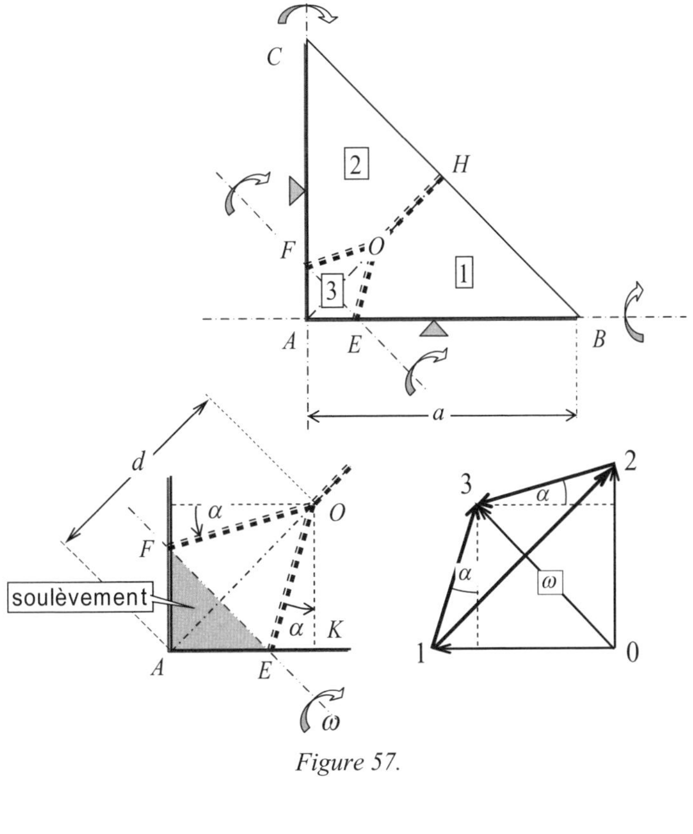

Figure 57.

Posant :

$$\omega = \left|\hat{\dot{\theta}}_{03}\right| > 0 \qquad (8.276)$$

le cinème tracé sur la figure permet d'établir les relations cinématiques suivantes :

$$\begin{aligned}
&\frac{\hat{\dot{\theta}}_{02}}{\sin(\pi/4+\alpha)} = \frac{\omega}{\sin(\pi/2-\alpha)} \Rightarrow \hat{\dot{\theta}}_{02} = \omega\frac{\sin(\pi/4+\alpha)}{\cos\alpha} \\
&\hat{\dot{\theta}}_{12} = \sqrt{2}\hat{\dot{\theta}}_{02} = \omega(1+\tan\alpha) \\
&\frac{\hat{\dot{\theta}}_{23}}{\sin(\pi/4)} = \frac{\omega}{\sin(\pi/2-\alpha)} \Rightarrow \hat{\dot{\theta}}_{23} = \omega\frac{\sqrt{2}}{2\cos\alpha}
\end{aligned} \qquad (8.277)$$

et le calcul de la puissance résistante maximale donne alors :

$$\begin{aligned}
P_{rm}(\hat{w}) &= \left(a\frac{\sqrt{2}}{2} - d\right)m\omega(1+\tan\alpha) + 2\frac{\underbrace{OE}_{d}}{\sqrt{2}\cos\alpha} \times m\omega\frac{\sqrt{2}}{2\cos\alpha} \\
&= m\omega\left[(a\sqrt{2}/2-d)(1+\tan\alpha) + d/\cos^2\alpha\right]
\end{aligned} \qquad (8.278)$$

Par ailleurs, la puissance des efforts extérieurs s'écrit :

$$P_e(\hat{w}) = Q\omega\, d\frac{\sqrt{2}}{2}\frac{1}{\cos\alpha}\cos(\pi/4-\alpha) = Q\omega\, d(1+\tan\alpha)/2 \qquad (8.279)$$

d'où l'obtention du majorant suivant de la charge de ruine de cette dalle :

$$Q^+ \leq 2m\left[\frac{a}{d}\frac{\sqrt{2}}{2} + \tan\alpha\frac{\tan\alpha - 1}{\tan\alpha + 1}\right] \qquad (8.280)$$

dont le minimum, atteint pour $\tan\alpha = \sqrt{2} - 1$, soit $\alpha = \pi/8$, est égal à :

$$Q^+ \leq m\left[\frac{a}{d}\sqrt{2} - (2-\sqrt{2})^2\right] \qquad (8.281)$$

15. CHARGE DE RUINE D'UNE DALLE CIRCULAIRE

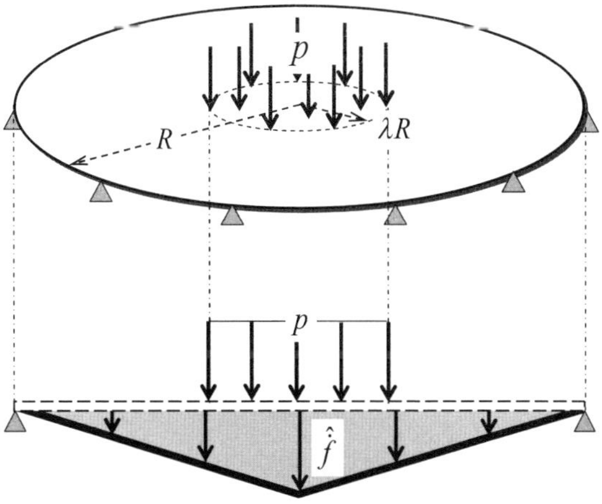

Figure 58.

Une dalle mince circulaire de rayon R, en appui simple sur son bord est soumise à une charge répartie de densité uniforme égale à p, comptée positivement vers le bas, appliquée sur un disque de rayon λR ($0 < \lambda < 1$) de même centre que la dalle (figure 58). Le critère de résistance est celui de Johansen de moment limite m (resp. m') en flexion positive (resp. négative). On se propose de déterminer la charge de ruine de cette dalle, notée p^+, en utilisant conjointement les approches cinématique par l'extérieur, puis statique par l'intérieur.

15.1. Approche cinématique par l'extérieur à l'aide d'un mécanisme de cône

Le mécanisme de ruine utilisé pour mettre en œuvre l'approche cinématique par l'extérieur est appelé «mécanisme de cône», représenté sur la figure 58. La vitesse de flèche virtuelle en tout point de la dalle a pour expression, en coordonnées polaires attachées au centre de la dalle :

$$\hat{w} = -\hat{f}\left(1 - \frac{r}{R}\right) \text{ avec } \hat{f} > 0 \tag{8.282}$$

où $\hat{f}$ désigne la vitesse de flèche, comptée positivement vers le bas du centre de la dalle. Ce mécanisme ne fait pas intervenir de charnière, mais une distribution continue de taux de courbure virtuels, définie par :

$$\underline{\underline{\hat{\chi}}} = \underline{\underline{\nabla}}(\underline{\nabla}\hat{w}) \tag{8.283}$$

On a alors :

$$\mathrm{d}\hat{w} = \frac{\hat{f}}{R} \underbrace{\mathrm{d}r}_{\underline{e}_r.\mathrm{d}\underline{x}} \Rightarrow \underline{\nabla}\hat{w} = \frac{\hat{f}}{R}\underline{e}_r \tag{8.284}$$

d'où :

$$\mathrm{d}(\underline{\nabla}\hat{w}) = \hat{f}\left[\frac{\mathrm{d}\theta \underline{e}_\theta}{R}\right] = \hat{f}\left(\frac{1}{rR}\underline{e}_\theta \otimes \underline{e}_\theta\right)\mathrm{d}\underline{x} \tag{8.285}$$

et, par conséquent :

$$\underline{\underline{\hat{\chi}}} = \frac{\hat{f}}{rR} \underline{e}_\theta \otimes \underline{e}_\theta \Rightarrow \pi(\underline{\underline{\hat{\chi}}}) = m \frac{\hat{f}}{rR} \tag{8.286}$$

Le calcul de la puissance résistante maximale donne alors :

$$P_{rm}(\hat{w}) = \int_S \pi(\underline{\underline{\hat{\chi}}}) \mathrm{d}S = 2\pi \int_{r=0}^{R} m \frac{\hat{f}}{rR} r \,\mathrm{d}r = 2\pi\, m\hat{f} \tag{8.287}$$

tandis que la puissance des efforts extérieurs a pour expression :

$$P_e(\hat{w}) = -\int_{0 \le r \le \lambda R} p\hat{w} \mathrm{d}S = 2\pi p \int_{r=0}^{\lambda R} \hat{f}\left[1 - \frac{r}{R}\right] r\mathrm{d}r = \pi p \hat{f} R^2 \lambda^2 \left(1 - \frac{2\lambda}{3}\right) \tag{8.288}$$

On obtient ainsi la majoration suivante de la charge de ruine de la dalle :

$$p^+ \le \frac{2m}{R^2} \frac{1}{\lambda^2(1 - 2\lambda/3)} \tag{8.289}$$

Dans le cas où la dalle est *encastrée sur son bord*, la puissance virtuelle des efforts extérieurs reste inchangée, tandis qu'il faut rajouter à la puissance résistante maximale relative au mécanisme de cône, la contribution correspondant à la *charnière circulaire négative* qui apparaît sur le pourtour de la dalle en raison de la condition d'encastrement (figure 59). On obtient donc :

$$P_{rm}(\hat{w}) = 2\pi\, m\hat{f} + 2\pi R\, m' \frac{\hat{f}}{R} = 2\pi(m + m')\hat{f} \tag{8.290}$$

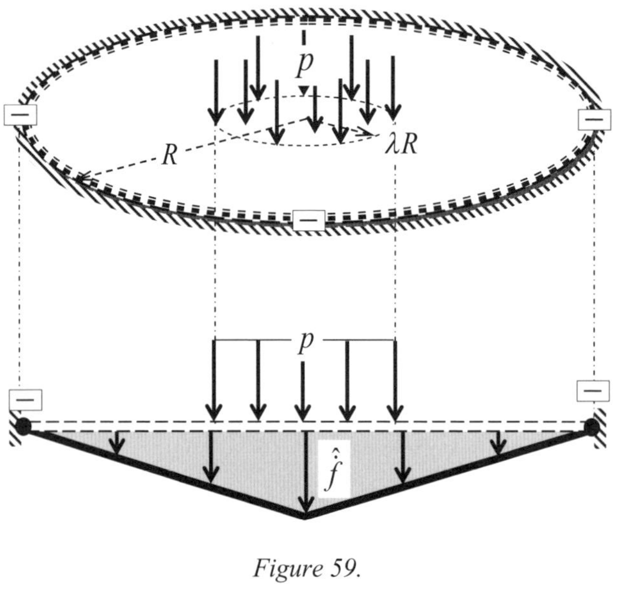

Figure 59.

et par conséquent :

$$p^+ \le \frac{2(m + m')}{R^2} \frac{1}{\lambda^2(1 - 2\lambda/3)} \tag{8.291}$$

15.2. Approche statique par l'intérieur

Elle consiste à appliquer la définition (7.11) de la charge de ruine, soit :

$$p \le p^+ \Leftrightarrow \begin{cases} \exists \underline{\underline{M}} \text{ S.A. } p \\ \forall (r,\theta)\ -m' \le M_1, M_2 \le m' \end{cases} \tag{8.292}$$

On considère alors les distributions d'efforts tranchants et de moments fléchissants à symétrie de révolution, c'est-à-dire de la forme :

$$\begin{cases} \underline{V} = V_r(r)\underline{e}_r \\ \underline{\underline{M}} = M_{rr}(r)\, \underline{e}_r \otimes \underline{e}_r + M_{\theta\theta}(r)\, \underline{e}_\theta \otimes \underline{e}_\theta \end{cases} \tag{8.293}$$

La distribution d'effort tranchant V_r, qu'il est possible de calculer à partir de l'intégration de l'équation d'équilibre (7.2), peut être également directement déduite de l'écriture de l'équilibre en résultante verticale d'un disque de rayon r (figure 60). Il vient alors immédiatement :

$$\begin{aligned} 0 \le r \le \lambda R &: \ 2\pi r V_r = \pi r^2 p \Rightarrow V_r = \frac{pr}{2} \\ \lambda R \le r \le R &: \ 2\pi r V_r = \pi(\lambda R)^2 p \Rightarrow V_r = \frac{p(\lambda R)^2}{2r} \end{aligned} \tag{8.294}$$

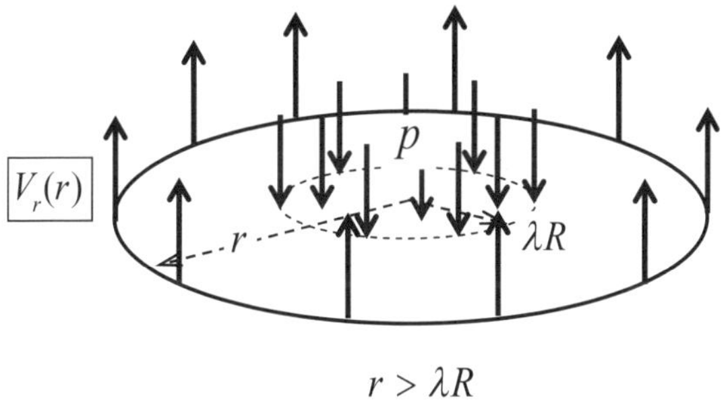

Figure 60.

Par ailleurs la seconde équation d'équilibre (7.5) qui s'écrit ici :

$$\frac{\mathrm{d}M_{rr}}{\mathrm{d}r} + \frac{M_{rr} - M_{\theta\theta}}{r} + V_r = 0 \tag{8.295}$$

donne alors, compte tenu de (8.294) :

$$\frac{\mathrm{d}}{\mathrm{d}r}(rM_{rr}) = M_{\theta\theta} - \begin{cases} \dfrac{pr^2}{2} & 0 \le r \le \lambda R \\ \dfrac{p(\lambda R)^2}{2} & \lambda R \le r \le R \end{cases} \tag{8.295}$$

Choisissant alors de prendre la composante orthoradiale du tenseur des moments de flexion, égale au *moment limite* de la dalle en flexion positive :

$$M_{\theta\theta}(r) = m \tag{8.296}$$

la distribution de la composante radiale vaut alors par intégration de (8.295) :

$$M_{rr} = m - \begin{cases} pr^2/6 \\ p(\lambda R)^2/2 - p(\lambda R)^3/3r \end{cases} \tag{8.297}$$

Dans le cas où la dalle est *simplement appuyée* sur son bord, la condition aux limites correspondante impose la valeur du paramètre de chargement :

$$M_{rr}(R) = m - p(\lambda R)^2/2 + p(\lambda R)^3/3R = 0 \Rightarrow p = \frac{2m}{R^2}\frac{1}{\lambda^2(1-2\lambda/3)} \tag{8.298}$$

Compte tenu de ce que la distribution correspondante de moments fléchissants vérifie en tout point de la dalle le critère de résistance, puisque :

$$M_{rr}(0) = m \geq M_{rr}(r) \geq M_{rr}(R) = 0 \quad \text{et} \quad M_{\theta\theta}(r) = m \tag{8.299}$$

la valeur du paramètre de chargement donnée par (8.298) constitue un minorant de la charge de ruine de la dalle simplement appuyée :

$$p^+ \geq \frac{2m}{R^2}\frac{1}{\lambda^2(1-2\lambda/3)} \tag{8.300}$$

permettant ainsi par comparaison avec le résultat de l'approche cinématique (inégalité (8.289)) :

$$p^+ = \frac{2m}{R^2}\frac{1}{\lambda^2(1-2\lambda/3)} \tag{8.301}$$

Dans le cas où la dalle est encastrée sur son bord, la composante radiale du tenseur des moments fléchissants peut décroître jusqu'à la valeur limite $-m'$ atteinte en $r = R$, d'où la valeur correspondante du paramètre de chargement :

$$M_{rr}(R) = m - p(\lambda R)^2/2 + p(\lambda R)^3/3R = -m' \Rightarrow p = \frac{2(m+m')}{R^2}\frac{1}{\lambda^2(1-2\lambda/3)} \tag{8.302}$$

retrouvant ainsi la borne (8.291) atteinte par l'approche cinématique. Par conséquent :

$$p^+ = \frac{2(m+m')}{R^2}\frac{1}{\lambda^2(1-2\lambda/3)} \tag{8.303}$$

15.3. Cas particuliers

15.3.1. Dans le cas où la dalle est uniformément chargée sur toute sa surface ($\lambda = 1$), la charge de ruine est égale à :

$$p^+ = \frac{6m}{R^2} \tag{8.304}$$

pour la dalle *simplement appuyée*, et

$$p^+ = \frac{6(m+m')}{R^2} \tag{8.305}$$

pour la dalle *encastrée.*

15.3.2. On peut retrouver le cas de la *charge concentrée* d'intensité Q appliquée au centre de la dalle en posant :

$$p = \frac{Q}{\pi(\lambda R)^2} \tag{8.306}$$

et en faisant tendre le paramètre λ vers zéro :

$$\lim_{\lambda \to 0} \left\{ Q^+ = \pi \ p^+(\lambda R)^2 = \frac{2\pi(m+m')}{1-2\lambda/3} \right\} = 2\pi(m+m') \qquad (8.307)$$

On observe encore une fois que, conformément à l'analyse dimensionnelle du problème, la charge de ruine ne dépend pas de la dimension de la dalle. Plus généralement, dans le cas d'une dalle de forme quelconque, avec des conditions aux limites quelconques, l'approche cinématique par l'extérieur utilisant un mécanisme de cône avec charnière circulaire (figure 61) permet de montrer que, sous la seule réserve que le point d'application de la charge ne soit pas situé sur le bord de la dalle, la valeur (8.307) constitue toujours un majorant de la charge de ruine de la dalle.

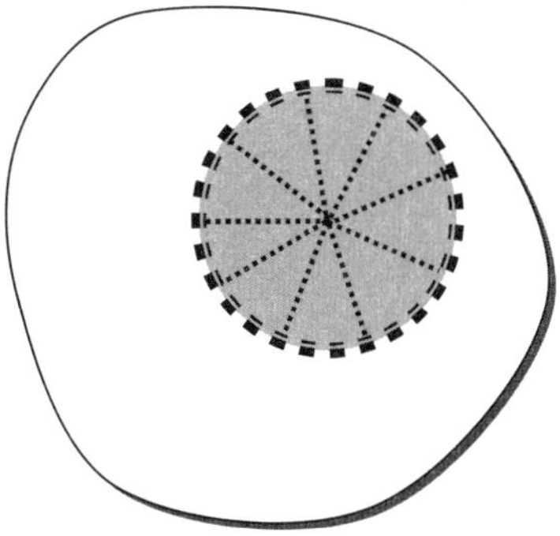

Figure 61.

Bibliographie sommaire

BUI, H.D. – « Évolution de la frontière du domaine élastique des métaux avec écrouissage plastique et comportement élastoplastique d'un agrégat de cristaux cubiques ». *Mémorial de l'artillerie française, Sciences et techniques de l'armement,* 1, 1970, p. 141-165.

CHEN, W.F. – *Limit Analysis and Soil Plasticity.* Elsevier, 1975.

HALPHEN, B. et SALENÇON, J. – *Élasto-plasticité.* Presses de l'ENPC, 1987.

HILL, R. – *The mathematical theory of plasticity.* Clarendon Press, Oxford, 1950.

KALINSKY, S. – *Plasticity. Theory and Engineering applications.* Studies in Applied Mechanics, Elsevier, 1989.

LEE, E.H. – "Elastic plastic deformation at finite strains". *J. Appl. Mech,* 36, 1969, p.1-6.

MANDEL, J. – *Plasticité classique et viscoplasticité.* Cours CISM, n° 97, Springer Verlag, 1971.

SALENÇON, J. – *Calcul à la rupture et analyse limite.* Presses de l'ENPC, 1983.

SALENÇON, J. – *De l'Élastoplasticité au Calcul à la rupture.* Éditions de l'École polytechnique, 2002.

SAVE, M et MASSONET, C. – *Calcul plastique des constructions*, vol. 2. Éd. CBLIA, Bruxelles.

Achevé d'imprimer sur les presses de
l'Imprimerie Graphique de l'Ouest
Le Poiré-sur-Vie (Vendée)

Dépôt Légal : Mai 2007
N° d'impression : 4915